生命科学与信息技术丛书

Python 生物信息学数据管理

Managing Your Biological Data with Python

〔意〕 Allegra Via
〔德〕 Kristian Rother　　著
〔意〕 Anna Tramontano

卢宏超　陈一情　李绍娟　译

电子工业出版社

Publishing House of Electronics Industry

北京·BEIJING

内 容 简 介

本书实例意在解决生物学问题，通过"编程技法"的形式，涵盖尽可能多的组织、分析、表现结果的策略。在每章结尾都会有为生物研究者设计的编程题目，适合教学和自学。本书由六部分组成：Python 语言基本介绍，语言所有成分介绍，高级编程，数据可视化，生物信息通用包 Biopython，最后给出 20 个"编程秘笈"，范围涵盖了从二级结构预测、多序列比对到蛋白质三维结构的广泛话题。此外，本书附录还包括了大量的生物信息常用资源的信息。

本书除可以作为高等院校生物信息、生物系的高年级学生和研究生的编程教材之外，对于从其他学科如数学、物理、计算机等转到生物信息领域工作的广大科研人员和高校学生也可起到参考作用。

版权贸易合同登记号　图字：01-2015-1608

图书在版编目（CIP）数据

Python 生物信息学数据管理／（意）阿莱格拉·维亚（Allegra Via）等著；卢宏超等译. —北京：电子工业出版社，2017.1

（生命科学与信息技术丛书）

书名原文：Managing Your Biological Data with Python

ISBN 978-7-121-30382-1

Ⅰ. ①P…　Ⅱ. ①阿…　②卢…　Ⅲ. ①软件工具-程序设计-应用-生物信息论-数据管理　Ⅳ. ①Q811.4-39

中国版本图书馆 CIP 数据核字（2016）第 276360 号

策划编辑：马　岚
责任编辑：马　岚　　特约编辑：马爱文
印　　刷：北京捷迅佳彩印刷有限公司
装　　订：北京捷迅佳彩印刷有限公司
出版发行：电子工业出版社
　　　　　北京市海淀区万寿路 173 信箱　　邮编：100036
开　　本：787×1092　1/16　　印张：21　　字数：538 千字
版　　次：2017 年 1 月第 1 版
印　　次：2024 年 12 月第 7 次印刷
定　　价：69.00 元

凡所购买电子工业出版社图书有缺损问题，请向购买书店调换。若书店售缺，请与本社发行部联系，联系及邮购电话：(010)88254888，88258888。

质量投诉请发邮件至 zlts@phei.com.cn，盗版侵权举报请发邮件至 dbqq@phei.com.cn。

本书咨询联系方式：classic-series-info@phei.com.cn。

序

大约在 20 年前,国内还很少有学者从事专门的生物信息学研究,我国直到 2001 年才召开了第一次全国性的生物信息学大会。近些年来,随着各种高通量组学数据的急剧增长,生物信息学领域在短时间内快速成长起来:一方面,从事这方面专门研究的学者的数量成倍增加;另一方面,生物学其他领域的很多学者也在关注和学习生物信息学技术。目前,无论是学术界还是工业界,对于生物信息学专门人才的需求都很大。近年来,国内几乎所有重点高校都开设了生物信息学课程,一些高校和科研院所还设置了研究生专业,在部分高校甚至开设了生物信息学本科专业。虽然对于学科内涵的界定还在不断修订中,但是这些高校在培养生物信息学人才方面已经进行了有意义的探索。

在生物信息学教育及培训中,一个基本的共识是对计算机编程的重视。可以说,熟练掌握一门或多门计算机语言是从事生物信息学研究的基础。计算机语言种类众多,无论是 C、Java 还是 Perl、Python 等,都有自己的特点和优势,在生物信息学研究中都得到广泛使用。但是对于生物信息学初学者而言,我还是建议他们首先在脚本语言 Perl 和 Python 中选择精通一种:脚本语言易于学习;对于重复使用率较低的代码,脚本语言的实现成本要低得多。相对而言,Perl 更擅长于模式匹配;而 Python 的计算效率更高,代码的可读性也更强。在过去的十几年中,国外相继出版了一批通过生物信息学实例来讲授 Perl 和 Python 编程的书籍,其中一些讲授 Perl 的书籍已有中文译本。而据我了解,目前还缺少在生物信息学语境下讲授 Python 编程的中文书籍或外文书籍的中文译本。这本中文译本的出现,从小处讲,可以让生物信息学初学者在学习 Python 时多一本参考书;从大处讲,对于推动我国的生物信息学教育及培训是有益的。

作为生物信息学领域的从业人员,我们都希望能够为整个领域的发展做出自己的贡献,这些贡献可以体现在各个方面,包括产出原创科研成果、培养学科专业人才、教育及科学普及等。这本书的主译者卢宏超博士从我的课题组毕业已近十年;近几年来,宏超在工作之余一直热心于 Python 在生物信息学领域的推广,之前他在自己博客中还翻译了另外一本 Python 的书籍。据我所知,宏超为这本书的翻译工作花费了很多时间和精力,从我的课题组毕业的另一位学生李绍娟也是译者之一。我看了一部分译文,从中能感受到这些年轻人认真做事的态度,对此我感到很高兴。我觉得生物信息学领域的学者,特别是年轻学者,都应该以自己的方式为这个蓬勃发展的领域做一些实实在在的事。最后希望这本中文译本的出版能够帮助生物信息学初学者掌握 Python。

陈润生

中国科学院院士

译 者 序

随着生命科学科研领域的需要和测序技术的发展，生物信息这个交叉学科近年来愈来愈兴旺起来，从业者也越来越多。与传统的理论和实验学科不同，生物信息是一门数据科学，这就需要从业者具备一定数据收集、管理、处理和分析的能力。在海量的组学数据面前，使用别人开发的软件及图形界面操作往往不能解决工作中的问题，而简单的编程就可能解决问题，因而编程即成为一个生物信息工作者的必备技能。这本书就是为生物信息初学者设计的编程教程。

我从事生物信息工作以来，编程语言开始一直以 Perl 和 C 为主，从 2007 年开始使用 Python，初时也因为块缩进的问题不习惯，但很快被其可读性和开放性所吸引，喜欢上了这门语言，并作为最主要的脚本语言使用至今。近年来，国内大部分生物信息工作者仍以 Perl 作为主要的工作语言，我很想为 Python 在这个领域的推广做些工作，有幸得到电子工业出版社马岚老师的推荐，见到本书，就与陈一情和李绍娟合作进行了翻译。

正如书中所说，编程就像写菜谱做饭或者是按流程做生物实验一样，不是一件很难的事情。对于有过逻辑训练的生物研究者只要能熟悉了编程的思想，掌握这项技能是容易的。但是如何选择一个切入点和提高途径，真正把它运用到自己的工作中就是另外一件事情，为什么推荐这本 Python 书作为生物信息数据管理编程的入门书呢？

Python 语言提供了从入门到高手的良好的学习曲线。Python 语言是至今为止最接近自然语言的编程语言，学过其他一些编程语言的学员甚至不需要太多的训练就能读写其代码；模块化和面向对象的支持使得学员能不费力地从一个只能写几行代码的操作员变成一个管理千行代码的程序员，同时书写良好可读性代码的编程习惯也会令其受益终生；丰富的标准库和第三方包使得 Python 语言成为当前最好的"胶水语言"，把多方资源整合到一起来解决工作中的问题。

本书的风格非常适合编程的初学者。它从生物数据管理分析实践出发，由浅入深地介绍编程的基础知识，特别是对错误处理和程序调试等初学者常见的问题做了精辟的阐述；本书在内容上对生物信息中经常遇到的数据整理和作图分析有较重的篇幅，还包含了大量的 Python 第三方工具库接口，充分地体现了 Python 开放性"胶水语言"的特点。该书采用章节的篇幅都不长，每每切中要点，便于读者围绕主题、消化概念，且后面的练习难度适中，所以很适合作为本科生或研究生低年级的教材；书后的编程秘诀对于进入科研实践的研究者也有颇多的参考价值。

非常感谢我的博士导师陈润生院士能在百忙中为本书作序。陈一情翻译了第 1 章至第 15 章，李绍娟翻译第 16 章至第 18 章，我翻译了其余内容并负责译稿统稿。感谢李大伟博士对蛋白质结构翻译部分的意见。非常荣幸能得到电子工业出版社马岚老师的支持，才得以出版此书。

希望这本书能对有志于生物信息的同行有所帮助。

卢宏超

前　言

　　在几年前，编程只是计算科学工作者的特权。虽然如此，编程正加速变成生物等其他领域专家的一种需要。作为一个生物学研究者，不需要对成为一个编程专家感兴趣，但是需要把编程作为多个工具中的一种来继续科学工作。可能读者已经意识到编程技巧可以大幅度提高管理和分析数据的效率。可能读者需要处理大规模的数据，多次重复某种相同的分析，或者从一个非通用格式的文件中解析数据。可以确信的是，在所有这些情形下，编程可以帮助你。然而，因为读者从来没有对"枯燥无味"和"概念艰深"的计算机科学学科有很大兴趣，就可能会感到不习惯。如果是这样的情况，这本书是适合你的。

　　本书是为那些需要更多地掌控数据，因此需要学习一些编程的生命科学工作者而写的。目标是使得那些以前没有编程经验的生物科学工作者能够自己用 Python 对生物数据进行分析。

　　在前言中，包括全书内容的概述及编程介绍，最后是对 Python 编程语言的概览。

　　我们希望这本编程书是为生物学工作者的读者量身定制的，能帮助分析读者的数据，从而尽早有所收获。

本书内容概述

　　本书中，读者不仅能够学到如何编程，还有怎样管理数据，包括了从文件中读取数据，分析和处理它们，把结果写到文件中或计算机屏幕上。每个在本书中描述的单个代码段都旨在解决生物学问题，每个例子都处理生物疑问。本书的目标是包含尽可能多的实例，覆盖更多的组织、分析和表现数据的策略，用"编程秘笈"的方式来解决生物问题。在每一章后面的自测题可以用来自测或在对面向生物学工作者的编程课程上使用。

　　本书分六部分组织，共 21 章。第一部分介绍 Python 语言，如何写第一个程序。第二部分介绍这个语言的所有基本元件，使读者能够独立地写小的程序。第三部分是关于运用技巧来创建组织优良、性能高效和代码正确的较长的程序。第四部分致力于数据可视化，可以学到如何绘制数据，或者为一篇文章或演示用的 PPT 文件配图。还介绍了 PyMOL，一个对大分子结构可视化的程序。第五部分介绍 Biopython，它可以帮助读写多种生物文件格式，便捷查询 NCBI 的在线数据库，从网络上检索生物记录。第六部分是一个实用手册，包含了 20 个特定的"编程秘笈"，从二级结构预测和多序列联配分析到蛋白三维结构的叠加。

　　此外，这本书还有四个附录。附录 A 提供了包括 Python 和 UNIX 命令的概览；附录 B 列出了几个在网上免费可用的 Python 资源的链接；附录 C 包含了遍布在本书中引用的样本文件格式，例如序列的 FASTA 格式，序列的 GenBank 格式，PDB 文件和 MSA 示例等。最后，附录 D 是一个简短的 UNIX 教程。

什么是编程

这本书将讲授如何写程序。程序准确地说是什么呢？一个程序在概念上类似一个菜谱。正如菜谱在开始时列出了成分和厨具一样，程序需要定义哪些对象（数据和函数）是必需的。例如，定义一条给定的 DNA 序列作为数据，定义一个函数来计算它内部的 GC 含量。一个菜谱也会包含需要用成分和厨具执行的一系列的操作来准备一道菜。相似地，一个程序包含基本指令书写出来的列表，如"从文件中读取该 DNA 序列"，"计算 GC 含量"或者"打印 GC 含量的值到屏幕"。创建一个程序意味着用一种合适的语言（如 Python）书写指令，典型的是写到一个文本文件中。运行一个程序意味着执行罗列在程序中的这些指令（也就是代码行）。

厨房用的菜谱和计算机程序的一个最大的区别是：一个厨师可以灵活运用菜谱，创造性地加入成分，或者处理意想不到的意外，这些对得到一顿美味佳肴是很重要的！但是，一台计算机，却从来没有创造性，它从程序中一条条地读取指令并逐字执行。一方面，计算机创造性的缺乏使得编程者必须把每个小步骤都准确地告诉计算机，这有时是很令人气馁的，想象一下与一个有智力障碍却干事情出奇快的厨子之间对话的样子吧。另一方面，计算机的可预见性使它能很轻易地准确重复很多次指令，想象一下哪个厨师会接一个订单，要100 000 份一模一样的菜肴。编程意味着用计算机死板的逻辑来超过你的优势。

编程者必须意识到大多数的编程是在自己的脑子中进行的。努力写一个程序时，首先把人类语言公式化成每一个小的分步的指令可能是非常有帮助的。当程序的整体结构准备好之后，编程者就确切知道需要程序做什么了，这时候可以开始写指令了。要完成这些，就需要一种编程语言。事实上，编程基本上包含用一种给定的语言书写指令到一个文本文件或是一个特殊的终端的操作系统外壳（shell），然后让计算机执行它们。这些包含了指令的行通常被称为源代码。因此，编程或编码就意味着书写源代码。因为计算机不懂英文、意大利文或德文，编程者需要用一种编程语言来写源代码。我们对回答生物问题推荐的语言是Python。

为什么用 Python

Python 简单易学，它是一门高级语言，解释型，面向对象。让我们来逐一介绍这些概念。

Python 简单易学

一个程序可以被书写成多种语言中的一种：C，C++，FORTRAN，Perl，Java，Pascal等，每种语言都有自己的正式规则、关键字（语法）和语义（意义），Python 一个重要的优势是其代码很容易读，代码或多或少更容易被人类理解，例如，Python 指令

```
print 'ACGT'
```

是非常直观的（计算机将打印输出文本 ACGT 到屏幕），而 Perl 的指令

```
$cmd = "imgcvt -i $intype -o $outtype $old.$num";
```

就比较不直观了。Python 与其他的编程语言比较，相对而言更近似于英语，并有非常简单的语法。我们认为这使生物学工作者容易学习 Python。

Python 是一门高级编程语言

Python 也可以被用于做非常复杂的事情。用户可以用它来表示像树和网络一样复杂的数据类型，从 Python 启动其他程序（如生物信息应用），以及下载网页；也可以用工具来检测和处理用户程序中的错误；最后，Python 并未优化设计成满足任何特定用途，因此它非常好地适用于把其他程序、网络服务和数据库胶合起来，采用几行源代码就可以建立定制的科学流程。

Python 是解释型的

一些编程语言是解释型的，而另一些是编译型的。计算机执行程序，它们需要把指令翻译成二进制机器代码，这种代码对甚至是有经验的程序员也是不可读的。在一个解释型的语言中，每行代码被一行行地翻译和执行。在编译语言中，首先整个程序被翻译，而后才被执行。执行编译型的语言一般比执行解释型的语言要快得多，但是用户需要在每次有所改变时编译这个程序；而对解释型语言，用户可以立即看到改变后带来的效果，以此可以更快地写程序。因此，我们认为一个解释型的语言如 Python 对入门更容易。

Python 是面向对象的

Python 中，什么都是**对象**。对象是来表示数据和指令的独立的程序组分。它们允许用户链接数据以及对其有用的函数（如用户可以拥有一个序列对象包含 DNA 序列，并具有转录和翻译这个序列的函数）。对象可以有助于对复杂程序的结构化，使程序组分重复可用。

用 Python，许多开发者已经制作了可重复使用的对象，存储在编程库中。例如，读取和解析一个 FASTA 文件序列可以用 Biopython 用两行完成。没有这个库，用户将不得不用 10～30 行的代码，这要依赖所用的编程语言。因此，Python 的面向对象帮助用户写短程序。

总之，我们相信 Python 对那些想快乐无忧地学习编程来管理生物数据、解决生物问题和拓宽科学发现的人们是一个理想的选择。希望读者能喜欢用这本书至少如我们喜欢编写它一样。

代码下载

书中所有代码示例由作者提供了 Python 2 版。由于 Python 2 的 EOL 问题，译者也利用程序 2to3 将其转换为 Python 3 版了。读者可登录华信教育资源网（https://www.hxedu.com.cn）注册下载，根据自己情况选用适合的代码版本。书中带阴影的代码块，全部改写自 A.Via/K.Rother 授权在 Python 协议下发布的代码。

致　谢

我们将非常感谢能让我们有权进行 Python 教学的学生和学员。你们在过去七年的 Python 课程中的提问、问题和想法是推动这本书的主要源泉。我们不能列出你们所有的名字，但想让你们知道：我们从你们的热情、快乐、坚韧和成功中学到了很多。

特别感谢 Pedro Fernandes，一位课程组织的大师，把浓缩已有的材料用到一个五天在葡萄牙的 Gulbenkian 学院的课程上，为我们提供了机会。在 Astrolabio 这些课程中的饭后讨论中，我们学到了这本书中很多关键的问题。

额外感谢 Janusz M. Bujnicki，Artur Jarmolowski，Jakub Nowak，Edward Jenkins，Amelie Anglade，Janick Mathys 和 Victoria Schneider 提供的各种各样的 Python 培训机会。

我们也要感谢 Francesco Cicconardi 提供了 RNA-Seq 的输出解析和 NGS 的流程（分别在第 6 章和第 14 章）。他不仅建议提供了一个典型的 NGS 流程，还提供了代码，同时正确详尽地核实了关于这个问题的生物和计算学的讨论。

还要感谢 Justyna Wojtczak，Katarzyna Potrzebowska，Wojciech Potrzebowski，Kaja Milanowska，Tomasz Puton，Joanna Kasprzak，Anna Philips，Teresa Szczepinska，Peter Cock，Bartosz Telenczuk，Patrick Yannul，Gavin Huttley，Rob Knight，Barbara Uszczynska，Fabrizio Ferre'，Markus Rother 和 Magdalena Rother 提供的例子和建设性反馈意见。

最后，非常感谢 Alba Lepore 在本书成书过程中的讨论和对本书封面的关键帮助。

目　　录

第四部分　数据可视化

第六部分　编 程 秘 笈

附　　录

第一部分 入门

引言

献给四个在 2010 年波兰卡尔帕奇的 Python and Friends 会议中将本书推至峰顶的勇敢 Python 学员。

当一个人想攀上高峰时会怎么做呢？对于擅长爬山的登山者，那集齐了登山工具，叫上几个攀岩同好，挑一座山，然后出发。在专业登山者所写的故事中，会发现他们用绳索、吊钩、氧气瓶，有些时候则徒手攀爬。他们在海拔超过 4000 米高处和暴风雪抗争，协调分散在几个营地的大部队，并在接近山顶的死亡区域存活下来。

但如果爬山者只是个对登山感兴趣的初学者呢？他会受累背个大氧气瓶然后出发吗？不，相比之下他可能会选座比较容易攀登的山。有些山有安全且明确的通往山顶的路，而需要的只是一张地图和一双靴子。这样的山，峰顶景色也同样令人激动。

编程与此类似，作为一个正在学习编程的生物学工作者，读者不需要什么花哨的工具或一大堆理论知识，即使是简单的程序也能成为征服读者的数据的强大工具。很多编程工作都可以通过收集代码片段并将其组合修改来完成。输出的结果可能不如计算机专家的那么精巧，但也能快速地解决问题，解决读者的问题。

我们希望本书能成为帮助读者每天攀登数据处理之山的地图，希望读者能让编程为工作提供便利，而不必先成为一个专业的软件开发者。

在第一部分，读者将会迈出在 Python 编程语言中的第一步，将会发现 Python 命令其实是很符合直觉，也很接近英语自然语言的，所以不需要太费力就能学习并记住 Python 中的绝大部分指令。举个例子，如果想计算一条序列的长度，只需要输入 len('MALWMRLLPLLAL-LALWGPDPAA...')。第一部分的两章不仅会展示 Python 语法是多么简单，也能让读者了解 Python 灵巧的结构。Python 基本上就是由模块（一类书写着编程指令的典型文件）的集合组成的，用户可以将模块相互连接。

当学习一门新的语言，如德语时，学生会先读一段文本，然后分析其中每个词的规则、词性和位置，当阅读并分析过很多文本之后，就能解析语言的规则并写出自己的语句了。另一种选择，学生也可以先学习有哪些对象类别组成了语言的名词、动词、形容词等，以及它们之间的连接（如介词或其他德语情况），然后学习使用语言的结构，借助一本好的字典来写自己的句子。在本书的第一部分中，读者会理解到其实 Python 基本上就是另一种很像英语或者德语的语言，事实上它由有限种类的不同词汇（名词、动词等）相互连接构成句子。在本书中，我们融合了之前提到的那两种学习德语的方式，交替的代码示例可以让读者分析、尝试解释语言的对象类别。Python 提供了一个在线字典，以帮助解释某些特定的对象属于哪个类别，这就是 Python 标准库，Python Standard Library（http://docs.python.org/2/library），用它可以找到单个词的具体含义。一旦语言的结构变得明了，就能处理大量的各种各样的对象类别，这样就已经掌握了大部分基础知识；在这一阶段基本上只需要通过扩增词汇量或有效地使用字典来提高语言能力。最后一步是关于好的程序设计的，通常是多做些练习。如果读者需要写一些大的程序，高效地与其他程序员合作，在未来工作中维护或扩展自己或别人的程序，改善程序的性能，或是想成为专业的程序员，通过第一部分将会受益颇多；当然读者不一定要按序完成书中给出的所有自测题。我们还会在本书的第二部分中针对如何写出好的程序给出大量的建议。

在第 1 章中，读者将会学习使用 Python shell 输入一些简单的命令，最简单的运算和计算器上的运算没有什么区别。举个例子，如果使用 Python shell，会看到像这样的提示符：>>>，如果在提示符右侧输入一个简单的数学运算，然后按下回车键，

```
>>> 1 + 1
```

就会立刻得到 2。还可以用变量来存储数据。读者将学习执行数字运算，导入并使用可以提供额外函数如平方根或对数的数学模块。在第 2 章中，将编写读者的第一个 Python 程序——计算蛋白质序列中氨基酸的数量，其中会用到字符串，这是一种存储文本的数据结构。读者可以用流程控制结构来实现自动重复指令，而不必一遍又一遍地输入同样的命令行。到了第一部分的结尾，读者就已了解到绝大部分 Python 语言基础知识。

第 1 章 Python shell

学习目标: *像使用科学计算器一样使用 Python。*

1.1 本章知识点

- 如何把 Python 操作系统外壳(shell)用作科学计算器
- 如何计算 ATP 水解的 ΔG
- 如何计算两点间距离
- 如何创建自己的 Python 模块

1.2 案例:计算 ATP 水解的 ΔG

1.2.1 问题描述

$$ATP \to ADP + P_i$$

水解 ATP 中的一个磷酸二酯键会产生 -30.5 kJ/mol 标准吉布斯自由能(ΔG^0)。根据生物化学课本,真正的 ΔG 值依赖于化合物浓度,化合物浓度在不同组织之间有着很大的差异(详见表 1.1,引自 Berg et al.[①])

表 1.1 在不同的组织中的化合物浓度

组 织	[ATP][mM]	[ADP][mM]	[P_i][mM]
肝	3.5	1.8	5.0
肌肉	8.0	0.9	8.0
脑	2.6	0.7	2.7

那么如何计算 ATP 水解的真正的 ΔG 值? 吉布斯自由能可以用与化合物浓度相关的函数表示:

$$\Delta G = \Delta G^0 + RT * \ln([ADP] * [P_i] / [ATP])$$

可以通过很多工具将表格中的值输入上式(如简易计算器、Windows 计算机应用程序或者手机)。本书中,读者会学到一种更加高效强大的计算及数据管理工具:Python 编程语言。

使用 Python,可以在 Python 交互式编辑器中对**肝脏组织**做计算(见图 1.1)。提示符>>>

---

① Jeremy M. Berg, John L. Tymoczko, and Lubert Stryer, *Biochemistry*, 5th ed. (New York: W. H. Freeman, 2002).

标明输入命令的位置，当读者开始一个 Python 交互式会话时，它就会出现（详见 1.3.1 节），Python 命令只能在提示符右侧输入。

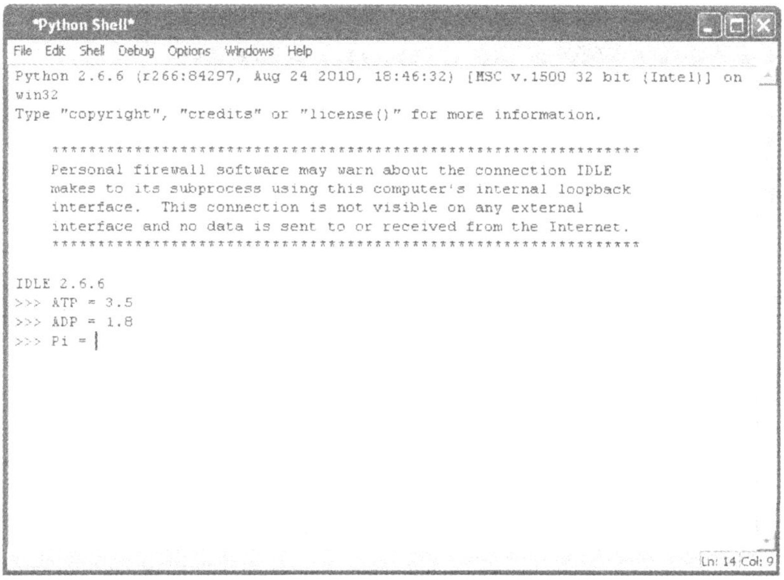

图 1.1　Python Shell。**提示**：必须从 UNIX 终端中输入"python"（在 UNIX/Linux 或 Mac 中），或者从程序菜单中启动"Python(command line)"（在 Windows 中）

1.2.2　Python 会话示例[①]

```
>>> ATP = 3.5
>>> ADP = 1.8
>>> Pi = 5.0
>>> R = 0.00831
>>> T = 298
>>> deltaG0 = -30.5
>>>
>>> import math
>>> deltaG0 + R * T * math.log(ADP * Pi / ATP)
-28.161154161098693
```

1.3　命令的含义

在编程中，所做的大部分事情都可以粗略地概括为 5 点：组织数据、使用其他程序、计算、读取以及写入文件。前面的例子就包含了其中 3 点。首先，将构成组织 ΔG 公式的参数存储在变量中，变量是容器，可以帮助不必重复输入相同的数字；第二，使用一个外部程序对公式进行计算：math.log(x)函数可以计算 x 的对数，通过 import 语句访问，这个语句可以通过该程序与其他模块（这里是 math）相连接的方式，从函数存储的位置得到这些额外的函数。**模块**指的是收集了变量、函数以及其他有用对象的程序单元，它们总是存储在文件中。更多关于 import 的说明和 Python 模块的信息可见专题 1.1。

---

① 书中带阴影的代码全部改写自 A. Via/K. Rother 授权在 Python 协议下发布的代码。

最后，1.2.2 节中的例子计算了 ΔG 值，简单的算术计算运行起来和计算器差不多，本书的第二部分致力于其他操控数据的方法，但首先读者不妨先试试前面这一节提到的计算。

专题 1.1　关于 import 的语句及模块的概念

当用户用键盘输入

```
>>> import math
```

时，就连接了 math 模块。那么 math 到底是什么？ math 是计算机中的一个文件，它真正的名字是 math.py。扩展名.py 代表 Python，这种文件中有 Python 的指令，如变量的定义、函数及其他(用于计算的)指令。具体来说，math.py 文件包含了数学函数的定义及计算指令，如 sqrt()、log()，等等。

在 Python 中，包含 Python 指令的文本文件称为模块，可用 import 指令访问外部模块并读取其内容。通过这种方式，使用 import 导入模块后，它里面已经建立好的定义就变得直接可用了，这样可以高效地分享代码，并被不同的程序使用。

那么如何知道 math 模块中定义了哪些数学函数呢？一种方法是可以浏览互联网，找到 math.py，打开并阅读其内容，另一种是使用如下指令：

```
>>> import math
>>> dir(math)
```

只有在导入了 math 模块后才能使用 dir(math)指令，否则 dir()会不知道它的参数是什么。从而，可以看到一个包含了 math 模块中呈现的变量和函数的完整列表：

```
['__doc__', '__name__', '__package__', 'acos', 'acosh',
'asin', 'asinh', 'atan', 'atan2', 'atanh', 'ceil', 'copy-
sign', 'cos', 'cosh', 'degrees', 'e', 'exp', 'fabs',
'factorial', 'floor', 'fmod', 'frexp', 'fsum', 'hypot',
'isinf', 'isnan', 'ldexp', 'log', 'log10', 'log1p',
'modf', 'pi', 'pow', 'radians', 'sin', 'sinh', 'sqrt',
'tan', 'tanh', 'trunc']
```

还可以输入如下内容得到关于每个函数的简短解释：

```
>>> help(math.sqrt)
```

1.3.1　如何在电脑上运行这个例子

Python 编程语言需要在使用前先启动，在 Linux(Ubuntu)和 Mac OS X 中已经装有 Python，在文本控制台中输入"python"即可启动，在附录 D 中可以学习如何在文本终端运行程序。在 Windows 中，需要首先安装 Python 然后通过"开始"→"所有程序"→"Python"→"IDLE 或 Python(command line)"来启动 Python。首先通过 www.python.org 下载 Python 2.7，安装并启动程序目录中的"Python(command line)"，更多细节详见专题 1.2。当看到文本窗口的>>> 显示在屏幕上时，安装就成功了。这样就准备好编写程序代码了(见图 1.1)了，按 Ctrl-D 组合键可以退出 Python shell。

专题 1.2　如何安装 Python

在 Linux 和 Mac OS X 中 Python 已经被安装了。在极个别没有被安装的情况下，要得到最新的版本，可以通过安装包管理器或者在命令终端中输入如下命令：

```
sudo apt-get install python
```

在 Windows 中需要从 www.python.org 下载 Python Windows 安装器，要确保下载的是 2.7 版本的 Python，而 3.0 以上的版本还在试验阶段，在本书中①并不兼容。Python 可以像大多数程序一样通过点击并接受默认选项安装。

通过启动 Python 可以检查是否安装成功，以下是两种运行 Python 代码的方法。

1. 使用交互模式（Python shell）：在 Linux 和 Mac OS X 系统下，可以从文本控制台输入"python"然后按回车键。在 Windows 系统下，可以选择"开始"→"程序"→"Python 2.7"→"Python(command line)"来打开一个独立的 Python shell 窗口；或者，也可以在选择"开始"→"运行"菜单后显示的输入框中输入"cmd"打开文本控制台，然后改变路径到 C:\Python27 并输入"python"，当见到提示符>>> 时，安装就成功了。

2. 将代码写入有.py 扩展名的脚本中（如 my_script.py），然后在 UNIX/Linux shell 提示符后输入命令，执行脚本文件：

```
python my_script.py
```

又见 2.3.1 节"如何执行程序"。

Python 操作系统外壳（shell）

交互模式是学习或测试代码片段的理想环境，每个独立指令一旦被写成就可以直接执行，在>>> 提示符后面输入指令后用回车键确认，每个指令就会被立刻执行：

```
>>> ATP = 3.5
>>> ATP
3.5
```

可以使用交互模式进行数学运算：

```
>>> 3 * 4
12
>>> 12.5 / 0.5
25.0
>>> (12.5 / 0.5) * 100
2500.0
>>> 3 ** 4
81
>>> 3 ** (4 + 2)
729
```

Python shell 的缺点在于退出会话时（按 Crtl-D 组合键）代码就会丢失，因此只能将代码复制粘贴到文本编辑器里来保存写下的代码。文本编辑器在专题 2.2 和专题 D.2 中有详细介绍。为了保存代码，将 Python 指令直接写入文件里更为方便，见例 1.1 或第 2 章。

如果出现问题，Python 会返回错误信息，根据不同的错误类型，错误信息的内容有所不同。例如，如果输入错了指令，如：

```
>>> imprt math
```

---

① 中译本出版时 Python 3.5 版本已发布，但由于大量第三方包是 2.x 系列开发的，所以 2.x 仍是大多数用户的首选。——译者注

而不是：

```
>>> import math
```

将获得"SyntaxError：invalid syntax"的信息，还有附加信息帮助用户修正错误，第 12 章描述了可能遇到什么样的错误以及如何修改，编程时出现错误是很正常的。

1.3.2　变量

在 1.2.2 节中，初始定义了一些变量。也就是说，计算中将要用到的值放在已命名的容器中。

如，当输入

```
>>> ATP = 3.5
```

时，计算机会在 ATP 这个名称中记住 3.5 这个数值，所以当稍后输入

```
>>> ATP
```

后，计算机将打印输出 3.5 这个值。

同样地，所有使用过的数(1.8，5.0，0.00831，298 和 -30.5)都记录在各自的变量里(分别是 ADP，Pi，R，T 和 deltaG0)，注意这些数都是没有单位的，就像使用便携计算器一样。需要注意正确地变换数值单位，这就是为什么气体常数 R(8.31 J/kmol)是用

```
>>> R = 0.00831
```

表示，这样就可以和 ΔG^0(kJ/kmol)单位统一。这就像用计算器时，需要把数值转换成合适的单位。

每种对象都可以存储在变量中，也就是说可以用名字"标注"一块数据，而不是每次需要它时都重新写一遍，只需要写变量名就行了。数据越复杂且越频繁使用(如整个基因的核苷酸序列)的地方，用变量名标记数据就越方便。

所以，如果想在 ATP 水解中多次使用吉布斯自由能值

$$\Delta G^0 = -30.5 \text{ kJ/mol}$$

那么最好把它存在变量中，用它的变量名称，而不是用整个数值。

将对象赋给变量的运算符是等号= ：

```
>>> deltag = -30.5
```

Python 区分整数和浮点数：

```
>>> a = 3
>>> b = 3.0
```

在 Python 术语中，我们说 a 和 b 两个变量有不同的数据类型，变量 a 是整数，b 是浮点数，当除以一个其他的整数时就能发现它们的区别了：

```
>>> a / 2
1
>>> b / 2
1.5
```

可以通过除以浮点数来强制转换整数为浮点数：

```
>>> a / 2.0
1.5
```

可以给变量赋予数、文本以及多种其他类型的数据。更一般地说，可以将数据看成Python**对象**。在下面的例子中，将浮点数对象赋值到变量中：

```
>>> deltag = -30.5
```

如果向已有的变量赋新的值，新赋的值会将原有的值覆盖掉，也就是说，设置

```
>>> deltag = -28.16
```

之后，deltag 现在的值为 -28.16 而非 -30.5，在后续的章节中读者会见到更多数据类型。

下面是一些选择变量名时的**规则**：

- 有些词在 Python 中有含义，所以不能作为变量名，如 import 不能当成变量名，完整的保留字列表详见专题 1.3；
- 变量名的第一个字不能是数字；
- 变量名是区分大小写的，因此 var 和 Var 是不同的名称；
- 大多数特殊符号，如 $ ％ @ / \ . ，［ ］ （ ） ｛ ｝都是不能使用的。

专题 1.3 Python 中的保留字

Python 保留字在 Python 中有含义，所以不能被选作变量名，以下是一些例子：and, assert, break, class, continue, def, del, elif, else, except, exec, finally, for, from, global, if, import, in, is, lamda, not, or, pass, print, raise, return, try, while。

问答：在命名变量时用大写或小写有什么影响吗？

尝试下面的代码：

```
>>> ATP = 3.5
>>> atp = 8.0
>>> ATP
```

最后一行命令的结果是 3.5 而非 8.0，这是 Python 中通用的规则，从而使用大写或小写在命名变量时是有所区别的。

问答：第一次使用变量时会发生什么？

在有些编程语言中，需要列出所有想使用的变量，并明确地为它们保留内存。在 Python 中不必这样。Python 解释器将一切作为**对象**，这意味着当用户使用一个新的变量名时，Python 会识别数据类型（整数、浮点数、文本或其他）并为其分配足够的内存。Python 还会自动为数据类型关联一组**方法**（instrument）列表。例如，已经定义的数字型变量 a 和 b"知道"可以对它们进行加、减、乘，以及所有在表 1.2 中的数学运算。

表 1.2 Python 中的算术运算符

运　算　符	含　　义
a + b	加
a - b	减
a * b	乘
a / b	除
a ** b	幂（a^b）
a % b	取模，a/b 的余数
a // b	向下舍入除法
a * (b + c)	圆括号，b + c 会在乘法之前进行运算

1.3.3　导入模块

1.2.2 节在定义变量之后，Python 会话中的下一个命令是导入一个含有数学函数的模块。在 Python 中，import 是激活已安装的额外库或单个变量、函数的命令，math 是已与 Python 一起自动安装的库模块的名称，通过下列语句激活：

>>> import math

在这一章中，math 模块中的 log 函数用来计算对数，math 中的函数的完整列表可以访问 http://docs.python.org/2/library/math.html 或在 Python shell 中输入：

>>> dir(math)

每个模块都包含函数和变量，模块用来复用代码并将大的程序分解成小块，以更好地组织程序。每次需要像气体常数 R 这样的常数时，就可以直接从模块中找回它而不用重定义。在 Python 标准库(Python Standard Library)中，收集了许多其他人已编写并优化的基本扩展函数。

Python 可以导入上百个可用模块，也就是说，大量的函数可以通过 import 命令导入。进一步，甚至可以通过将 Python 指令写入文本文件并存为 .py 扩展名来创建自己的模块(详见例 1.2)。本书的第三部分将更详细地描述模块。

要导入 math 中的对数函数，可以使用 math.log。在 Python 中，模块名和函数名之间的**点**有着特殊的作用，点是对象之间"连接"，我们称点右边的对象是点左边对象的属性，所以

>>> math.log

的意思是 log 对象(一个函数)是 math 对象(一个模块)的一个属性，也就是说 log 是 math 模块的一部分。如果想在导入模块后使用它，就需要用点语法格式来指向它。这一点在 Python 中的所有情况下都适用，只要对象 A 含有对象 B，语法的格式就是 A.B，如果 B 含有 C，A 含有 B，就可以写为 A.B.C。

对象还可以从模块中选择性导入。换句话说，用户可能只想导入单个对象或少数几个对象而非整个模块内容。如果只导入对数函数而不导入整个 math 模块，就可以写为

>>> from math import log

现在导入函数就不用再写 math.log 了，而是直接写成 log。当前环境下有哪些函数和变量可用，利用 Python 命名空间的概念很容易解释清楚(见专题 1.4)。

专题 1.4　命名空间

模块中定义的对象名(函数、变量等)的集合称为模块的命名空间，每个模块都有自己的**命名空间**。比如 math 模块有 pi、sqrt、cos 以及很多其他的名称；random 模块的命名空间没有上述这些，但是有 randomint 和 random。连 Python shell 都有自己的命名空间，包含例如 print 这样的名称。

在两个不同模块中的相同名称可能指向两个不同的对象，点语法结构使得防止两个不同模块的命名空间混淆成为可能。当执行 import 时，整个被导入的模块都会被读取、解释执行，它的命名空间也会被导入，但是会和导入的模块的命名空间分开，所以如果输入：

```
>>> import math
>>> sqrt(16)
Traceback (most recent call last):
        File "<stdin>", line 1, in <module>
NameError: name 'sqrt' is not defined
>>>
```

那么，名称 sqrt 没有作为 math 属性被识别，除非使用点语法：

```
>>> math.sqrt(16)
4.0
>>>
```

但如果使用

```
>>> from math import sqrt
```

就将 math 的命名空间和 Python shell 的命名空间合并了，所以现在可以直接使用：

```
>>> sqrt(16)
4.0
>>>
```

当合并两个模块的命名空间时要小心，确保自己正确地使用了变量名称。事实上，如果用下面的指令可以导入 math 模块的所有内容：

```
>>> from  math  import  *
```

这样就会有

```
>>> pi
3.141592653589793
```

但是，输入

```
>>> pi = 100
```

事实上就会将从 math 模块导入的 pi 覆盖掉，pi 就不再是 π 值了。这可能产生计算中不可预期的情况。

问答：为什么安装了 math 模块还需要再导入它？

在 Python 中，包括 math 在内有约 100 个不同的库，算在一起有几千个函数，即便是有经验的程序员，从中搜索所有函数也很容易出错，这就是为什么要把函数组合成模块，这样就可以只在需要时添加额外的组件。

1.3.4　计算

在 ΔG 例子的最后一部分是完成运算。1.2.2 节的公式转化包含了一次加法（ + ）、两次乘法（ * ）、一次除法（/）以及一次取自然对数（math. log(...)），log 后面的圆括号是必需的。Python 还支持减法（ – ）、幂（ * * ）、向下舍入除法（//，向下取整）和取模（%，除法之后的余数）。

```
>>> deltaG0 + R * T * math.log(ADP * Pi / ATP)
```

按回车键会立刻看到结果：

```
-28.161154161098693
```

标准算术运算

大多数计算都会比计算 ΔG 更简单，算术运算可以即刻在命令提示符下完成：

```
>>> a = 3
>>> b = 4
>>> a + b
7
```

或者可以干脆直接写数字而不用变量：

```
>>> 3 + 4
7
```

表 1.2 提供了可用的 Python 算术运算的概览。

问答：需要写出数的小数位吗？

有两点需要提醒：首先，用整数进行运算时，结果也会是整数；第二，用浮点数进行运算时，结果就也会是浮点数。例如，运行除法

```
>>> 4 / 3
1
```

结果就会是整数 1，因为会自动向下取整。但如果加上小数位，结果就会有所不同：

```
>>> 4.0 / 3.0
1.3333333333333333
```

第二个运算给出了精确到小数点后 16 位的结果。如果用整数和浮点数一起进行运算，结果也会是浮点数。

问答：到底为什么要用变量？计算 ΔG 的例子中直接把数字代入公式不是更简单些吗？

是，但也不是。是，因为这样就可以少写几行代码；不是，因为这样用户的代码会更难阅读也更难重复使用，看看计算 ΔG 值的代码：

```
>>> -30.5 + 0.000831 * 298 * math.log(1.8 * 5.0 / 3.5)
-30.26611541610987
```

虽然这些计算方法都是对的，但要花多久才能发现结果其实是错误的呢？如果原本写成这样，就会容易得多：

```
>>> R = 0.000831
```

因为用户会发现事实上下面的才是对的：

```
>>> R = 0.00831
```

在第一行中，单位变换时小数点后少了一位，这是一种非常常见的编程错误。通常程序本身并没有问题，错的是数据。第 12 章和第 14 章会具体阐述如何更迅速地发现类似的错误。

数学函数

通过命令：

```
>>> import math
```

就能在当前的 Python 交互式会话中激活 math 模块中的数学函数集合。表 1.3 中列出了一些在 math 模块中最重要的函数。

表 1.3　一些 math 模块中定义的重要函数

函　　数	含　　义
log(x)	x 的自然对数($\ln x$)
log10(x)	x 的以 10 为底对数($\log x$)
exp(x)	x 的自然指数(e^x)
sqrt(x)	x 的平方根
sin(x),cos(x)	x 的正弦和余弦(x 为弧度)
asin(x),acos(x)	x 的反正弦和反余弦(结果为弧度)

在 Python 中使用函数时，圆括弧是必需的：

```
>>> math.sqrt(49)
7.0
```

math 还定义了常量 math.pi(π＝3.14159)和 math.e(e＝2.71828)，它们可以像其他变量一样使用。比如计算 50 ml 的 Falcon 管的体积(一种用于离心机的塑料圆筒管)，115 mm 长，30 mm 宽，可以用 math.pi：

```
>>> diameter = 30.0
>>> radius = diameter / 2.0
>>> length = 115.0
>>> math.pi * radius ** 2 * length / 1000.0
81.2887099116359
```

1.4　示例

例 1.1　如何计算两点间距离？

三维中的一个点可以通过笛卡儿坐标(x,y,z)来定义，两个点 p_1 和 p_2，坐标分别为(x_1, y_1, z_1)和(x_2, y_2, z_2)，它们之间的距离 d 可以用下式给出：

$$d(p_1, p_2) = \sqrt{(x_1 - x_2)^2 + (y_1 - y_2)^2 + (z_1 - z_2)^2}$$

两点坐标可以存储在 6 个变量中：分别为 x1、y1、z1 和 x2、y2、z2，还需要 math 中的两个函数(pow()和 sqrt())。在下面的脚本中，导入了 math 模块中的所有函数(＊)。pow(i,j)方法需要两个参数：将 i 取 j 次方中的 i 及 j。

```
>>> from math import *
>>> x1, y1, z1 = 0.1, 0.0, -0.7
>>> x2, y2, z2 = 0.5, -1.0, 2.7
>>> dx = x1 - x2
>>> dy = y1 - y2
>>> dz = z1 - z2
>>> dsquare = pow(dx, 2) + pow(dy, 2) + pow(dz, 2)
>>> d = sqrt(dsquare)
>>> d
3.5665109000254018
```

例 1.2　如何创建自己的模块

技术上讲，Python 模块是以 .py 结尾的文本文件（见专题 1.1），里面可以放变量和 Python 代码，函数等。一个短的 Python 模块可被很快地写出和使用。例如，可以通过如下 4 个步骤将 ATP 常量外包成一个模块。

1. 用文本编辑器建一个新文本文件；
2. 取个以 .py 结尾的名字（如 hydrolysis.py）；
3. 添加一些代码，如可以添加 ATP 常量：

```
ATP = -30.5
```

4. 最后，导入该模块到 Python shell 里：

```
>>> import hydrolysis
```

或者

```
>>> from hydrolysis import ATP
```

为了成功导入模块，需要将模块存储在 Python shell（在 Linux 和 Mac 中）或 Python 库（Windows 中的 C:/Python27/lib/site-packages）所在的路径下，也可以把模块存在另一个路径中（可能需要将所有模块收集在一个特别的文件夹中），然后将文件夹路径添加到一个特定的 Python 变量（名为 sys.path，即属于 sys 模块的 path 变量），稍后会具体解释怎么做。

1.5　自测题

1.1　计算所有三种组织中的 ΔG 值

哪种组织释放的 ATP 水解能最多？使用前面提到的代码来解答这个问题（见表 1.1）。

1.2　将值转化为千卡

以 kcal/mol 为单位计算三种组织的 ΔG 值，单位换算因子是 $1 \text{ kcal/mol} = 4.184 \text{ kJ/mol}$。

1.3　计算 pH 值

溶液质子浓度为 0.003162 mM，求溶液 pH 值。

1.4　指数生长

在最适合的条件下，单个大肠杆菌可以每 20 分钟分裂一次。保持最佳条件，求 6 小时后的大肠杆菌数量。

1.5　计算单个细菌细胞体积

已知单个大肠杆菌细胞的平均长度为 2.0 μm，直径 0.5 μm。假设大肠杆菌为圆柱形，求单个大肠杆菌细胞体积是多少？使用 Python 进行计算，用变量做参数。

第 2 章 第一个 Python 程序

学习目标： 学会书写包含输入、输出及中间内容的程序。

2.1 本章知识点

- 如何书写含有输入、输出及中间处理的程序
- 如何重复指令
- 如何向电脑屏幕输出
- 如何在序列上执行滑动窗口

2.2 案例：如何计算胰岛素序列中的氨基酸频率

2.2.1 问题描述

这一章将学习到分析胰岛素的蛋白质序列。胰岛素是被首先发现的蛋白质之一，Frederick Banting 和 John Macleod 因发现其功能获得了 1923 年的诺贝尔奖。90 年后，人类胰岛素在医学和经济上有着举足轻重的地位，主要影响 2.85 亿糖尿病人群。在蛋白质水解去掉翻译产物的两个片段后，胰岛素蛋白质的功能型由 51 个氨基酸组成。而本章所要解决的问题是：在这条蛋白质序列中 20 种氨基酸出现的频率分别是多少？

分析蛋白质序列的氨基酸频率可以得出有多少半胱氨酸可以组成二硫键；是否有特殊的非极性残基的数目表明存在可跨膜的结构域；或者是否有大量阳性电荷残基可以参与核酸结合。有如下几种可行方案能够得到上述这些问题的答案。

- 手工给氨基酸计数，这在蛋白质较短且只需要分析一个或几个蛋白质序列时比较有效；
- 将所用文本编辑器的"搜索-替换"功能灵活运用到每个氨基酸上，这在处理长蛋白质序列时比手工计数要好，但如果要处理多条蛋白质序列则并不太方便；
- 写一个计算机程序。在这一章会用到 Python 语言写的程序，专题 2.1 提到了一些关于电脑如何为残基计数的思考。

专题 2.1 如何为半胱氨酸计数

下面序列中有多少 C？

CCCHAJEAFIELAKJNFVLAIFEJLIEFJDCCCEFLEFJ

大致看一下序列，就能得出有 6 个 C，凭直觉读者就能知道怎么计数、怎么获得正确的答案。但如何让电脑替我们完成工作呢？

答案包含了很多编程的基本知识。首先读者需要充分了解需要做什么，并能详细地描

述出来。那么究竟是怎么为 C 计数的呢？很有可能读者是通过下面这些方式之一完成的：

● 从左到右浏览每个字符，看到一个 C 就计数；
● 从右到左浏览每个字符，看到一个 C 就计数；
● 做一个估计，如此选择是因为计算所有的字符会花太多的时间。

在前两个选项中，本质上是检查所有字符并记下所有 C 的数量，那从左到右和从右到左有什么区别呢？在计算机中这的确有区别！计算机并没有直觉，它不知道应该从哪边开始，也没法知道用户所期望的是什么，即便有时这对读者来说是显而易见的。所以读者必须将关于做什么的每个最微小的细节都告诉它。例如，能够翻译成程序的精确命令就像下面这样：

1. 设一个等于 0 的计数器；
2. 查看序列中的第一个字符；
3. 如果是 C 就将计数器加 1；
4. 如果已经到达了最后一个字符，就输出计数器的值然后结束；
5. 否则就移动到下一个字符然后从步骤 3 开始重复。

编程的大部分工作都是将一个任务分解成小的操作。在第三个选项中用到了一种不寻常的方法：估计。对于较大的序列可以根据已有的数据进行推测，这种情况下，用户需要告诉计算机如何进行推测，推测还必须足够详细。无论如何，在编程时应准备好去接受那些你觉得违反直觉的解决方案。无论是计数还是推测，只要用户告诉计算机做什么，它就会非常快速地完成，无论要分析一条短序列还是几千条，甚至是整个基因组，我们希望本专题给出的那段序列是读者不得不自己计数的最后一段。

在之前的章节中，读者已学会了如何将数据存储在变量里、进行计算和调用及使用模块，在 2.2.2 节的 Python 会话中，读者的收获将是：第一，学会如何用 # 符号注释一行代码，这样该代码就不会被执行；第二，学会如何用**字符串**（string）数据类型将文本存储到变量中，对氨基酸的计数将会用到一种蛋白质字符串的**方法**（即与数据相连接的函数）；第三，学会如何重复执行一个操作，其中会用到 for 循环；最后，学会用 print 命令输出屏幕可见的结果（见专题 2.4）。

重要的是，下面的 Python 会话写在文件里并被执行（见专题 1.2 和 2.3.1 节）。在此之后，前面没有 >>> 提示符的程序行就是写在文本文件中执行的（见图 2.1）。

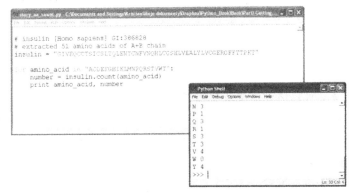

图 2.1　文本文件和 Python shell。注意：左边的面板是一个写在文本
文件中的脚本；右边的面板是脚本在 Python 终端中的执行结果

2.2.2 Python 会话示例

```
# insulin [Homo sapiens] GI:386828
# extracted 51 amino acids of A+B chain
insulin = "GIVEQCCTSICSLYQLENYCNFVNQHLCGSHLVEALYLVCGERGFFYTPKT"
for amino_acid in "ACDEFGHIKLMNPQRSTVWY":
    number = insulin.count(amino_acid)
    print amino_acid, number
```

2.3 命令的含义

程序产生了右方所示的 20×2 的表格。

2.3.1 如何执行程序

在使用 Python Shell 时有一个只是输入命令的窗口，但如何输入一个程序呢？当然，你可以将上述程序输入到 Python shell 里运行，程序是可以工作的。但是如果这样，每次要用这个程序时都要重新输入一遍，包括那条胰岛素序列。

有更简便的选择，那就是将程序存储在**文本文件**中，文本文件可以用**文本编辑器**打开（见专题 2.2 和专题 D.2）。Python 程序的文件需要 .py 作为文件名结尾（后缀有可能是不可见的）。在 Linux 和 Mac 系统中，可以通过在终端窗口输入如下命令来执行 Python 程序：

```
python aa_count.py
```

专题 2.2　编程用文本编辑器

编程用文本编辑器必须可以创建文件、写入并将文件存储在硬盘中。基本的编辑器的例子，如 Notepad++、Vim(http://www.vim.org/)、TextEdit、Pico、Gedit(http://projects.gnome.org/gedit/)，等等，其中大部分都能够自动高亮 Python 代码句法结构。当使用一个正常的编辑器时，确保制表符会被自动替换为空格，在 Gedit 中可以通过 Edit→Preferences 来设置。找到 Edit 标签并选择"Insert spaces instead of tabs"。

IDLE 编辑器（在 Windows 系统中是已经与 Python 一起自动安装了的）也可以识别并处理代码块（也就是说处理缩进）。在 Linux 和 Mac OS X 中有 iPython，这是改进版的 Python shell，不仅可以提供代码句法高亮，还可以用制表符键自动补全很多函数的代码（详见http://ipyhon.org/）。

Python 还有很多复杂精致的编辑器，也称为集成开发环境或 IDE，可以在编程的几个方面提供帮助。首先，可以通过这类编辑器将代码调整成统一的格式：加入空格、用不同颜色高亮关键字，标记出缺失的括号，有些 IDE 甚至能标出语法错误；编写代码时，可以查找名称或者当前文档；调试时不必添加输出语句就可以分步遍历程序、跟踪变量值。比较流行的 Python 集成开发环境有 Eric(Linux)、SPE(Linux)和 Sublime Text(Win/Mac/Linux, http://www.sublimetext.com)。[①]

A	1
C	6
D	0
E	4
F	3
G	4
H	2
I	2
K	1
L	6
M	0
N	3
P	1
Q	3
R	1
S	3
T	3
V	4
W	0
Y	4

---

① 在 Windows 下，当前最好用的 IDE 是 Pycharm 系列。——译者注

在 Windows 下可以用 IDLE 编辑器（可以通过"Start"→"All Programs"→"Python"→"IDLE"创建一个新的文件）打开 Python 文件并按 F5 键以执行程序，或在菜单栏中选择"Run"→"Run Module"。

2.3.2　程序如何工作

在 Python 编程语言中，程序会按顺序一行行执行，每行有指令来告诉 Python 解释器做什么。那么执行 aa_count.py 时每行都发生了什么？

- ♯insulin。第一行什么也没做。♯号意味着这是注释（见 2.3.3 节）。
- insulin ="MALWM..."。这一行中，蛋白质序列存储在名为 insulin 的变量中，蛋白质序列定义为文本，又称字符串（见 2.3.4 节）。结尾的反斜杠\代表蛋白质序列会在下一行继续。
- for amino_acid。这一语句开始了一个遍历 20 个字符 A、C、D、E...的循环，对于每一个字符重复接下来的两行指令，amino_acid 变量代表了每次循环中的那个字符，循环会在变量 amino_acid 到达"ACDEFGHIKLMNPQRSTVWY"的最后一个字符时停止。
- number = insulin.count(...)这一行调用了计算一个字符在一段文本（在本例中，即胰岛素蛋白质序列）中出现的个数的函数，结果被存在变量中。
- print amino_acid, number 将氨基酸及计数结果打印在屏幕上。

最后这三行组成了一个**代码块**。因有 for 命令，这意味着它们将一起被执行 20 次。与 for 命令相关联的行，用 4 个空格的缩进形成一组，这一代码块的效果与将程序写成如下代码相同：

```
number = insulin.count("A")
print "A", number
number = insulin.count("C")
print "C", number
number = insulin.count("D")
print "D", number
...
```

因此，将循环中的命令用代码块的方式连接在一起可以避免很多冗余的代码。

Python 中通常一行写一个指令，但长的指令也可以跨越几行，就像胰岛素序列那样。如果这么做，那么行的结尾需要加上反斜杠字符\：

```
>>> 3 + 5 + \
... 7
15
```

2.3.3　注释

注释是给其他程序员看的代码部分（或给几天或几周后看程序的自己看），而不是给 Python 解释器。换句话说，它是一种在代码内部用来描述代码做了什么的文档。想要程序解释器忽略的部分前面必须有♯符号。

```
>>> print "ACCTGGCACAA" # This is a DNA sequence
ACCTGGCACAA
```

2.3.4　字符串变量

在第 1 章中看到，数字可以通过简单地将数赋予一个变量来存储：

```
x = 34
```

包含文本的变量数据类型称为字符串。与数相比，在 Python 中的字符串需要由单引号（'abc'）、双引号("abc")或三引号（'''abc'''，或"""abc"""）进行封闭。例如，存储胰岛素蛋白质序列的变量名为 insulin，需要使用赋值操作符 =，即

```
insulin = 'GIVEQCCTSICSLYQLENYCNFVNQHLCGSHLVEALYLVCGERGFFYTPKT'
>>> print insulin
GIVEQCCTSICSLYQLENYCNFVNQHLCGSHLVEALYLVCGERGFFYTPKT
```

带三引号的字符串可以跨越多行（不需要在每一行的末尾加反斜杠）。这在变量中存储更长的文本块时就会很有用：

```
>>> text = '''Insulin is a protein produced in the pancreas.
The protein is cut proteolytically.
Its deficiency causes diabetes.'''
>>> print text
Insulin is a protein produced in the pancreas.
The protein is cut proteolytically.
Its deficiency causes diabetes.
```

字符串有内在的顺序。对字符串运行 for 循环时，字符将总是按相同的顺序进行处理。字符串是不可变对象，现有的字符串不能被改变任何一个字符，也不可替换其中一个子串，这时只能创建一个新的字符串。字符串不仅在存储数据方面非常有用，也有很强大的处理和分析文本的功能。

索引

通过方括号内的数字索引，可以提取字符的某些位置。第一个字符被视为在位置 0：

```
>>> 'Protein'[0]
'P'
>>> 'Protein'[1]
'r'
```

负的索引表明从末尾开始字符寻址：

```
>>> 'Protein'[-1]
'n'
>>> 'Protein'[-2]
'i'
```

切片

通过在方括号中引入一个冒号，可以提取部分字符串（切片）。例如[0:3]返回从头开始并在第三个字符之后停止的子字符串：

```
>>> 'Protein'[0:3]
'Pro'
```

[1:]返回从第一个字符之后开始，停止于字符串末尾的切片。

```
>>> 'Protein'[1:]
'rotein'
```

字符串算术

可以用加号(+)运算来给 Python 字符串做加法，这将使两个字符串串联。

```
>>> 'Protein' + ' ' + 'degradation'
'Protein degradation'
```

字符串也可以乘以整数：

```
>>> 'Protein' * 2
'ProteinProtein'
>>> '*' * 20
'********************'
```

确定字符串长度

len()函数返回字符串中的字符数，即字符串长度：

```
>>> len('Protein')
6
```

字符计数

s.count()函数计算字符或一个短序列出现在一个字符串中的次数：

```
>>> 'protein'.count('r')
1
```

更多对字符串进行操作的函数可以在附录 A 中找到。

问答：为什么一些字符串函数如 count()，是用点连接加在字符串后面，而其他类似 len()则是将字符串作为参数？

Python 将函数安排在不同的位置。有些是所谓的**内置**(built-in)函数，如 len()，用户可以没有任何约束地使用它们，有广泛的适用性，例如 len()也适用于其他类型的数据。其他的函数特定地适用于某些数据类型，如 2.2.2 节的程序计数方式仅适用于字符串。使用 count()就需要先有一个字符串。严格和某种类型的对象连接的函数又称为该对象的**方法**。赋予方法给数据类型，有助于保持将复杂的程序良好地组织起来。有关 Python 的模块化方面的更多信息，可参阅专题 2.3 和第三部分。

专题 2.3　一切都是对象

每当用户在程序中使用新的数据块(数字、文本或更复杂的结构)，Python 解释器创建称为**对象**的东西。每个对象都保留了一部分内存，其中数据存储于其中。Python 对象也确定地知道数据是什么类型。例如，如果将一个编号赋予一个变量

```
a = 1
```

Python 在计算机内存中就会创建一个**整数**(integer)对象，变量 a 指向内存中的位置。字符串变量创建时也会创建对象。当有一个 for 循环时，索引变量的每个新值也是属于自己的对象。每个对象包含一些数据，同时也包含处理数据的函数。对象的内容可以通过添加一个点来访问变量名，例如 sequence.count('A')调用了字符串变量 sequence 的一个方法。

即使模块是导入的，它也是对象。例如，math 模块包含数据(如 math.pi)和函数(如 math.log)。总之，一切可以命名的就是对象，既可以容纳数据，也可以容纳函数。

2.3.5　用 for 进行循环

控制流语句 for 用于重复操作。特别要指出的是，for 命令可以给定语句执行指令的次数。for 循环需要一个类似序列的对象（见专题 2.3）：字符串可以逐个字符地遍历，数字列表可以一个接一个地处理，或者干脆让循环读取一组数据项直到完全读尽。该序列中的元素可作为索引变量（index variable）。需要重复的指令跟在 for 指令后，整体缩进。

for 循环的一般语法为

```
for <index variable> in <sequence>:
    <command 1>
    <command 2>
    ...
    <command x>
```

<sequence> 可以是一个字符串（"ACDEFGHIKLMNPQRSTVWY"）或对象的集合，如列表（[1, 2, 3]，将在第 4 章解释）。<index variable> 是变量名，在遍历 <sequence> 时提取元素的值。在第一次循环中，index variable 取得 <sequence> 的第一个值；在第二次循环中，取得第二个值；等等。命令 <command 1> 和 <command 2> 在每一次循环中执行，通过 4 个空格向右平移（缩进）来标记它们属于循环体。最后一条指令在 for 循环中执行，它也由 4 个空格向右平移了。当循环完成了 <sequence> 的最后一个元素，指令 <command x> 最后执行一次，然后退出循环。

运行循环，遍历字符串

当 for 循环使用的序列是字符串时，循环内的代码会重复对每个字符运行：

```
for character in 'hemoglobin':
    print character,
```

例如，2.2.2 节示例程序的循环运行了 20 次，每次循环读取一个字符的氨基酸代码：

```
for amino_acid in "ACDEFGHIKLMNPQRSTVWY":
    number = insulin.count(amino_acid)
    print amino_acid, number
```

number = insulin.count(amino_acid) 和 print amino_acid, number 语句各重复 20 次。在每一次循环中，amino_acid 变量从字符串 "ACDEFGHIKLMNPQRSTVWY" 取得下一个字符的值。通过这种方式，对每个氨基酸无须复制代码就可以进行计算。循环停止时 amino_acid 变量已经读取过 "ACDEFGHIKLMNPQRSTVWY" 所有 20 个值了；换句话说，当 amino_acid 等于 "Y" 时，for 循环就会执行最后一次，然后退出循环。

运行循环遍历数字的列表

一个循环可以简单地打印列表的内容：

```
for i in [1, 2, 3, 4, 5]:
    print i,
```

其结果为

```
1 2 3 4 5
```

循环可使用函数来快速创建序列。这里，内置函数 range(10) 创建一个从 0 到 9 的数字列表。

```
for number in range(10):
    print number,
```

其结果为

```
0 1 2 3 4 5 6 7 8 9
```

2.3.6　缩进

在 2.2.2 节的 Python 会话中，并不是所有的代码行都从相同的位置开始，其中有两行前面留了一些空白。这种方式称为**缩进**（indentation），在 Python 中用于标记某些代码块需要被一起执行。

代码块会出现在循环、条件语句（见第 4 章）、函数（见第 10 章）以及类（见第 11 章）中，通过缩进来识别。代码块由冒号发起，后面紧跟缩进的该代码块的指令。代码块第一条指令的缩进长度应至少为 4 个空格，同一块的所有指令缩进的空格数量必须相同。虽然可以使用制表符进行缩进，我们还是建议使用空格，因为制表符在一些文本编辑器中会出现问题。

2.3.7　打印至屏幕

print 命令是将信息显示到屏幕上的一种通用方式，它将数字和文本写入文本控制台，可以用很多办法来影响数据的打印。最简单明了的方法如下：

```
print 7
```

这样就能将 7 打印到电脑屏幕上，而

```
print 'insulin sequence:'
```

就能直接打印 insulin sequence：。

不采用普通数据，也可以打印变量：

```
sequence = 'MALWMRLLPLLALLALWGPDPAAA'
print sequence
```

这样产生的输出为

```
MALWMRLLPLLALLALWGPDPAAA
```

可以用逗号分隔多个变量并将它们打印在一行里：

```
print 7, 'insulin sequence:', sequence
```

输出结果为

```
7 insulin sequence: MALWMRLLPLLALLALWGPDPAAA
```

默认情况下，每个 print 语句后面都会自动加上一个换行符（即一行结束的字符），因此

```
print 7, 'insulin sequence:'
print sequence
```

将打印 7 和 insulin sequence 在一行，而序列在另一行。在 print 语句的最后一项后面添加一个逗号可以抑制换行符。下面的命令将会被输出在同一行中：

```
print 7, 'insulin sequence:',
print sequence
```

转义字符和引号

打印文本(或将其赋值给字符串变量)时，不能使用 Python 字符串中的任何字符。一些字符需要替换成**转义字符**。例如，需要将制表符写成\t(用反斜杠)；换行符写成\n；反斜杠写成\\。

当然，也不能用封装文本时使用的相同引号，如果将字符串放在单引号中，可以在字符串中使用双引号，反之亦然；三引号字符串可以同时包含以上两者：

```
print 'a single-quoted string may contain "".'
print "a double-quoted string may contain ''."
print '''a triple-quoted string may contain '' and "".'''
```

文本和数字可以用更高级的方式进行格式化，如写固定位数的数字或右侧对齐的文本(见第 3 章)，而 print 命令的主要优点在于，它是一个简单的能将任何种类的信息写在屏幕上的方法。专题 2.4 列出了第 2 章中引入的新概念。

专题 2.4　新的 Python 概念

- 注释　　　　　　　　● 字符串变量　　　　　　　● for 循环
- 缩进　　　　　　　　● 打印

2.4　示例

例 2.1　如何创建随机序列

可以使用 for 循环创建随机序列(另见编程秘笈 2)。range()函数可以按给定的次数重复指令。random 模块可以创建随机数字，它提供了管理随机对象的大量工具。例如，randint(i, j)函数用同样的概率生成从 i 到 j 之间的数。下面的示例程序[①]将用随机数(10个)和字符串索引(AGCT)来创建随机序列(从"AGCT"抽取 10 个字符)：

```
import random
alphabet = "AGCT"
sequence = ""
for i in range(10):
    index = random.randint(0, 3)
    sequence = sequence + alphabet[index]
print sequence
```

第一行将导入 random 库。该程序定义了一个由 4 种核苷酸组成的字符串，并将其赋予 alphabet 变量，然后用 for 循环 10 次，随机抽取 alphabet 中的字符并将其添加到初始值为空 (sequence = "")的 sequence 字符串，通过 random.randint()生成 alphabet 中的字符的随机索引，再通过索引抽取字符。该程序输出从'AGCT'中提取的随机 10 个字符，如

```
GACTAAATAC
```

注意，由于是随机输出，每一次执行程序，输出序列都将发生改变。

例 2.2　如何在序列中运行滑动窗口

在寻找序列模体(motif)时，通常有必要考虑序列中的所有定长片段。可以使用 for 循

---

① 书中例子采用了字符串累加的算法，对初学者和小规模数据问题不大，但对大量数据不推荐，因为会影响运算速度。建议读者在学习了第二部分 join 函数后自己改写这个程序，并对比练习，在大序列上试试。——译者注

环来创建序列中所有可能的给定长度子序列：

```
seq = "PRQTEINSEQWENCE"
for i in range(len(seq)-4):
    print seq[i:i+5]
```

变量 i 从 0 运行到序列长度减 4；len(seq) 为 15，因此 range(11) 产生从 0 至 10 的所有数，指令 seq[i, i+5] 从序列位置 i 处提取长度为 5 的子序列，Python 的位置是从零开始计数的。第一个子序列从位置 0 到 5，最后一个从 10 至 14。因此，代码会生成

```
PRQTE
RQTEI
QTEIN
TEINS
...
WENCE
```

第 4 章中有 range() 函数的详细描述。

2.5 自测题

2.1 端粒蛋白质序列中氨基酸出现的频率

2009 年，Elizabeth H. Blackburn，Carol W. Greide 和 Jack W. Szostak 因发现端粒酶功能而获得诺贝尔奖，端粒酶负责延伸染色体的末端。通过 NCBI 的蛋白质数据库检索人类亚型 I 的端粒的 1132 个残基序列，试问其中哪种氨基酸出现最为频繁？

2.2 DNA 序列中核苷酸碱基出现的频率

更改自测题 2.1 的程序来计算 4 个 DNA 碱基频率。用一个读者知道输出结果的序列来测试程序，如"AAAACCCGGT"。这种方法可以更轻易地发现小的程序错误。

2.3 一次一个残基地输出氨基酸序列

写一个打印胰岛素第一个氨基酸的程序，然后是前 2 个，再后是前 3 个，以此类推。这个程序将需要使用 range() 和 len() 函数。

2.4 删除缩进

对于 2.2.2 节中的氨基酸计数示例程序，将

```
print amino_acid, number
```

更换为

```
print amino_acid, number,
```

再次运行该程序并解释发生了什么。

2.5 采用 20 个命令，还是采用 1 个 for 循环？

氨基酸计数的程序可以简单地不用 for 循环，而使用 20 个命令计数：

```
number = insulin.count("A")
print "A", number
number = insulin.count("C")
print "C", number
number = insulin.count("D")
...
```

你更倾向于选择哪种？为什么选择其中某个或者为什么不选另外一个呢？

第一部分小结

在第一部分中，读者了解了 Python 语言的所有基本组成部分。读者可以使计算机执行操作，如**计算**等；我们知道了**变量**是什么，以及如何适宜地使用它；同时，也看到了 Python 中的数据可以是不同的类型，如整数或浮点数或字符串，另外还有操作不同的数据类型的特定工具，例如字符串可使用函数 count()。读者认识了**函数**，并看到了它们中的一些是如何工作的。读者还了解到，一些函数是内置的，也就是说，它们是"通用"的，可以作用于许多不同的**对象**，另一些函数则只能适用于特定的对象。例如，count()函数仅可应用于字符串对象，由"点"的句法表示，即写为'MALWMRLLPLLALLALWGPD'.count('L')。更重要的是，读者了解到的程序并不一定需要写在一个文件中，而是可以巧妙地架构于几个**模块**中，通过导入语句(import)来进行彼此连接。特别指出的是，Python 提供了数以百计的其他程序员写的优化模块，如 math 模块。除了 Python 的对象，如变量、函数和模块，这里还讲到了一个 Python **控制流结构**，for 循环在不得不重复几次事情时变得出奇地好用。它的组成是：for 为关键字，后面跟变量名称(i，j，john，amino_acid，等)，为了遍历一个序列，后面跟一个冒号和缩进的代码块。所以这里还学到了什么是缩进及其服务目的。最后讲的是如何使用 print 语句在电脑屏幕上显示结果(或任何要显示的文字)。

第二部分　数据管理

引言

　　这一部分讨论一些新的**数据结构**和**控制流结构**。数据结构是指列表(已经在第 2 章提到过)、元组、字典和集合。这些结构使得我们能够收集并方便地处理数据。它们中的一些比其他的更适合某些特定的数据或任务，而用户可以选择最适合解决问题的数据结构类型。字符串、列表和元组是对象的有序集合，字典和集合是对象的无序集合。如果维持顺序是当务之急，那么字符串、列表或元组是管理数据的合适结构，但如果想从大集合中快速提取特定的元素，或者想确定两个或多个对象组的交集，字典和集合就是正确的选择。[①]

　　读者在这一部分中将了解两个控制流结构：if 条件和 while 循环。前者使得能够仅当一个或多个条件被满足时才执行一个指令块，这是一个可以让程序做出选择的结构。while 循环是 for 循环和 if 条件语句概念的结合。实际会执行重复操作直至满足给定条件。例如，可以使用它来读取核苷酸序列，直到遇到一个很奇怪的类似非核苷酸碱基序列的字符。所有这些新的数据和控制流结构都可以应用到解决计算生物学的典型问题，如处理数值数据集合、读取和写入序列文件、使用表格、解析序列数据记录、有选择地从集合中提取信息数据、给表格列排序、数据筛选和排序、在序列中寻找功能性模体，或用关键字搜索 PubMed 摘要。

　　第 3 章主要讲数列，它描述了如何处理数据集包括如何从一个文本文件读取数据集，如何将它们收集到数据结构中并进行处理(例如，将它们转换成浮点数，求和，计算平均值和标准差等)，以及如何将它们写入文本文件中；第 4 章讲解如何从序列文件，如 Uniprot，FASTA 或 GenBank 核苷酸文件中提取信息；第 5 章展示了如何使用字典来存储生物数据，并用非常快速的方式搜索数据；第 6 章通过结合循环与 if 语句的方式，或者使用集合数据类型的方式来过滤数据；第 7 章揭示如何读取、整理、操作和写入表格数据，例如，如何读取制表符分隔的表格，删除表格列之一，并将其以逗号分隔的格式写入新文件中；在第 8 章将学习过滤数据的技巧；在第 9 章会看到模式匹配的工具，这里指可以编码共有序列的语法(如，从多序列比对中提取)，以及可以用来在生物序列中搜索共有序列匹配结果的系列函数。

　　第一部分和第二部分是基础知识，为了熟练掌握 Python，读者需要一遍遍地重温这些内容。

---

　　① 在 Python 标准库中还提供了兼有维序功能和提取功能的数据类型，如 OrderedDict，有需要的读者可参考 collections 模块。——译者注

第3章 分析数据列

学习目标: 计算文本文件中数值的平均值和标准差。

3.1 本章知识点

- 如何从表中读取数
- 如何读取和写入文件
- 如何计算平均值
- 如何计算标准差

3.2 案例: 树突长度

3.2.1 问题描述

神经生物学研究领域的问题之一是: 什么条件可以使神经细胞生长? 神经细胞中的生长可以通过荧光显微镜进行分析。获得的图像可以用来测量树突状轴的复杂性。Image J(Java 语言的图像处理分析软件, http://rsb.info.nih.gov/ij/)之类的软件能够计算如树突长度之类的参数, 并把值写入文本文件。简化后, 文件 neuron_data.txt 是包含一列神经元长度数据的文本文件:

```
16.38
139.90
441.46
29.03
40.93
202.07
142.30
346.00
300.00
```

如果需要使用这样一组文本文件的数值, 开始时就有几个问题: 这里有多少测量值? 最长的树突长度是多少? 最短的是多少? 平均长度是多少? 标准差是多少? 在更详细地分析数据之前, 如果有个大概的汇总会很好。

如果有许多文件具有相同种类的测量值, 将所有数据都装载到 Excel 就会很麻烦。如何用 Python 对数据进行读取和分析? 在 3.2.2 节的 Python 会话中, 有能读取或写入文件的函数 open(filename, option)。它会产生一个 Python 文件对象, 可以读取或写入, 这取决于**选项**是'r'(= read)还是'w'(= write)。将文本写入文件, 可以使用 write(some_text)。write()是

文件对象的方法，因此必须使用点语法来写入文件。在 3.2.2 节中，for 循环用来逐行读取
函数 open(filename)返回的文件对象。

3.2.2　Python 会话示例

```
data = []
for line in open('neuron_data.txt'):
    length = float(line.strip())
    data.append(length)

n_items = len(data)
total = sum(data)
shortest = min(data)
longest = max(data)

data.sort()

output = open("results.txt","w")
output.write("number of dendritic lengths : %4i \n"%(n_items))
output.write("total dendritic length      : %6.1f \n"%(total))
output.write("shortest dendritic length   : %7.2f \n"%(shortest))
output.write("longest dendritic length    : %7.2f \n"%(longest))
output.write("%37.2f\n%37.2f"%(data[-2], data[-3]))
output.close()
```

3.3　命令的含义

在 3.2.2 节中，示例的输出被写入输出文件 results.txt 里。运行示例程序后，会发现
名为 results.txt 的文件已经出现在启动该程序的目录中。打开输出文件，会看到其内容为

```
number of neuron lengths :    9
total length             : 1658.1
shortest neuron          :   16.38
three longest neurons    :  441.46
                            346.00
                            300.00
```

该程序遵循简单的输入-处理-输出(input-processing-output)格局。首先，它用 for 循环从
neuron_data.txt 逐行读取树突长度，去掉空格和换行符(line.strip())后，将每一行(即每
个神经长度)转换成浮点数，并将其添加到数据列表(data.append(length))中。然后，使用
几个内置函数来测量树突长度的数目、最长树突的长度，等等。最后，把运算结果写入文本
文件 results.txt 中。本章重点介绍：

- 如何读取和写入文件
- 如何将表格中的列读取至数值列表
- 如何对数值列表进行求值

3.3.1　读取文本文件

数目少的数据项可直接写入 Python 代码中，又称为**硬编码**(hard-coding)信息。但几十

项、几百项，甚至上百万项的硬编码数据就会越来越不切实际。使用文本文件进行输入数据可以使程序更短，而且往往可以使用现有的文件。

例如，如果树突长度存储在文本文件 neuron_data.txt 中，就可以用 3 个 Python 命令读取数据：

```
text_file = open('neuron_data.txt')
lines = text_file.readlines()
text_file.close()
```

该程序做了 3 件事。

1. 打开了一个文本文件。指定由字符串形式（单引号或双引号之间）命名的文件名。该文件假设与 Python 程序位于同一目录，否则需要在文件名前添加路径。
2. 从文件中读取的树突长度。readlines() 函数只是读取文件中的所有内容，按分隔符逐行存储这些字符串，最后会返回一个字符串列表。相比之下，read() 则是读取整个文件，作为一个单个的字符串。
3. 关闭文本文件。关闭所有打开的文件是很好的做法。程序结束时 Python 会立即自动关闭文件，但如果没有关闭文件就想第二次打开，就会出现问题。

类似 3.2.2 节的 Python 会话，许多程序从文本文件读取数据时都包含与以下两行相似的命令：

```
for line in open(filename):
        line = line.strip()
```

第一行会打开文件进行读取，并运行 for 循环遍历每一行，它比用 readlines() 函数更短，但不创建列表变量。第二行的操作会对文件的每一行进行重复。strip() 函数将删除在一行开头或结尾处的空字符（如果存在），包括该行末尾的换行符。在这些操作之后，数据就准备好了。

3.3.2　写入文本文件

类似地，也可以编写输出到文件而非屏幕上的程序。通过这种方式可以将结果写入电子表格或者干脆存下来以备后用。在 Python 中，可以通过如下方式写入文件：

```
output_file = open('counts.txt', 'w')
output_file.write('number of neuron lengths: 7\n')
output_file.close()
```

这段代码执行以下操作。

1. 打开要进行写入的一个文本文件。与用于读取的 open() 的区别在于字母 'w'（w = write 即写），用 'w' 的标志打开的文件只能用于写入。
2. 将一个字符串写入该文件。write() 函数只接受字符串数据，所以需要将任何想要写入的数据转化为字符串，稍后将解释如何将数值转换为字符串。注意，前面的字符串需要以换行符（\n）结束，因为 write() 不能自动换行，如果需要换行，就必须明确地添加换行符。或者，使用 writelines() 函数可接受由行组成的列表（每行都以字符串形式表示）。
3. 关闭使用后的文件。完成工作之后的清理是良好的编程风格。如果忘记关闭文件，不会有任何危险发生(数据不会丢失),当程序执行结束时 Python 也会自动关闭文件。但如果再次使用相同的文件,不关闭文件可能会造成问题:

```
>>> f = open('count.txt','w')
>>> f.write('this is just a dummy test')
>>> g = open('count.txt')
>>> g.read()
''
```

为什么文件是空的? 里面的文字哪去了? 文本仍然"浮动"在计算机内存中。事实上,只有达到(即缓冲到)一定数目字符的字符串才会被保存到文件中。但是关闭文件时,无论写入多少个字符,在任何情况下数据都将被保存。因此,编写这类代码的更好方法如下:

```
>>> f = open('count.txt','w')
>>> f.write('this is just a dummy test')
>>> f.close()
>>> g = open('count.txt')
>>> g.read()
'this is just a dummy test'
>>>
```

3.3.3　将数据收入列表

操作整套的树突长度需要把数据保存在某处,该程序采用了 Python 列表来完成这件事。Python 列表是收集任意长度数据的容器。在程序的最初创建了一个空列表:

```
data = []
```

在 for 循环中,神经元长度的文本文件转换为浮点数,添加至列表中:

```
data.append(float(length))
```

在前述程序中,for 循环将所有神经元长度文本文件读入一个列表变量,列表在循环后的内容是

```
data = [16.38, 139.90, 441.46, 29.03, 40.93, 202.07, 142.30, \
    346.00, 300.00]
```

列表是 Python 中最强大的数据结构之一,使用列表的主要优势在于可以将整个数据集保存设置成一个变量,甚至不必提前知道其中项目的数量,因为列表会自动增长。可以在 for 循环中使用列表,也可以使用很多计算数据的函数。列表将在下一章有更深入的讲解。

3.3.4　将文本转换为数字

当程序从文本文件中读取神经元长度时,它们一开始是字符串变量,但程序必须使用浮点数或整数进行计算。Python 可以使用 float()进行字符串到浮点数的转换:

```
number = float('100.12') + 100.0
```

与下面的代码相比,上面的代码给出了一个完全不同的结果,即 200.12。

```
number = '100.34' + '100.0'
```

的结果为'100.34100.0'。如果文本没有数值意义,从字符串到数值转换的结果就会导致错误,例如,

```
float('hello')
```

会返回以下错误:

```
ValueError: invalid literal for float(): hello
```

事实上，hello 是不能被转换为数字的字符串。无论是字符串的硬编码（如上）还是变量（如下），在转换时都没有什么区别。

```
length = float(line.strip())
```

可以将浮点数转换为整数，反之亦然。

```
>>> number = int(100.45)
>>> number
100
>>> f_number = float(number)
>>> f_number
100.0
```

当转换为整数时，数字可能包含的小数部分将被截断。

3.3.5 将数字转换为文本

将信息写入一个文本文件时，信息必须为字符串形式。整数和浮点数（以及所有其他类型的数据）可以使用相同的函数转化为字符串：

```
>>> text = str(number)
>>> text
'100'
```

但是，使用 str() 函数来转换数字有很大的弊端：文本文件中的数字是未格式化的。不能对齐数字来填满给定的列数。尤其是浮点数，因为有很多小数而使输出的可读性下降。str() 的替代方法之一是使用字符串格式化，可以在数值转换成字符串时使用**百分号**指示要分配给整数的位数：

```
>>> 'Result:%3i' % (17)
'Result: 17'
```

%3i 表示字符串应该包含格式化为三位的整数，整数的实际值在结尾的括号中。以同样的方式可以插入浮点数字符串 %x.yf，其中 x 是总字符数（也包括小数点），y 是小数位数。

```
>>> '%8.3f' % (12.3456)
'  12.346'
```

也可以用 %s 来格式化字符串：

```
>>> name = 'E.coli'
>>> 'Hello, %s' % (name)
'Hello, E.coli'
```

通常情况下，%s 只是插入字符串，但也可以用来右对齐如 %10s，或左对齐 %-10s。同一时间可以插入多个值，在格式化字符之间添加文本也是可以的。然后，需要注意将确切数目的数值插在最后：

```
'text:%25s numbers:%4i%4i%5.2f' % ('right-justified', 1, 2, 3)
'text:       right-justified numbers:   1   2 3.00'
```

总结一下，强大的 Python 的格式化字符串选项可以用来创建整齐的格式化输出数据。[①]

---

① 对于这种格式化字符的方式，如果需要输出百分号，则应表示为 %%。Python 2.7 和 3.x 以上版本中还有另一种 .format 格式化方式，进阶读者可参考。——译者注

3.3.6　将数据列写入文本文件

　　程序完成计算后可能需要将结果写入文本文件,如果结果是数字列表,则可以将它们格式化为字符串列表,然后将列表传入文件对象的 writelines() 方法:

```
data = [16.38, 139.90, 441.46, 29.03, 40.93, 202.07, 142.30, \
    346.00, 300.00]
out = []
for value in data:
    out.append(str(value) + '\n')
open('results.txt', 'w').writelines(out)
```

　　for 循环遍历该列表的每一个值,将其转换成字符串,并添加**换行符**('\n')。这些值被收集在字符串列表中,在脚本结束时写入文件。需要注意的是,正如前面提到的,可以使用 writelines() 函数将字符串列表写入文件。

　　如果倾向于将结果格式化为长的单个字符串,那么循环的表达会稍有不同:

```
out = []
for value in data:
    out.append(str(value))
out = '\n'.join(out)
open('results.txt', 'w').write(out)
```

'\n'.join() 函数将所有值用换行符连接成一个字符串,以便 write() 使用。注意,可以使用 join() 方法将任何数量的字符串连在一起,用一个链接字符串连接它们(如前面的例子中的换行符 '\n'):

```
>>> L = ['1', '2', '3', '4']
>>> '+'.join(L)
'1+2+3+4'
```

其结果是一个字符串。

3.3.7　计算数值列表

　　数值列表是处理数据的强大结构,可以像在电子表格中的一列那样使用列表。Python 有一系列用于数字和字符串列表的内置函数。给定树突长度列表

```
>>> data = [16.38, 139.90, 441.46, 29.03, 40.93, 202.07, 142.30, \
    346.00, 300.00]
```

len() 函数返回列表长度,即列表中的项目数:

```
>>> len(data)
9
```

max() 返回列表的最大元素:

```
>>> max(data)
346.0
```

同理,min() 返回最小的数字:

```
>>> min(data)
16.38
```

最后，sum()将所有元素加起来：

```
>>> sum(data)
1658.0
```

可以打印这些操作的结果，或把它们赋值给变量，进行进一步计算。min()和max()函数可用于任何类型的元素列表。例如：

```
>>> max(['a', 'b', 'c', 'd'])
'd'
```

或

```
>>> max(['Primary', 100.345])
'Primary'
```

但在这些情况下，将会比较难以控制输出结果。

3.4　示例

例 3.1　如何计算平均值

假设读者已经测得 5 个树突长度，想知道它们的平均值：

```
data = [3.53, 3.47, 3.51, 3.72, 3.43]
average = sum(data) / len(data)
print average
```

在第一行中，所有 5 个测量值放入了一个列表并存储在变量 data 中。在第二行中，算术平均值通过如下公式计算：

$$\mu = \frac{1}{N} \sum_{i=1}^{N} x_i$$

sum()函数将所有列表中的数据加起来，即

```
>>> sum(data)
17.66
```

len()函数给出列表的项数（长度），即

```
>>> len(data)
5
```

通过使用 len()和 sum()的组合，就可以计算出任何非空列表的算术平均值，而且不必在写程序时知道共有多少项。如果数据包含整数，则其结果将被默认向下取整。如果偏好平均值带小数位，则需要将总和或长度转换为浮点数：

```
data = [1, 2, 3, 4]
average = float(sum(data)) / len(data)
print average
```

如果除法的其中一项是浮点数，结果就会也是浮点数。

例 3.2　如何计算标准差

计算标准差有些复杂，因为需要 for 循环来计算每个值的平方差，必须先有预先计算出的平均值。然后将每个值减去平均值((value-average)＊＊2)。所有平方差要加在一起，除

以结果的数量，最后计算结果的平方根。平方差求和可以设置一个变量为 0.0，每得到一个平方差就加上去。

标准差的公式为

$$\sigma = \sqrt{\frac{1}{N}\sum_{i=1}^{N}(x_i - \mu)^2}$$

计算的脚本是

```
import math
data = [3.53, 3.47, 3.51, 3.72, 3.43]
average = sum(data) / len(data)
total = 0.0
for value in data:
    total += (value - average) ** 2
stddev = math.sqrt(total / len(data))
print stddev
```

例 3.3　如何计算中位数

还有一种有用的度量是中位数，该值将一个数据集分成相等的两半。计算数字列表的中位数时，要对数据进行排序。元素个数是奇数还是偶数会导致计算略有不同：

```
data = [3.53, 3.47, 3.51, 3.72, 3.43]
data.sort()
mid = len(data) / 2
if len(data) % 2 == 0:
    median = (data[mid - 1] + data[mid]) / 2.0
else:
    median = data[mid]
print median
```

函数 data.sort()将数据按升序排序(详见第 8 章)。if 语句(第 4 章会给出具体解释)用于区分列表长度是偶数还是奇数。最后，方括号如 data[mid]，用于(第 4 章中还会解释)访问单个元素。

3.5　自测题

3.1　读取和写入文件

编写一个程序，读取神经长度文件，并保存一个该文件的独立副本。

3.2　计算平均值和标准差

扩展 3.2.2 节的示例，使其计算神经平均长度和标准差。

3.3　核苷酸的频率

编写一个程序，从纯文本文件中读取 DNA 序列。计算每个碱基出现的频率。该程序还需给出最常见碱基的出现频率。提示：不一定需要找出最常见的具体是哪个碱基。

3.4　DNA 序列的 GC 含量

写一个程序，用纯文本文件计算 DNA 序列的 GC 含量。

3.5 将自测题 3.3 和自测题 3.4 的结果写入文本文件。

第4章 解析数据记录

学习目标: 从文本文件中提取信息。

4.1 本章知识点

- 如何将质谱数据整合转换到代谢途径中
- 如何解析序列 FASTA 文件
- 如何解析 GenBank 中的序列记录

4.2 案例:整合质谱数据,转化到代谢通路中

4.2.1 问题描述

解析数据文件需要知道两点:如何用列表收集数据,以及如何通过在程序中做选择来提取想要的数据。本章将首先通过一个简单的例子接触到 Python 语言中的这两点。接下来就为解析 4.4 节中真正的生物数据文件做好准备。

假设要识别在特定的癌症细胞中表达的某些特定代谢或调节通路(如细胞周期)中的蛋白质,初始数据集可以表示为:(1)一个参与细胞周期的蛋白质的列表(list_a)(用诸如 UniProt AC 的形式),该列表可以从文本文件(file_a)中读取;(2)第二个列表(list_b),其中包含在癌细胞中检测到的蛋白质,即通过如质谱等方法获取,可以从第二个文本文件(file_b)中读取。该文本文件可以从 Reactome 等资源中下载(见专题 4.1)或通过实验获得。两种情况下,读者都需要在进行两个列表的比较之前将数据读入程序。可以由脚本轻松读取的文件格式有 CSV(用逗号分隔)或 TSV(用制表符分隔),有蛋白质标识符的简单文本文件(如 4.2.2 节中出现过的)也是不错的选择(见专题 4.1)。

专题 4.1 质谱

质谱(MS)为一种用于测定样本复合物分子的组分的技术,该技术可用于蛋白质的特征识别及测序,基于质谱技术的蛋白质组学可用于获得基因的完整表达图谱。从这个意义上说,基本上质谱实验的最终结果应包含研究样本中检测到的肽(即表达结果)的列表。通过特定的数据分析软件(如 Mascot,http://www.matrixscience.com/),质谱测定的肽可以与 UniProt 序列匹配,使得输出列表可以用 UniProt ID 的形式表示,并通常存储于 CSV(用逗号分隔的)文本文件中:

```
protein_hit_num,prot_acc,prot_score,prot_matches
1," P43686",194,15
2," P62333",41,4
...
```

代谢通路可以从一些网上的资源免费获得,Reactome(http://www.reactome.org/)是其中之一。点击 Reactome 网站上的浏览通路(Browse Pathways)链接,可以选择生物体和通路并下载参与所选通路的蛋白质列表,比如,textual 格式如下所示:

```
Uniprot ID
P62258
P61981
P62191
P17980
P43686
P35998
P62333
Q99460
O75832
...
```

一旦质谱数据被读取,将数据集成为通路的问题就可以归结为输出 list_a 和 list_b 共同包含的蛋白质的问题,而这就会是一个非常简单的任务了。

4.2.2　Python 会话示例

```
# proteins participating in cell cycle
list_a = []
for line in open("cell_cycle_proteins.txt"):
    list_a.append(line.strip())
print list_a
# proteins expressed in a given cancer cell
list_b = []
for line in open("cancer_cell_proteins.txt"):
    list_b.append(line.strip())
print list_b

for protein in list_a:
    if protein in list_b:
        print protein, 'detected in the cancer cell'
    else:
        print protein, 'not observed'
```

脚本的输出是

```
P62258 not observed
P61981 not observed
P62191 not observed
P17980 not observed
P43686 detected in the cancer cell
P35998 not observed
P62333 detected in the cancer cell
Q99460 not observed
O75832 not observed
```

4.3　命令的含义

在 4.2.2 节的 Python 会话中,从文本文件中读出两个蛋白质的小列表,并进行了比较。

在程序中，读者可以认出 for 循环和一个列表的数据结构，这些在第 2 章和第 3 章有所介绍。这两个列表中都包含 UniProt AC，并已经被分配到 list_a 和 list_b 变量中。最后，还有一个新的语言结构，if...else 子句，它用在程序内部做选择。if...else 子句和列表在解析比单纯的蛋白质标识符表更复杂的文件时，都是必不可少的语言结构。如果读者正打算写自己的解析器，就应当熟悉这两种 Python 结构，然后再将它们结合到自己的程序中。

4.3.1 if/elif/else 语句

解析数据记录主要是通过逐行读取记录("for line in file_a:")，在前面的章节已了解到如何从各行中选择相关的信息，并加载到数据结构中(list_a.append(line.strip()))，存储是为了将来进行进一步处理或将其复制到一个新的文件中。如果想提取特定的一行文本，则需要一组只在一定条件下执行的语句(例如，读者可能想打印出列表中那些也存在于另一个列表中的 UniProt AC)。这里将介绍如何做到这一点，即如何用 Python 做出选择。

所使用的结构如下：

```
if <condition 1>:
        <statements 1>
[elif <condition 2>]:
        <statements 2>
[elif <condition 3>]:
        pass]
…
[else:
        <statements N>]
```

这里的 elif(else + if)和 else 语句，以及相应的指令块是可选的。

在前面的例子中，指令

```
for item in list_a:
```

使得索引 item 可以遍历 list_a 所列出的对象(即细胞周期中的 UniProt AC)，对于从索引 item 中选取的每个值，可使用下面的命令：

```
if item in list_b:
    print item, 'detected in the cancer cell'
else:
    print item, 'not observed'
```

换句话说，如果 list_a 中的 UniProt AC 也能在 list_b 中找到，将输出它并加上字符串 'detected in the cancer cell'；否则将后缀字符串输出为 'not observed'。

也可以这样表述：如果条件 item in list_b 为真，则输出后缀字符串 'detected in the cancer cell'；否则将输出后缀字符串 'not observed'。

if 语句中条件的规则是需要用特殊的运算符来比较数字和对象，例如，验证是否相等(==)或不同(!= 或 <>)，大于另一个或相反(<，<=，>=，>)，包含另一个或不包含(in，not in)，或者与另一个相同或不同(is，is not)。关于比较运算符，还可以参阅专题 4.2。

所有 if 子句在表达方面的共同点是，它们会导致两种可能值之一：True 或 False。这两种可能的逻辑值称为布尔(Boolean)数据类型(以 George Boole 的名字命名)。如果返回值为 True，相应的语句块中的语句就会执行；否则就不会执行。

还可以验证是否两个或更多个条件都一起或单独满足。这三个布尔操作符 and, not, or 能够把条件结合在一起:

```
seq = "MGSNKSKPKDASQRRRSLEPAENVHGAGGGA\
    FPASQTPSKPASADGHRGPSAAFAPAAAE"
if 'GGG' in seq and 'RRR'in seq:
    print 'GGG is at position: ', seq.find('GGG')
    print RRR is at position: ', seq.find('RRR')
if 'WWW' in seq or 'AAA' in seq:
    print 'Either WWW or AAA occur in the sequence'
if 'AAA' in seq and not 'PPP' in seq:
    print 'AAA occurs in the sequence but not PPP'
```

专题 4.2 运算符在 if 条件中的使用

如果一个条件返回布尔值 True,将执行相应的响应块中的命令。如果返回布尔值 False,将忽略相应的响应块中的语句。

条 件	含 义	示 例	布 尔 值
A < B	A 小于 B	3 < 5 5 < 3	True False
A <= B	A 小于等于 B	(1 + 3) <= 4 4 <= 3	True False
A > B	A 大于 B	3 * 4 > 2 * 5 10 > 12	True False
A >= B	A 大于等于 B	10/2 >= 5 5 >= 12	True False
A == B	A 等于 B	'ALA' == 'ALA' 'ALA' == 'CYS'	True False
A != B	A 与 B 不同	'ALA' != 'CYS' 'ALA' != 'ALA'	True False
A <> B	A 与 B 不同	'ALA'<>'CYS' 'ALA'<>'ALA'	True False
A is B	A 是 B	'ALA' is 'ALA' 'ALA' is 'CYS'	True False
A is not B	A 不是 B	'A' is not 'C' 'A' is not 'A'	True False
A in B	A 在 B 序列中存在	'A' in 'ACTTG' 'U' in 'ACTTG'	True False
A not in B	A 在 B 序列中不存在	'U' not in 'ACTTG' 'A' not in 'ACTTG'	True False

在这些条件下,1 和非空的对象(例如,一个非空字符串)对应的布尔值是 True,而 0 和空对象(例如,一个空字符串''或空列表[])对应的布尔值是 False。例如,

```
>>> if 1:
... print 'This is True'
...
This is True
>>> if '':
... print 'Nothing will be printed'
...
>>>
```

```
for i in range(30):
    if i < 4:
        print "prime number:", i
    elif i % 2 == 0:
        print "multiple of two:", i
    elif i % 3 == 0:
        print "multiple of three:", i
    elif i % 5 == 0:
        print "multiple of five:", i
    else:
        print "prime number:", i
```

问答：如何使用 elif 声明？

elif 意为 else if，当且仅当前述的所有 if/elif 的语句都不成立时，用来检测条件。这里定义范围为 0～30 数中不能被 2，3，5 整除的数为素数（这在范围为 4～30 的数中是正确的）。if/elif 语句的顺序很重要；所述的第一个条件会被首先选取。这就是为什么首先需要检查数是否小于 4，因为 2 和 3 可以整除 2，3，但它们却是素数。[①]

问答：elif 命令的使用数量是否有限制？

没有。但应记住，只要一个条件得到满足，所有后续在相同 if/elif/else 块中的语句将被 Python 解释器忽略。此外，只能在一个 if/elif/else 块中使用一次 else 语句。不满足其他预设条件时将会执行它。

4.3.2　列表数据结构

Python 提供了三种数据结构来使用数据项序列（即对象的有序集合）：字符串、元组和列表。在第 2 章中讨论了字符串，在第 3 章中引入了列表，用来存储字符串组和数组。此外，列表还可以做更多的事情，它们是非常强大和灵活的工具，可以用来处理任何类型的数据。

列表是一个**有序可变**集合对象（对象可以是字符串、数字、列表等），放在方括号中括起来。列表是可变的意味着可以在任何时刻被修改，即新的元素可被添加，并且元素可被替换或被完全移除。列表的元素可以是任何类型的对象（数字，字符串，元组，其他列表，字典，集合，甚至函数[在后面的章节中介绍]）或不同对象的混合。

例如，

```
>>> list_b = ['P43686', 'P62333']
```

是字符串的列表，而

```
>>> list_c = [1, 2.2, 'P43686', [1.0, 2]]
```

是由一个整数、一个浮点数、一个字符串和一个列表组成的列表。

列表的其他实例如下：

---

① 更严格地说，0 和 1 不是素数，5、7 和 11 等也是素数。作者在这里只是对条件语句举例，读者学完本章后可改写更严格的程序作为练习。——译者注

```
>>> d1 = []
>>> d2 = [1, 2, 5, -9]
>>> d3 = [1, "hello", 12.1, [1, 2, "three"], "seq", (1, 2)]
```

第一个例子是一个空的列表，它可在后面的程序中用于收集数据。最后的列表 d3 还包括一个元组，由圆括号(见专题 4.3)定义。

专题 4.3　TUPLES

元组是**不可变有序**对象序列，用圆括号标记，如(a, b, c)，或简单地列出序列数据项并用逗号分隔：a, b, c。这意味着，一旦定义了一个元组，就不能更改或替换其元素。

data = (item1, item2, item3,…)

注意，括号是可选的；也就是说，可以使用 data = (1,2,3)或 data = 1,2,3。

单个项目的元组必须写成

data = (1,) 或 data = 1,

索引和切片的操作也在元组上适用：

```
>>> my_tuple = (1,2,3)
>>> my_tuple[0]                #indexing
1
>>> my_tuple[:]               #slicing
(1, 2, 3)
>>> my_tuple[2:]             #slicing
(3,)
>>> my_tuple[0] = 0  #reassigning (Forbidden)
Traceback (most recent call last):
        File "<stdin>", line 1, in <module>
TypeError: 'tuple' object does not support item assignment
```

字符串、列表支持索引和切片操作(见第 2 章)。以列表 d3 为例，可以使用索引来提取列表的第一个元素：

```
>>> d3[0]
1
```

或者可以使用切片生成包含原始列表的第三个至最后一个元素的新列表：

```
>>> d3[2:]
[12.1, [1, 2, "three"], "seq", (1, 2)]]
```

注意，类似于字符串，一个列表的第一个元素的索引为 0。也可以从最后一个元素用负整数计算，例如

```
>>> d2[-1]
-9
```

有时候会看到两个带方括号的索引：

```
>>> d3[3][2]
"three"
```

这里发生了什么？该指令选择性地抽取出列表中第四个元素([1,2,"three"])中的第三元素("three")(这是可能的，因为列表可以包含其他列表)。

注意，

L[i][j]

实际上是一个表格(或矩阵)对应于第 i 行和第 j 列的元素。列表的列表称为**嵌套列表**，是

Python 表示和操作表格的一种方式。嵌套列表的更多讨论详见第 7 章。

　　甚至包含更多的括号也是可能的：

```
>>> d3[3][2][0]
"t"
```

此命令选择了列表的第四个元素([1,2，"three"])的第三元素("three")的第一元素("t")。前两对括号定位列表中的元素；最后从字符串("three")中选取一个单独字符("t")。

　　常见字符串、元组和列表的运算符及方法的完整列表见附录 A。

列表是可变对象

　　不同于字符串和元组这类不可改变对象，列表可以修改(见 A.2.7 节里的"修改列表"小节)，从而使处理对象时非常灵活。例如，可以重新指定列表中的任何元素：

```
>>> data = [0,1,2,3,4]
>>> data[0] = 'A'
>>> data
['A', 1, 2, 3, 4]
```

　　在这种情况下，该列表的第一个元素会被替换。当重新指定它的数据项时，可以看到原来的列表发生了变化。换句话说，并没有创建一个新的列表，而是修改了原来的那个，被修改的列表将不以原来的形式存在。

　　对列表执行的一些操作可以通过特殊方法来执行：

```
>>> data = [0,1,2,3,4]
>>> data.append(5)
>>> data
[0, 1, 2, 3, 4, 5]
```

　　append()方法将把括号中的数据项(本例中是 5)添加在列表末尾。它是该列表对象的方法(即，仅在该列表上作用的函数)，因此就必须使用点(也见第 1 章和专题 1.4)将其链接到"它的"对象。列表(data)包含的 append()方法类似于 math 模块包含 sqrt()的函数(见第 1 章)。

　　点是两个对象之间的"接头"。在这种情况下，两个对象中的第一个是列表(data)，第二对象是一个函数(append())。当一个函数对应一个特定的对象时，它就称为该对象的**方法**。因此，可以说"列表 data 的方法 append()。"在本书后面还将看到这个概念，它适用于所有类型的对象，所以我们也会讨论模块的方法(例如 math.sqrt())或类的方法(见第 11 章)。

4.3.3　简洁列表创建方式

创建连续编号的列表

　　如果用户想生成一个整数的有序列表，可以使用函数 range(i)。i 是由函数生成的整数的个数，即

```
>>> range(3)
[0, 1, 2]
```

　　当用户想采用 for 循环遍历执行一个很长的有序整数列表时，这个函数会非常有用。内置的函数 range()将在第 10 章(特别是专题 10.3)详细地说明。

创建零的列表

　　有时会需要定义一个只包含给定数量的零(或一些其他的数字)的列表。这时不需要写

for 循环，可以使用乘法运算符：

```
data = [0.0] * 10
```

列表推导式

另一种可以简明地生成列表的方法是**列表推导式**(list comprehension)。基本上，在方括号中要包括：(1)变量(例如 x)；(2)设定所需要的变量值(例如 x in range(5))；(3)定义列表元素的值的表达式(例如 x**2)：

```
>>> data = [x**2 for x in range(5)]
>>> data
[0, 1, 4, 9, 16]
```

在下面的例子中，通过运行 seq 字符串中的变量 base 生成一个新的列表 seqlist，当seq 的元素在 bases 列表中也存在时，将会被包括到新列表中：

```
bases = ['A', 'C', 'T', 'G']
seq = 'GGACXCAGXXGATT'
seqlist = [base for base in seq if base in bases]
print seqlist
```

该代码的执行结果：

```
['G', 'G', 'A', 'C', 'C', 'A', 'G', 'G', 'A', 'T', 'T']
```

4.4　示例

在解释了 if...elif 结构和列表数据类型之后，是时候看一些真正的文件解析器了。在以下实例中，将看到如何逐行读取蛋白质序列 FASTA 文件的内容(见 C.1 节"FASTA 格式下的蛋白质单序列文件"和 C.2 节"FASTA 格式下的核苷酸单序列文件")，并用 if/elif/else 结构做出选择。读者可以通过 UniProt 网站下载示例文件(http://www.uniprot.org)，访问所选择的蛋白质，单击"fasta"链接。然后，可以将 FASTA 格式的序列复制并粘贴到本地文本文件中。为了创建多序列文件，可以重复此过程数次(或从 UniProt 网站下载整个 FASTA 格式的 SwissProt 数据集)。

例 4.1　读取 FASTA 格式序列文件，并只将序列标题写到一个新文件中

FASTA 文件中的每个序列记录由两部分组成：一个标题行和多个 64 个字符长的序列行(这个数字取决于序列长度)。标题行在行首位置用大于符号(>)标记，用户可以用它来区分标题行和序列行。

```
fasta_file = open('SwissProt.fasta','r')
out_file = open('SwissProt.header','w')
for line in fasta_file:
    if line[0:1] == '>':
        out_file.write(line)
out_file.close()
```

例 4.2　如何从多序列 FASTA 文件中提取登记码的列表

4.2.2 节中 Python 脚本所用的输入数据文件是如何产生的呢？考虑 SwissProtSeq.

fasta，这是 FASTA 文件的一种形式(见 C. 4 节，"FASTA 格式下的多序列文件")。登记码 (Accession Code)可以在类似下面的标题行中获取，两边附上了管道符号"|"：

```
>sp|P03372|ESR1_HUMAN Estrogen receptor OS = Homo sapiens
    GN = ESR1 PE = 1 SV = 2
```

下面这个简单的脚本从文件的每个标题行提取 SwissProt 登记码，将其添加到列表中，并打印列表：

```
input_file = open("SwissProtSeq.fasta","r")
ac_list = []
for line in input_file:
    if line[0] == '>':
        fields = line.split('|')
        ac_list.append(fields[1])
print ac_list
```

该程序的输出

```
['P31946', 'P62258', 'Q04917', 'P61981', 'P31947',...]
```

注意，列表使用 append()方法填充之前，已被初始化为空列表。为了从每个标题行中提取登记码(AC)，先要通过一个 if 条件(此处使用了 FASTA 文件标题行由一个初始">"符号来标记的事实)，然后用字符串对象的 split()方法将字符串切分，它返回的是一个 Python 列表，由括号中的参数(在这里是"|"，作为分隔符)所分隔的子串构成。像通常一样，这一方法与它的对象(即字符串 line)通过点连接。

这个例子展示了一件重要的事情：如果想程式化地解析记录文件(任何记录文件)，就必须首先分析文件格式和结构，并找出一个"窍门"(如，一个反复出现的元素，它标志着专用行或特定的记录，或者一个与特定文字相关的符号，一个合适的能将一行拆成几列的分隔符等等)来选择性地提取相关的信息。

例 4.3　如何解析 GenBank 中的序列记录

如果想从 GenBank 数据项中提取登记码(C. 5 节"GenBank 数据条目"中给出了全部条目)，首先需要找到该文件中的信息：

```
LOCUS            AY810830    705 bp    mRNA    linear    HTC
22-JUN-2006
DEFINITION       Schistosoma japonicum SJCHGC07869 protein mRNA,
partial cds.
ACCESSION        AY810830
VERSION          AY810830.1 GI:60600350
KEYWORDS         HTC.
SOURCE           Schistosoma japonicum
```

现在可以(1)选择关键字 ACCESSION 出现的行，(2)使用空格作为分隔符分隔行，(3)收集由 split()方法返回的列表中的最后一个元素。

下面的脚本读取例 4.3 中以及 C. 5 节"GenBank 数据条目"中出现的文本文件，并将核苷酸序列写入一个 FASTA 格式的新文件(用 ACCESSION 登记码作为标题)中：

```
InputFile = open("AY810830.gbk")
OutputFile = open("AY810830.fasta","w")
flag = 0
```

```
for line in InputFile:
    if line[0:9] == 'ACCESSION':
        AC = line.split()[1].strip()
        OutputFile.write('>' + AC + '\n')
    elif line[0:6] == 'ORIGIN':
        flag = 1
    elif flag == 1:
        fields = line.split()
        if fields != []:
            seq = ''.join(fields[1:])
            OutputFile.write(seq.upper() + '\n')
InputFile.close()
OutputFile.close()
```

strip()方法可以擦除字符串前后的空格：

```
>>> " ACTG ".strip()
'ACTG'
```

查找核苷酸序列可以用一个小窍门：在找到 ORIGIN 关键字时，就设置一个标志变量（标志是内部使用的普通变量，表示有些事情发生了，而非用来存储数据）。如果标志已经被设置，那么这一行就一定含有核苷酸。在核苷酸行之间有以空白分隔的 10 个核苷酸，这一部分被去除（fields = line.split()），然后再用空字符串把核苷酸连接在一起，跳过行首的数字（seq = ''.join(fields[1:]))。

尝试运行该脚本，一旦一切都弄清楚了，就可以在标题行中添加物种名称，使用'|'作为分隔符来将其与 ACCESSION 登记码分开。

例 4.4 读取 FASTA 格式的多序列文件，并把 Homo sapiens 登记记录写入一个新文件

在这个例子中，不仅是登记码，整个 FASTA 记录都将被提取。为了实现这一示例，需要一个至少包含一条 Homo sapiens 序列的多序列 FASTA 文件。整个 SwissProt 数据集对于此例很合适。

原则上，本例中的脚本非常类似于前面的那个。必须确定标题行并检查关键字"Homo sapiens"是否出现在其中。主要区别在于，现在必须将满足条件的整个记录写入输出文件（标题＋序列行，而不仅是标题行），这会稍微复杂了一点。

```
fasta_file = open('SwissProt.fasta','r')
out_file = open('SwissProtHuman.fasta','w')
seq = ''
for line in fasta_file:
    if line[0] == '>' and seq == '':
# process the first line of the input file
        header = line
    elif line [0] != '>':
# join the lines with sequence
        seq = seq + line
    elif line[0] == '>' and seq != '':
# in subsequent lines starting with '>',
# write the previous header and sequence
# to the output file. Then re-initialize
# the header and seq variables for the next record
        if "Homo sapiens" in header:
```

```
                    out_file.write(header + seq)
            seq = ''
            header = line
# take care of the very last record of the input file
if "Homo sapiens" in header:
     out_file.write(header + seq)
out_file.close()
```

图 4.1 为程序的图型化方案。通过运行这个脚本可发现，输出序列文件格式化为与输入文件一致(也包括那些新的行)。这是因为 line 变量除了包含可见的字符(氨基酸)之外，还有不可见的换行符，即 Python 编程中由 "\n" 表示的编码。读者试看通过更换如下行而删除换行符，会发生什么?[①]

```
seq = seq + line
```

变成

```
seq = seq + line.strip()
```

图 4.1　流程图，描述示例 4.4

4.5　自测题

4.1　读取和写入多序列 FASTA 文件

读取 FASTA 格式的多序列文件，并将每个记录(标题+序列)写入不同的文件中。

提示：打开输出文件的指令必须插在 for 循环内部(每个序列记录都必须打开一个新的文件)。

提示：读者可以选择每个标题行的 AC 标号(使用 split()方法)收集变量，例如 AC =

---

① 读者可思考倒数第 3 行的 if 语句的作用。——译者注

line.split()[1]strip(),并将它赋给一个输出文件名,例如 outfile = open (AC, "w")。

4.2 读取和过滤 FASTA 文件

读取 FASTA 格式的多序列文件,仅当起始氨基酸为甲硫氨酸(M)且含有至少两个色氨酸(W)时,将记录写入新文件。

提示: 这个自测题与例 4.4 非常相似。在这种情况下,必须在 seq 变量而非 header 变量中使用条件语句(第一个字符必须是'M'且 seq.count('W')>1)。

4.3 计算在 FASTA 格式中单个 DNA 序列的核苷酸频率

读取 FASTA 格式的核苷酸序列文件,并计算出序列中 4 种核苷酸出现的频率。

提示: 需要算出每个核苷酸出现的次数,例如 seq.count("A"),用序列的长度(len(seq))去除它,先将长度转换为一个浮点数(float(len(seq))),否则将返回意外的结果。

4.4 计算在 FASTA 格式中多个 DNA 序列的核苷酸频率

用一个多核苷酸序列的 FASTA 格式的文件重做自测题 4.3。对于每个记录,打印登记码和四种核苷酸(A, C, T, G)的频率。看看你的文件中是否有一条序列的某些核苷酸频率出现了异常?

4.5 计算在 GenBank 中的多个 DNA 序列的核苷酸频率

利用 GenBank 格式的核苷酸多记录文件重做自测题 4.4。

第5章 搜索数据

学习目标：学会使用字典存储数据和搜索数据。

5.1 本章知识点

- 如何将 RNA 序列翻译成蛋白质序列
- 如何使用字典来存储和搜索数据
- 如何在数据列表中搜索

5.2 案例：将 RNA 序列翻译为相应的蛋白质序列

5.2.1 问题描述

假设有一条或更多 RNA 序列，读者想使用代表遗传密码的密码子表将它们翻译成相应的蛋白质序列。这就需要从文件中读取 RNA 序列（在下文中称为"A06662-RNA.fasta"），例如，FASTA 格式：

```
>A06662.1 Synthetic nucleotide sequence of the human GSH
transferase pi gene
UGGGACCAGUCAGCAGAGGCAGCGUGUGUGCGCGUGCGUGUGCGUGUGUGUGCGUGUGUGUG
UGUACGCUUGCAUUUGUGUCGGGUGGGUAAGGAGAUAGAGAUGGGCGGGCAGUAGGCCCAGG
UCCCGAAGGCCUUGAACCCACUGGUUUUGGAGUCUCCUAAGGGCAAUGGGGGCCAUUGAGAAG
UCUGAA...
```

一次要读三个字符的 RNA 序列，对于每组三个字符（即密码子），相应的氨基酸必须能在遗传密码中找到，用于终止或截短密码子（分别是'*'和'-'）的特殊字符也需要考虑。每个阅读框都应重复这个过程，即：先从 RNA 序列的第一个核苷酸开始，然后从第二个开始，最后是第三个。实践程序时，读者需要查询大量的密码子：找到密码子对应到氨基酸。直觉来看，可以使用 for 循环来搜索密码子以及列表中相应的氨基酸：

```
genetic_code = [('GCU', 'A'), ('GCC', 'A'), …]
for codon, amino_acid in genetic_code:
    if codon == triplet:
        seq = seq + amino_acid
```

虽然这个搜索模式可以运行，但会非常没有效率。如果序列很长，程序很快就会变得非常缓慢。最好有一种数据结构，可以对一个遗传密码子的碱基三联体直接查找到相应的氨基酸，这样就可以特定地提取{密码子：氨基酸}的对应，而无须每次都遍历整个数据结构。

　　在 Python 中的确存在上面所述的数据结构，称为**字典**。字典在存储和选择性快速提取数据方面是十分有用的。

　　5.2.2 节中的程序把遗传密码在字典中存储为{密码子:氨基酸}这样的对，读取 FASTA 文件的 RNA 序列作为字符串，然后翻译序列。该程序以三个字符（核苷酸三联体）为步长遍历了 RNA 字符串，并将每个核苷酸三联体替换为相应的氨基酸，将其添加至新的蛋白质字符串中，最终蛋白质字符串会打印到屏幕上，每个阅读框都会重复这些步骤。打印 48 个氨基酸的输出块时，可以用 while 循环来代替 for 循环。while 循环会执行一组语句，直到满足了给定的条件。在 5.2.2 节中，条件是 i<len(prot)（直到整个序列被写入之前，该条件都会为 True；也见专题 4.2 和专题 5.1）。但一旦索引变量 i 超过长度序列，条件就为 False，并退出循环。

5.2.2　Python 会话示例

```
codon_table = {'GCU':'A','GCC':'A','GCA':'A','GCG':'A','CGU':'R',
               'CGC':'R','CGA':'R','CGG':'R','AGA':'R','AGG':'R',
               'UCU':'S','UCC':'S','UCA':'S','UCG':'S','AGU':'S',
               'AGC':'S','AUU':'I','AUC':'I','AUA':'I','AUU':'I',
               'AUC':'I','AUA':'I','UUA':'L','UUG':'L','CUU':'L',
               'CUC':'L','CUA':'L','CUG':'L','GGU':'G','GGC':'G',
               'GGA':'G','GGG':'G','GUU':'V','GUC':'V','GUA':'V',
               'GUG':'V','ACU':'T','ACC':'T','ACA':'T','ACG':'T',
               'CCU':'P','CCC':'P','CCA':'P','CCG':'P','AAU':'N',
               'AAC':'N','GAU':'D','GAC':'D','UGU':'C','UGC':'C',
               'CAA':'Q','CAG':'Q','GAA':'E','GAG':'E','CAU':'H',
               'CAC':'H','AAA':'K','AAG':'K','UUU':'F','UUC':'F',
               'UAU':'Y','UAC':'Y','AUG':'M','UGG':'W',
               'UAG':'STOP','UGA':'STOP','UAA':'STOP' }
rna = ''
for line in open('A06662-RNA.fasta'):
    if not line.startswith('>'):
        rna = rna + line.strip()
# translate one frame at a time
for frame in range(3):
    prot = ''
    print 'Reading frame ' + str(frame + 1)
    for i in range(frame, len(rna), 3):
        codon = rna[i:i + 3]
        if codon in codon_table:
            if codon_table[codon] == 'STOP':
                prot = prot + '*'
            else:
                prot = prot + codon_table[codon]
        else:
            # handle too short codons
            prot = prot + '-'
    # format to blocks of 48 columns
    i = 0
    while i < len(prot):
        print prot[i:i + 48]
        i = i + 48
```

输出将包含每个阅读框翻译出的序列：

```
Reading frame 1
WDQSAEAACVRVRVRVCACVCVRLHLCRVGKEIEMGGQ*AQVPKALNP
LVWSLLRAMGAIEKSEQGCV*M*GLEGSSREASSKAFAIIW*ENPARM
DRQNGIEMSWQLKWTGFGTSLVVGSKQRRIWDSGGLAWGRRGCLRGWE
G*E*DDTWWCLAGGGQG*LCEGTARATEAF*DPAVPEPGRQDLHCGRP
GEHLA
Reading frame 2
GTSQQRQRVCACVCVCVRVCVYACICVGWVRR*RWAGSRPRSRRP*TH
WFGVS*GQWGPLRSLNRAVSECEV*KDPPEKPALKLLQSSGERTQQGW
TGRME*R*VGS*SGQDLVLAWLWGASRGESGTLVVWPGADGGVSGAGR
DESRMIHGGVWQEAGKDDYVKALPGQLKPFETLLSQNQGGKTFIVGDQ
VSIW-
Reading frame 3
GPVSRGSVCARACACVCVCVCTLAFVSGG*GDRDGRAVGPGPEGLEPT
GLESPKGNGGH*EV*TGLCLNVRSRRILQRSQL*SFCNHLVREPSKDG
QAEWNRDELAAEVDRIWY*PGCGEQAEENLGLWWSGLGQTGVSQGLGG
MRVG*YMVVSGRRRARMTM*RHCPGN*SLLRPCCPRTREARPSLWETR
*ASG-
```

专题 5.1　真(True)假(False)布尔值

对于 if 条件和 while 循环来说，布尔值 True 和 False 十分重要。特别指出的是，if 和 while 语句应用在 0，None 或空的对象，如空的数据结构('', (), [], {})时会返回 False，而应用在非零或非空数据结构时会返回 True。

下面的语句

```
while 1:
```

如果不插入一个 break 语句，代码将无穷重复执行。另一方面，下面的循环将一次都不会执行，因为条件为 False：

```
while []:
```

属于一个 if 或 while 语句块的语句，仅会在该语句返回值为 True 时执行。例如，下面的循环将重复 4 次：

```
>>> n = 0
>>> while n < 4:
...     n = n + 1
...     print n
...
1
2
3
```

5.3　命令的含义

5.3.1　字典

在 5.2.2 节的开头定义的 codon_table 对象是一个字典。字典为"键(key)：值(value)"对的对象的无序集合，用花括号括起来：{'GCU'：'A', 'GCC'：'A'}。更特别的是，字典是不可变对象(键)映射任意对象(值)的结构。不可变对象可以是数字、字符串和元组。这意味着，列表和字典本身不能用作字典键，但可以用作值。键和它的值之间由冒号进行分隔，"键：值"对之间用逗号进行分隔。

字典可以用于快速搜索信息。该 codon_table 字典可用于对任何给定的密码子检索氨基酸：

```
>>> print codon_table['GCU']
'A'
```

关于字典的其他实例如下。

1. 一个字典的每个键是序列的 UniProt AC，对应的值是序列的有机体值：

```
UniprotAC_Organism = {
        'P034388': 'D.melanogaster',
        'O42785': 'C.trifolii',
        'P01119': 'S.cerevisiae'
        }
```

2. 字典的键是单个字母的氨基酸密码，值为每个氨基酸在环上的倾向性（即倾向于既不成为 α 螺旋构象，也不是 β 折叠构象）：

```
propensities = {
    'N': 0.2299, 'P': 0.5523, 'Q': -0.1877,
    'A': -0.2615, 'R': -0.1766, 'S': 0.1429,

    'C': -0.01515, 'T': 0.0089, 'D': 0.2276,
    'E': -0.2047, 'V': -0.3862, 'F': -0.2256,
    'W': -0.2434, 'G': 0.4332, 'H': -0.0012,
    'Y': -0.2075, 'I': -0.4222, 'K': -0.100092,
    'L': 0.33793, 'M': -0.22590
    }
```

3. 字典中的键是有共同理化性质氨基酸的单字母代码组成的元组，值指向相应的属性：

```
aa_properties = {
 ('A', 'C', 'G', 'I', 'L', 'M', 'P', 'V'): 'hydrophobic',
 ('N', 'S', 'Q', 'T'): 'hydrophilic',
 ('H', 'K', 'R'):  'pos_charged',
 ('D', 'E'):  'neg_charged',
 ('F', 'W', 'Y'):  'aromatic'
    }
```

键必须是唯一的，也就是说相同的键不能关联超过一个值。如果尝试将两个相同的键插入字典中，新的值总会覆盖掉以前的值。

字典可以定义为如 5.2.2 节所说的"键：值"对，用花括号封闭并用逗号隔开，但其实也可以逐个进行分配。首先用空大括号创建一个空字典。然后可以分配值 'A' 到键 'GCU'。

```
>>> codon_table = {}
>>> codon_table['GCU'] = 'A'
>>> codon_table
{'GCU': 'A'}
>>> codon_table['CGA'] = 'R'
>>> codon_table
{'GCU': 'A', 'CGA': 'R'}
```

要想查找给定的键对应的值，可以用方括号。换言之，可以从字典中提取一个特定值。

用前面的例子举例：

```
> > > codon_table['GCU']
'A'
```

与其他的数据结构相同，许多操作和方法也可供字典使用。例如选择性地删除"键：值"对 (del codon_table['GCU'])；得到所有键的列表或值的列表(codon_table.keys()，codon_table. values())；检查字典是否包含给定的键(if 'GCU' in codon_table:，其中如果'GCU'是键则为真，否则为假)；计算字典所含元素的数量(len(codon_table))等。关于字典的完整方法和操作列表可参阅 A.2.9 节"字典"。

5.3.2　while 语句

在 5.2.2 节的 Python 会话中，翻译出来的蛋白质序列收集在一个字符串变量中(prot)。为了生成更易阅读的结果，蛋白质序列按每行 48 个符号的块来进行输出。通过以下的新指令来实现：

```
i = 0
while i < len(prot):
    print prot[i:i + 48]
    i = i + 48
```

什么是 while 语句？它会重复执行语句块直到一些条件得到满足。while 循环实际上是 for 和 if 语句的组合。

while 循环的语法一般如下：

```
while <condition>:
      <statements>
```

while 指令在< condition> 表达式的返回值为 True(见专题 4.2 和专题 5.1)时，执行循环 <statements>，while 语句块在最后一行缩进后结束。当不满足<condition> 时，循环就会中断。5.2.2 节中的循环首先定义了一个遍历 prot 的索引变量，步长为 48 个字符，while i<len(prot):检查是否已经到达该序列的结尾，如果不是则执行接下来的两行，第一行打印下一部分蛋白质序列，第二行将索引变量增加 48。

编写 while 循环时，最重要的是结束条件，想想如果删除了下面这一行会发生什么：

```
i = i + 48
```

问答：如果<condition> 永远满足会怎样？

下面的 while 循环的条件永远是布尔值 True：

```
while 1:
    print 'while loop still running'
```

用户可以安全地执行该代码，但 Python 将不会自行停止它。如果要停止程序执行，则需按 Ctrl-C 组合键。如专题 4.2 和专题 5.1 中所提到的，0 对应条件返回布尔值 False，而任何大于 0 的数字对应布尔值 True，因此该语句将启动一个永不停止的循环，当忘记递增 5.2.2 节循环中的索引变量时也会出现这样的情况。因此，要精心设计并测试 while 的条件。

5.3.3　用 while 循环搜索

通常 while 循环非常适用于搜索数据结构或文件，因为当搜索成功后就可以停止循环，避免了计算资源的浪费。假设需要从 UniProt 数据库提取特定的记录，优化选择应该包括当发现需要的结果时（如 P01308，这是人胰岛素的 UniProt AC）中断搜索，这样用 while 循环就可以很轻松地完成。如果读者已经下载了整个 FASTA 格式的 SwissProt 数据库，就可以这样编写：

```
swissprot = open("SwissProt.fasta")
insulin_ac = 'P61981'
result = None
while result == None:
    line = swissprot.next()
    if line.startswith('>'):
        ac = line.split('|')[1]
        if ac == insulin_ac:
            result = line.strip()
            print result
```

在这里，循环条件会一直返回 True，直至 result 非空。一旦发现胰岛素记录，result 就会改变（if ac==insulin_ac:），相应的标题就会打印出来（以> 开头的行）。但是，如果找不到胰岛素登记码，程序除非插入一个 break 语句（见专题 5.2），否则就要在文件到达末尾时通过 StopIteration 报错结束，也可以使用 try...except 块来防止报错（见第 12 章）而退出。

专题 5.2　break 和 continue 语句

当解释器遇到 break 语句时会退出循环，不再执行循环语句的其余部分，包括 else 语句（如果存在）[①]，直接进到循环后面的第一条语句。

continue 语句跳过循环语句的其余部分，跳至下一次循环。

5.3.4　字典搜索

在 5.2.2 节中，需要遍历 RNA 序列三次：一次从序列第一位开始，一次从第二位开始，一次是第三位。

搜索 codon_table 字典的代码如下：

```
codon = rna[i:i + 3]
if codon in codon_table:
    if codon_table[codon] == 'STOP':
        prot = prot + '*'

    else:
        prot = prot + codon_table[codon]
else:
    # handle too short codons
    prot = prot + '-'
```

扫描以三个字符为一组进行，对于每个三字符组（rna[i:i+3]），都会有从 codon_table 字典提取出的字母所代表的一个氨基酸添加到翻译序列 prot 中，指令

---

① 这里指的是 for 语句块的 else 语句，不是 if 语句的，这是 Python 的特性，详见 Python 官方文档。——译者注

```
codon_table[codon]
```

将返回对应于氨基酸密码子的单字母代码。如果密码子的值是 STOP，将添加一个"＊"符号；如果密码子不在 codon_table 字典的键中（如果密码被截断了，或者错误地包含了非核苷酸字符，或者忘了在定义字典时添加该键，就可能出现这种情况），就会将连字符"－"插入到该蛋白质序列中。

注意，将 RNA 序列翻译为蛋白质序列的任务，可以通过将 5.2.2 节的代码放入遍历列表记录的 for 循环中，轻松实现对多个 RNA 序列进行操作（第 4 章有所展示）。

5.3.5 列表搜索

在输入的 FASTA 文件中搜索 RNA 序列，要用到 for 循环和 if 语句的结合：

```
rna = ''
for line in open('A06662-RNA.fasta'):
    if not line.startswith('>'):
        rna = rna + line.strip()
```

循环会从不是以 '>' 开始的行（即除了标题行的所有内容）收集所有的 RNA 序列，这个 for 和 if 的组合是非常简单的搜索模式。搜索列表和文件的总体方案为以下内容：用 for 循环遍历列表，用 if/else 条件验证当前的元素是否为正在寻找的那个，并将需要的数据保存在变量中。

搜索列表的另一种方式是通过 in 和 not in 运算符检查元素在（或者不在）列表中，并返回 True 或 False：

```
>>> bases = ['A','C','T','G']
>>> seq = 'CAGGCCATTRKGL'
>>> for i in seq:
...     if i not in bases:
...         print i, "is not a nucleotide"
...
R is not a nucleotide
K is not a nucleotide
L is not a nucleotide
```

5.4 示例

在下面的例子中将会看到如何建立和使用字典。

例 5.1 如何用 FASTA 文件填充字典，其中 UniProt AC 作为键，相应的序列作为值

在这个例子中，读取一个从 UniProt 下载的多序列的 FASTA 文件（见附录 C.4 节"FASTA 格式下的多序列文件"），把每个记录的登记号 AC 提取出来，相应的序列被放置在变量中（seq）。然后用 AC：seq 对来填充字典以供下一步使用，最后将字典打印出来。

```
sequences = {}
ac = ''
seq = ''
for line in open("SwissProt.fasta"):
    if line.startswith('>') and seq != '':
```

```
        sequences[ac] = seq
        seq = ''
    if line.startswith('>'):
        ac = line.split('|')[1]
    else:
        seq = seq + line.strip()
sequences[ac] = seq
print sequences.keys()
print sequences['P62258']
```

注意，解析多序列的 FASTA 文件的流程基本上和第 4 章描述的相同，具体来说就是例 4.4。其中第六行包含了指令，在字典 sequences 中，把值（变量 seq 的内容）分配给键（变量 AC 的内容），是在例子的第一行初始化的。

例 5.2　如何写一个简单的蛋白质序列环的预测程序

这个例子的程序将预测蛋白质序列中的无序（环）区域。虽然无序蛋白质的定义颇具争议，但最公认的定义之一是，如果既不是 α 螺旋构象也不是 β 折叠构象，那么蛋白质区域就是"无序"的。该预测程序的思想是每个氨基酸都有一个特定的二级结构元件倾向，可以通过大量已知蛋白质结构（PDB）的二级结构元件中各类氨基酸类型出现的频率 f，来估计氨基酸的倾向。氨基酸"无序"（即成环）的倾向可用 $1-f$ 计算。表征 20 个氨基酸倾向的值经过了标准化（也引入了一些负值），并赋给了 propensities 字典（在 5.3 节的开头提到了）。

要得知给定的氨基酸是否无序，必须设定一个阈值（如 0.3），然后将所有氨基酸序列的倾向值加起来。

下面程序将蛋白质序列输出，无序（成环）残基（倾向值≥0.3）为大写，"有序"残基（即倾向于出现在二级结构元素中）为小写。

```
propensities = {
 'N': 0.2299, 'P': 0.5523, 'Q':-0.18770, 'A':-0.2615,
 'R':-0.1766, 'S': 0.1429, 'C':-0.01515, 'T': 0.0089,
 'D': 0.2276, 'E':-0.2047, 'V':-0.38620, 'F':-0.2256,
 'W':-0.2434, 'G': 0.4332, 'H':-0.00120, 'Y':-0.2075,
 'I':-0.4222, 'K':-0.1001, 'L': 0.33793, 'M':-0.2259
 }
threshold = 0.3

input_seq = "IVGGYTCGANTVPYQVSLNSGYHFCGGSLINS\
    QWVVSAAHCYKSGIQVRLGEDNINVVEGNEQFISASKSIVH\
    PSYNSNTLNNDIMLIKLKSAASLNSRVASISLPTSCASAGTQ\
    CLISGWGNTKSSGTSYPDVLKCLKAPILSDSSCKSAYPGQI\
    TSNMFCAGYLEGGKDSCQGDSGGPVVCSGKLQGIVSWG\
    SGCAQKNKPGVYTKVCNYVSWIKQTIASN"
output_seq = ""
# Cycle over every amino acid in input_seq
for res in input_seq:
    if res in propensities:
        if propensities[res] >= threshold:
            output_seq += res.upper()
        else:
            output_seq += res.lower()
    else:
        print 'unrecognized character:', res
        break
print output_seq
```

程序的输出为

```
ivGGytcGantvPyqvsLnsGyhfcGGsLinsqwvvsaahcyks
GiqvrLGedninvveGneqfisasksivhPsynsntLnndim
LikLksaasLnsrvasisLPtscasaGtqcLisGwGntkssGtsyP
dvLkcLkaPiLsdsscksayPGqitsnmfcaGyLeGGkdscqGdsGG
PvvcsGkLqGivswGsGcaqknkPGvytkvcnyvswikqtiasn
```

例 5.3　如何从 PDB 文件中提取氨基酸序列

本例用字典将三个字母的氨基酸转换为单字母代码。字典的键是氨基酸三字母代码，值是对应的氨基酸的单字母代码。程序用该字典从 PDB 文件的 SEQRES 行读取残基名称（以三字母代码的形式）（见 C.8 节"PDB 文件 SEQRES 行的示例（部分）"）（文件 1TDL 中），然后将它们转换为一个字母代码，连接这些字母，就得到了蛋白质序列。最后，将该序列以 FASTA 的格式打印出来。

要使用该程序，需要找到 PDB 文档（http://www.rcsb.org/），下载并保存 PDB 文件。此例使用了 PDB 文件 1TLD.pdb，其中有牛 β 胰蛋白酶在 1.5 Å 分辨率下的晶体结构，该 PDB 文件的 SEQRES 行列出了实验用到的蛋白质序列。每个 SEQRES 行可分为 17 列。第一列包含关键字"SEQRES"；第二列有序列的行号（从 1 开始）；第三列是链 ID；第四列是组成序列的残基数；从第五列到最后一列是（三字母代码形式的）残基。列之间由一个空格进行分隔。

```python
aa_codes = {
  'ALA':'A', 'CYS':'C', 'ASP':'D', 'GLU':'E',
  'PHE':'F', 'GLY':'G', 'HIS':'H', 'LYS':'K',
  'ILE':'I', 'LEU':'L', 'MET':'M', 'ASN':'N',
  'PRO':'P', 'GLN':'Q', 'ARG':'R', 'SER':'S',
  'THR':'T', 'VAL':'V', 'TYR':'Y', 'TRP':'W' }
seq = ''
for line in open("1TLD.pdb"):
    if line[0:6] == "SEQRES":
        columns = line.split()
        for resname in columns[4:]:
            seq = seq + aa_codes[resname]
i = 0
print ">1TLD"
while i < len(seq):
    print seq[i:i + 64]
    i = i + 64
```

5.5　自测题

5.1　一个简单的字典

创建一个字典，其中以下 5 个密码子都与其相对应的值关联：

```
'UAA':'Stop'
'UAG':'Stop'
'UGA':'Stop'
'AUG':'Start'
'GGG':'Glycin'
```

5.2 对起始和终止密码子进行计数

写一个程序,计算输入核苷酸序列的终止密码子和起始密码子数量。该程序需要打印两个元素:起始密码子的数目和终止密码子的数目。

提示: 从 NCBI 下载 FASTA 格式的 RNA 序列,用从 5.2.2 节学到的那些知识解决问题。

5.3 搜索 PubMed 摘要中的关键词

选择一篇文献,复制并粘贴摘要到文本文件中(可以选择从 PubMed 下载: http://www.ncbi.nlm.nih.gov/pubmed)。查找摘要中有没有两个(或更多)选中的关键字(如 calmodulin 或 CALM2)(是都有还是只有其中一个),如果有,就打印找到了,如果没有,就打印没找到。

5.4 二级结构元素预测

写一个基于序列的二级结构元素预测的程序。

提示: 使用如下偏好表,其中第二列是 α 螺旋,第三列是 β 折叠(http://www.bmrb.wisc.edu/referenc/choufas.html):

	pref_H	pref_E
A	1.45	0.97
C	0.77	1.30
D	0.98	0.80
E	1.53	0.26
F	1.12	1.28
G	0.53	0.81
H	1.24	0.71
I	1.00	1.60
K	1.07	0.74
L	1.34	1.22
M	1.20	1.67
N	0.73	0.65
P	0.59	0.62
Q	1.17	1.23
R	0.79	0.90
S	0.79	0.72
T	0.82	1.20
V	1.14	1.65
W	1.14	1.19
Y	0.61	1.29

用残基遍历输入的序列残基,如果 pref_H≥1 且 pref_E< pref_H,就将其替换为 H(即 α 螺旋,helix);如果 pref_E≥1 且 pref_H< pref_E,就替换为 E(即 β 折叠,sheet);否则就替换为 L(即环,loop)。将输入和输出打印(或写入文件),输入在上,输出在下。

5.5 编写蛋白质序列中氨基酸残基溶剂可及性的预测程序

预测程序的输入必须是 FASTA 格式的蛋白质序列文件,输出是同样的序列,如果预测为可溶于溶剂的,则将残基大写,反之则小写。可以在 PDB(Protein Data Bank)中找到溶剂暴露区域(solvent-exposed area)(见 C.10 节"已知蛋白质结构中的氨基酸溶剂可及性"),将在 $> 30 \text{ Å}^2$ 列的 $>70\%$ 的残基认定为具有可及倾向。改变倾向性的阈值,看看输出有什么变化。

第6章 过滤数据

学习目标： 可以在数据集中找到共同的、唯一的或冗余的项。

6.1 本章知识点

- 如何找到在两个或两个以上数据集中的共同项
- 如何合并数据集
- 如何删除数据集中的重复
- 如何通过数据结构检测数据集的重叠、交叉以及差异部分
- 如何去除 NGS 原始数据的噪声

6.2 案例：使用 RNA-seq 输出数据

6.2.1 问题描述

NGS 数据分析程序 Cuffcompare 的输出是 `transcripts.tracking` 文件，具体描述参见图 6.1 标题以及 C. 9 节"3 个样本 q1，q2 和 q3 的 Cuffcompare 输出的示例"(3 个生物样本)。3 个样本(q1、q2 和 q3)文件的第一行如下所示[①]：

```
Medullo-Diff_00000001 XLOC_000001 Lypla1|uc007afh.1
q1:NSC.P419.228|uc007afh.1|100| 35.109496| 34.188903|
    36.030089|397.404732|2433
q2:NSC.P429.18|uc007afh.1|100|15.885823|15.240240|
    16.531407|171.011325|2433
q3:NSC.P437.15|uc007afh.1|100|18.338541|17.704857|
    18.972224|181.643949|2433
```

该文件是一个由制表符分隔的表格，内容为来自不同 DNA 序列样本的转录组的比对结果。明确地说，一共考虑了 6 个样本：WT1、WT2 和 WT3 是野生型细胞的 3 个重复样本(在该文件中分别标为 q1、q2 和 q3)，而另外 3 个重复样本 T1、T2 和 T3(在该文件中分别标为 q4、q5 和 q6)是经过药物处理的相同类型细胞(T 代表处理过，treated)。为确保数据的可靠性，重复实验是十分必要的。为了这一目的，可能需要只保留那些在所有转录组中都能观测到的，或者至少能在三分之二的转录组中观测到的样本。

---

① 作者为节约篇幅以 3 个样本为例，下文中 6 个样本的文件格式是类似的。——译者注

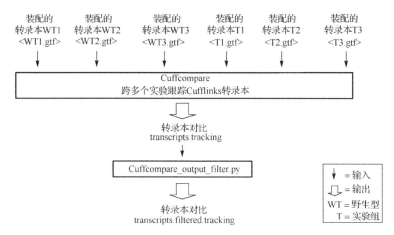

图 6.1 Cuffcompare 程序的输入和输出用于转录本比较。注意：图 15.1 所示的程序流
可以应用于不同的细胞样本，以确定它们各自的转录组（装配的转录本），如
程序可以适用于野生型细胞(WT1，WT2，WT3) 的 3 个重复实验样本以及处
理后癌细胞(T1，T2，T3) 的 3 个重复实验样本，重复实验组对于结果的可靠
性十分必要。如果想比较不同样本细胞的 6 个转录组，可以使用 Cufflinks 包
中的 Cuffcompare 程序。Cuffcompare 需要 Cufflinks 的 .gtf 格式输出文件（包含
转录本组合）作为输入，并跟踪多组实验（即样本）的转录本。输出文件(tran-
scripts.tracking)包含一个表格，表中的每一行对应于一个单一的转录本，
（由制表符分隔的）每一列包含有关不同样本的信息。对于每个转录本给定样本
的信息，以标有符号 q1 的样本为例是这样的：

```
q1:NSC.P419.228|uc007afh.1|100|35.109496|34.188903|36.030089|397.404732|2433
```

其中，q1 是样本标签，其他部分（由管道符 | 分隔）提供有关该样本的细节信
息，包括转录 ID(NSC.P419.228)、该基因 ID(uc007afh.1)、FMI(主要异构
体所占比例，100)、FPKM(表达平均值，35.109496)、最小和最大表达值
（分别是 34.188903、36.030089）、转录覆盖度(397.404732)和转录本的长度
(2433)。当未在样本中检测到一个给定的转录本时，表中的相应单元格中会
出现连字符("-")。transcripts.tracking 文件还可以被筛选，只保留至少
出现在三分之二（或任何比例）的重复实验中的转录本，6.2.2 节的程序做的
就是这件事

这就对应着要从 transcripts.tracking 中去除那些只在三分之一（或其他比例）的
WT1，WT2 和 WT3(或 T1，T2 和 T3)样本中出现的转录本（即文件中的行）。当转录本不
存在于给定的样本中时，表中相应的单元格（见图 6.1 标题的 transcripts.tracking 文件内
容描述和图 6.2）填充连字符(" -")。

这里有两行完整的文件（有六组重复实验）。第一行是将会保存在输出文件中的例子（从
Medullo-Diff_00000001 开始），而第二行（从 Medullo-Diff_00000002 开始）会被跳过：

```
Medullo-Diff_00000001 XLOC_000001    Lypla1|uc007afh.1
q1:NSC.P419.228|uc007afh.1|100|35.109496| 34.188903|
   36.030089 |397.404732|2433
q2:NSC.P429.18|uc007afh.1|100|15.885823|15.240240|
   16.531407|171.011325|2433
```

```
q3:NSC.P437.15|uc007afh.1|100|18.338541|17.704857|
   18.972224|181.643949|2433
q4:CSC.Mmb8.236|uc007afh.1|100|22.594194|21.925964|
   23.262424|225.248080|2433
q5:CSC.Mmb10.251|uc007afh.1|100|22.778360|22.025125|
   23.531595|255.416281|2433
q6:CSC.Mmb21.221|uc007afh.1|100|17.288114|16.675834|
   17.900395|184.487708|2433
Medullo-Diff_00000002    XLOC_000002    Tcea1|uc007afi.2=
q1:NSC.P419.228|uc007afi.2|18|1.653393|1.409591|
   1.897195|18.587029|2671
   -
q3:NSC.P437.108|uc007afi.2|100|4.624079|4.258801|
   4.989356|45.379750|2671
   -
   -
   -
```

评估 transcripts.tracking 文件的脚本需要识别特定的行，需要至少两个重复样本存在于野生型和处理过的细胞系。如果有多于一个重复样本不在(wt1、wt2、wt3)或(t1、t2、t3)中，该行就会被跳过；否则该行将被写入输出文件中(见图 6.2)。

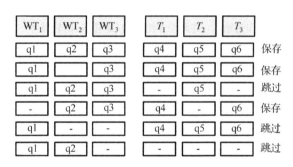

图 6.2　图 6.1 的 transcripts.tracking 文件中保存和跳过的行。注意：细胞中的"qi"
意味着存在重复实验，"-"表示该信息不可用，每一行对应于不同的转录本

6.2.2　Python 会话示例

```python
tracking = open('transcripts.tracking', 'r')
out_file = open('transcripts-filtered.tracking', 'w')
for track in tracking:
    # split tab-separated columns
    columns = track.strip().split('\t')
    wildtype = columns[4:7].count('-')
    treatment = columns[7:10].count('-')
    if wildtype < 2 and treatment < 2:
        out_file.write(track)
tracking.close()
out_file.close()
```

除去那些野生型或处理过的重复样本中含有多于一个连字符的行(即转录本)(也就是那些少于两个重复样本表达的行)，输出文件看起来和输入文件十分相似。

6.3　命令的含义

6.3.1　用简单的 for...if 组合过滤

在 6.2.2 节的 Python 会话展示了如何用 for...if 组合过滤掉文件中的数据。需要通过 for 循环遍历文件中的所有行，if 跳过该行的条件取决于连字符的数量。实际上该程序所做的工作包括：(1) 将每个行根据制表符('\t')分割成字段，并将结果存储在名为 column 的列表中，(2) 使用 count() 函数计算在 3 个样本的每个列表(columns[4:7]和 columns[7:10])中的连字符数量，(3) 检查 if 条件中每组 3 个样本的连字符数量是否小于 2(即至多 1 个)。

同样的结果可以用更明确的代码来实现，用一系列的 if 语句取代 count()函数：

```
output_file = open('transcripts-filtered.tracking', 'w')
for track in open('transcripts.tracking'):
    columns = track.strip().split('\t')
    wt = 0
    t = 0
    if columns[4] != '-': wt += 1
    if columns[5] != '-': wt += 1
    if columns[6] != '-': wt += 1
    if columns[7] != '-': t += 1
    if columns[8] != '-': t += 1
    if columns[9] != '-': t += 1
    if wt > 1 and t > 1:
        output_file.write(track)
output_file.close()
```

上面的程序逐列检查是否有连字符，如果是，则计数器加 1(野生型为 wt，实验组为 t)。一共有两个计数器，每个样本群分别有一个(wt1、wt2、wt3 和 t1、t2、t3)，分别进行处理。如果计数器值大于 1，则意味着该转录本存在于至少两个样本中，那么该行就会被复制到输出文件中，否则将被忽略。

6.3.2　合并两个数据集

如果希望解决另外一种情况：保留数据集 A 中也存在于数据集 B 的项，那么通过用简单的 for...if 结合对 Python 列表进行操作就可以实现。下面的例子考虑了两个整数列表(也可以是 UniProt ID 的列表，见 6.3.5 节示例)，并将两个列表共有的元素写到一个新的列表(a_and_b)中：

```
data_a = [1, 2, 3, 4, 5, 6]
data_b = [1, 5, 7, 8, 9]
a_and_b = []
for num in data_a:
    if num in data_b:
        a_and_b.append(num)
print a_and_b
```

这种 for 循环和 if 语句的组合保留了 data_a 中元素的顺序，如果顺序并不相关，则可以通过集合数据类型使代码更短(详见 6.3.6 节的说明)：

```
data_a = set([1, 2, 3, 4, 5, 6])
data_b = set([1, 5, 7, 8, 9])
a_and_b = data_a.intersection(data_b)
print a_and_b
```

6.3.3　两组数据之间的差异

还有一个相关的问题是找到哪些元素在两个列表中有所不同。下面的例子将会提取在 data_a 而不在 data_b 中(a_not_b)，以及在 data_b 而不在 data_a 中(b_not_a)的元素。

```
data_a = [1, 2, 3, 4, 5, 6]
data_b = [1, 5, 7, 8, 9]
a_not_b = []
b_not_a = []
for num in data_a:
    if num not in data_b:
        a_not_b.append(num)
for num in data_b:
    if num not in data_a:
        b_not_a.append(num)
print a_not_b
print b_not_a
```

类似地，如果不考虑元素的顺序，程序就会变得更短：

```
data_a = set([1, 2, 3, 4, 5, 6])
data_b = set([1, 5, 7, 8, 9])
a_not_b = data_a.difference(data_b)
b_not_a = data_b.difference(data_a)
print a_not_b
print b_not_a
```

6.3.4　从列表、字典和文件中删除元素

Python 有从数据结构对象，如列表和字典中去除数据项的函数。

从列表中删除元素

有几种方法可以从列表中删除数据项，如果想删除列表中的最后一个元素，则可以使用列表的不传递参数的 pop()方法：

```
>>> data = [1,2,3,6,2,3,5,7]
>>> data.pop()
7
>>> data
[1, 2, 3, 6, 2, 3, 5]
```

注意，pop()在删除元素之前会返回该元素的值。如果要删除列表数据中给定位置 i 处的元素，则可以使用 pop()方法，将位置索引作为其参数：

```
>>> data = [1,2,3,6,2,3,5,7]
>>> data.pop(0)
1
>>> data
[2, 3, 6, 2, 3, 5, 7]
```

另外，也可以使用内置函数 del(data[i])：

```
>>> data = [1,2,3,6,2,3,5,7]
>>> del(data[0])
>>> data
[2, 3, 6, 2, 3, 5, 7]
```

但是，如果想删除给定值的元素（如前面 data 列表中的数字 3），则必须使用列表的 remove()方法：

```
>>> data = [1, 2, 3, 6, 2, 3, 5, 7]
>>> data.remove(3)
>>> data
[1, 2, 6, 2, 3, 5, 7]
```

读者可能已经注意到了，remove()方法只删除第一次出现在列表中的 3，如果想删除所有为 3 的元素，则可以使用列表推导式（list comprehension）（见 4.3.3 节）：

```
>>> data = [1, 2, 3, 6, 2, 3, 5, 7]
>>> data = [x for x in data if x != 3]
>>> data
[1, 2, 6, 2, 5, 7]
```

在本例的第二行，列表 data 被重新定义为除了 3 以外，其他项与原始列表相同的列表。

注意，所有这些函数都会永久修改原始列表。如果想保留原来的列表，则可事先创建一个副本，或将列表推导式生成的列表采用另一个变量名。

另外还有一些小技巧，如使用列表的切片属性除去列表中的一个或多个位置上的值：

```
data2 = data[:2] + data[3:]
```

在此，data[2]元素将不会出现在 data2 列表中。

从字典中删除元素

pop()方法也存在于词典中，使用如下：

```
>>> d = {'a':1, 'b':2, 'c':3}
>>> d.pop('a')
1
>>> d
{'c': 3, 'b': 2}
```

这与列表中相应的方法略有不同：这里的 pop()不带参数就不能使用，而且参数必须是要删除的"键，值"对中的键。

del()内置函数也可以用于同样的目的：

```
>>> d = {'a':1, 'b':2, 'c':3}
>>> del d['a']
>>> d
{'c': 3, 'b': 2}
```

删除文本文件中的特定行

有几种简单的方法可以从文本文件中筛选特定的行，这里推荐其中的两个。假设有输入文件 text.txt，要删除的是第一行、第二行、第五行和第六行，可以通过将列表切片来删除它们：

```
lines = open('text.txt').readlines()
open('new.txt','w').writelines(lines[2:4]+lines[6:])
```

注意，在这个例子中，输入文件的行已通过文件对象方法 readlines()存储在一个列表中了，如果对很大的文件进行操作就会非常不方便。那么在这种情况下，使用 for...if 组合会更好。要删除正确的行，可以用计数器变量来跟踪行号。在下面的例子中，要删除的行数(第一位、第二位、第五位和第六位)存储于列表中([1,2,5,6])，然后计数器初始化为 0，对于每个新行增加 1。当计数器为 1、2、5 或 6(即，它在[1,2,5,6]列表中)时，该行就被跳过(pass)；否则就被写入输出文件：

```
in_file = open('text.txt')
out_file = open('new.txt', 'w')
index = 0
indices_to_remove = [1, 2, 5, 6]
for line in in_file:
    index = index + 1
    if index not in indices_to_remove:
        out_file.write(line)
out_file.close()
```

如果不希望引入计数器，还可以使用内置函数 enumerate()：

```
out_file = open('new.txt', 'w')
indices_to_remove = [1, 2, 5, 6]
for index, line in enumerate(open('text.txt')):
    if (index + 1) not in indices_to_remove:
        out_file.write(line)
out_file.close()
```

对于给定的列表 x，enumerate(x)返回索引 i 和 x[i]值的元组(i, x[i])：

```
>>> x = [1,2,5,6]
>>> for i,j in enumerate(x):
...     print i,j
...
0 1
1 2
2 5
3 6
>>>
```

在上面的例子中，对于文件的每一行 enumerate()返回一个行号(从 0 开始)和相应的内容所组成的元组。

6.3.5 保持或不保持顺序地删除重复

许多情况下，能够对冗余的数据进行删除重复操作非常有用。要删除重复，就需要找出那些唯一的对象。该操作可以选择保持元素的顺序(当顺序比较重要时)，或者不保持顺序(这样会更快)。

从文本文件中保留顺序地选择性删除重复记录

可能会经常出现这样的情况：需要去除文本文件的重复行，并创建一个只包含唯一元素

的新文件。假设有 UniProt AC 作为输入文件

```
P04637
P02340
P10361
Q29537
P04637
P10361
P10361
P02340
```

而要输出唯一的 UniProt AC：

```
P04637
P02340
P10361
Q29537
```

下面是如何使用列表删除重复：

```
input_file = open('UniprotID.txt')
output_file = open('UniprotID-unique.txt','w')
unique = []
for line in input_file:
    if line not in unique:
        output_file.write(line)
        unique.append(line)
output_file.close()
```

直接将唯一条目写入输出文件，确保了保留行的顺序。

从文本文件中不保留顺序地选择性删除重复记录

如果不关心记录的顺序，就可以全部读取为一个集合（在 6.3.6 节描述过）。

```
input_file = open('UniprotID.txt')
output_file = open('UniprotID-unique.txt','w')
unique = set(input_file)
for line in unique:
    output_file.write(line)
```

在本例中，通过将行读取至集合（unique = set(input_file)）的办法，将输入文件的行添加到名为 unique 的集合，集合是唯一元件的无序组合，因此与集合中的现有文件行完全相同的行就不会再被添加进去了。最后，for 循环将读取集合项并将其写入输出文件。

如何删除有 90% 以上一致性的序列

生物信息学中有一个相当普遍的任务：序列去冗余。更精确地说，要生成另一组一致性水平不高于临界值（如 90%）的序列。这并不像听起来那么容易，因为这不仅需要一组相似序列，还需要确定选择一组相似序列中的哪一个序列的规则。在过去的十年中，已经有几个用于快速序列去冗余的算法。其中一个经过了良好优化并易于使用的工具为 CD-HIT，专题 6.1 进行了简单地说明。

专题 6.1　CD-HIT（可容错的高同源性聚类数据库）

该程序非常快速，基于用户定义的相似性阈值对蛋白质序列进行聚类，需要输入一组 FASTA 格式的序列（见 C.4 节"FASTA 格式下的多序列文件"），并返回两个文件：一个是

聚类列表，另一个是所聚各类的代表序列。程序可以在 http://bioinformatics.org/cd-hit/ 下载，安装说明手册也可在网站获得。程序安装完毕后，运行程序的命令格式如下：

```
cd-hit -i redundant_set -o nr-90 -c 0.9 -n 5
```

redundant_set 是输入的文件名，nr-90 是输出，0.9 代表 90% 的同源性，5 是单词的大小（手册中提供了选择单词大小的建议），还有很多其他的选项可供选择。

6.3.6　集合

集合是**唯一**对象的无序组合。这意味着它不是列表之类的顺序的对象，不能包含相同的元素。在没有顺序要求的情况下，集合是删除重复、计算交集、并集以及两个或以上对象组之间差异的理想数据结构。集合不支持索引和切片操作，但 'in' 和 'not in' 运算符可以用来测试一个元素是否在集合中。

创建集合

要创建集合，可使用方法 set(x)，其中 x 是一个类序列的对象（即字符串、元组或列表）。

```
>>> set('MGSNKSKPKDASQ')
set(['A', 'D', 'G', 'K', 'M', 'N', 'Q', 'P', 'S'])
>>> set((1, 2, 3, 4))
set([1, 2, 3, 4])
>>> set([1, 2, 3, 'a', 'b', 'c'])
set(['a', 1, 2, 3, 'c', 'b'])
```

即使输入文件中的元素顺序不同，所产生的集合中的元素也会完全相同。集合中的元素必须是不可变对象，如数字、字符串或元组，因而列表、字典或其他集合不能作为集合的元素。

由于集合是唯一元素的组合，创建集合时多余的元素会被自动删除，如下所示：

```
>>> id_list = ['P04637', 'P02340', 'P10361', 'Q29537',
'P04637', 'P10361', 'P10361']
>>> id_set = set(id_list)
>>> id_set
set(['Q29537', 'P10361', 'P04637'])
```

这是一种非常简洁的寻找唯一标识符的方式。

集合的方法

方法 add() 可用于将一个元素添加到集合，如果所添加的元素已存在于该集合中，add() 就不起任何作用。方法 update() 用于将几个元素添加到集合，除非它们在集合中已存在。pop()、remove() 和 discard() 可以将元素从集合中去除。

```
>>> s1 = set([1, 2, 3, 4, 5])
>>> s1.add(10)
>>> s1
set([1, 2, 3, 4, 5, 10])
>>> s1.update(['a', 'b', 'c'])
>>> s1
set(['a', 1, 2, 3, 4, 5, 10, 'c', 'b'])
```

检查集合成员

运算符 in 可以检查元素是否包含在集合中。

```
>>> 5 in s1
True
>>> 6 in s1
False
>>> 6 not in s1          #Test 6 for non-membership in s1
True
>>> s2 = set([10, 4, 5])
>>> s1.issubset(s2)      #Test if s1 is a subset of s2
False
>>> s1.issuperset(s2)    #Test if s1 is a superset of s2
True
```

使用集合来确定数据重叠/差异

两个集合(s1 和 s2)的**并集**(union)创建了一个包含两个 s1 和 s2 中的所有元素的新集合。

```
>>> s1 = set(['a','b','c'])
>>> s2 = set (['c','d','e'])
>>> s1.union(s2)
set(['a', 'c', 'b', 'e', 'd'])
```

两个集合 s1 和 s2 的**交集**(intersection)创建了一个包含既在 s1 也在 s2 中的元素的新集合。

```
>>> s1 = set(['a', 'b', 'c'])
>>> s2 = set (['c', 'd', 'e'])
>>> s1.intersection(s2)
set(['c'])
```

两个集合 s1 和 s2 的**对称差**(symmetric difference)创建了一个包含只在 s1 或只在 s2,即不同时存在于二者中的元素的新集合。

```
>>> s1 = set(['a', 'b', 'c'])
>>> s2 = set (['c', 'd', 'e'])
>>> s1.symmetric_difference(s2)
set(['a', 'b', 'e', 'd'])
```

两个集合 s1 和 s2 的**差**(difference)创建了一个包含只在 s1 不在 s2 中的元素的新集合。

```
>>> s1 = set(['a', 'b', 'c'])
>>> s2 = set (['c', 'd', 'e'])
>>> s1.difference(s2)
set(['a', 'b'])
>>> s2.difference(s1)
set(['e', 'd'])
```

6.4 示例

例 6.1 比较两套以上数据集合

如果有两个以上的数据集,希望找到所有集合中的共同元素,可以按如下方法进行比较:

```
a = set((1, 2, 3, 4, 5))
b = set((2, 4, 6, 7, 1))
c = set((1, 4, 5, 9))
triple_set = [a, b, c]
common = reduce(set.intersection, triple_set)
print common
```

内置函数 reduce()有两个参数：第一个是有两个变量的函数(f(x,y))(更多函数参见第 10 章)，第二个是迭代对象 i(元组或列表)。reduce(f,i)将前两个迭代元素(i[0]和 i[1])传递至函数 f，计算 f 返回的值，然后将该值作为 f 的第一个参数，迭代器的第三个元素(i[2])作为第二个参数，以此类推。例如，如果定义了一个乘法函数

```
def multiply(x,y):
    return x * y
print reduce(multiply, (1, 2, 3, 4))
```

则会得到 24。事实上 reduce()计算 $1 * 2 = 2$，然后是 $2 * 3 = 6$，最后是 $6 * 4 = 24$。因此，在每一个步骤中，multiply(x)的新参数 x 是该函数的累积结果，第二个参数是元组(1, 2, 3, 4)的后续元素。

在前面关于集合的例子中，第一个参数是计算集合变量 x、y 交集的函数，第二个参数是集合的列表(triple_set = [a, b, c])。reduce()将集合列表中前两个元素传递至交集函数(即计算 a 和 b 的交集)，并计算返回的值，即 a 和 b 的交集为一个新的集合，再用交集函数计算这个新的集合和 triple_set 中的第三个元素，也就是 c，从而获得新集合与 c 的交集。综上所述，reduce()函数先找到第一个集合 a 和第二个 b 的交集，即共同值，再找到该交集与第三个集合 c 的交集。

例 6.2　比较/更新不同版本数据库(如 UniProt)

集合还可以用于检测数据库两个版本之间的差异。假设有两个 UniProt 版本，形式为 UniProt AC 列表(或 FASTA 文件，可以很容易地从中提取 UniProt AC)，想要找到哪些条目是新的，哪些消失了(即弃用的条目)，哪些只存在于旧或新版本中(唯一条目)，可以使用集合按如下代码实现：

```
# read old database release
old_db = set()
for line in open("list_old.txt"):
    accession = line.strip()
    old_db.add(accession)
# read new database release
new_db = set()
for line in open("list_new.txt"):
    accession = line.strip()
    new_db.add(accession)
# report differences
new_entries = new_db.difference(old_db)
print "new entries", list(new_entries)
old_entries = old_db.difference(new_db)
print "deprecated entries", list(old_entries)
unique_entries = new_db.symmetric_difference(old_db)
print "unique entries", list(unique_entries)
```

注意，还有另一种可以达到同样目的的方法：使用 for...if 组合，这在 6.3.5 节有所解释。

6.5 自测题

6.1 复制所选 FASTA 的记录到文件中

读取多序列 FASTA 文件，将以甲硫氨酸(M)开始的序列的 ID(每行一个)复制到一个新的文件。

提示：可以使用第 4 章关于 FASTA 文件解析中学到的知识。

提示：要检查第一个残基的类型，无须收集每条记录的整个序列，只需要它的第一个字符即可。

6.2 从选择的文本文件中删除偶数(或奇数)行

提示：可以使用%运算符，它返回的除法后的余数：

```
>>> 7%2
1
```

如果使用行计数器，除以 2 后余数为 0 的是偶数行(余数为 1 的则是奇数行)。

6.3 在具有相同行数的文件之间寻找差异

编写一个程序，读取两个文本文件并(逐行)打印它们之间的差异。

提示：使用文件方法 readlines()把文件的每一行添加至列表，如果对要比较的两个文件分开操作，就会得到两个列表。用计数器计算在两个文件(即在两个列表)中有多少行(即列表元素)相同，多少行存在于第一个文件中而不存在于第二个文件中，有多少行是相反的。

6.4 用更复杂的方式打印文件之间的差异

实现自测题 6.3 的程序，打印出现在第一个文件中，但不在第二个文件中，输出开头为">"的行；再打印出现在第二个文件中，但不在第一个文件中，输出开头为"< "的行；再打印出现在两个文件中，输出开头为"♯"的行。

6.5 转录本的进一步过滤器

修改 6.2.2 节的 Python 会话，只保留至少在三个样本(无论 WT 或 T)中表达的转录本。

第7章 管理表数据

学习目标: 可以组织和编辑表数据。

7.1 本章知识点

- 如何使用嵌套列表存储二维数据表
- 如何插入和删除表中的行和列
- 如何创建空表
- 如何使用字典来表示表

7.2 案例:确定蛋白浓度

7.2.1 问题描述

1951 年,Oliver Lowry 描述了使用苯酚福林试剂测量蛋白质含量的流程[①]。该方法测试的优点在于(相比于如凯氏定氮法[②]等)多个样品可以使用光度计快速地进行测量。其普遍适用性使得 Lowry 的论文成为一直以来引用最多的文章。

在 Lowry 的试验中,需要记录一系列已知蛋白质浓度样本的消光值,从中构建一条最吻合的直线,然后可以通过在直线上找到未知样品浓度的消光值来确定其浓度。早在 1951 年,最佳拟合线是在纸上绘制的(见图 7.1),未知样品需要手工确定。本章大部分以 Lowry 消光值数据为例讲解如何用 Python 处理大量样本数据。Lowry 的文献中给出了一个标准的系列示例,参见 Table IV(Measurement of Small Amount of Protein from Rabbit Brain),他检测了 18 个兔脑组织样本的蛋白质浓度,一共 6 种浓度各检验 3 次,获得了表 7.1 的值。

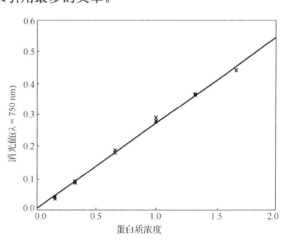

图 7.1 Lowry 所给出的数据最佳拟合线

---

① O. H. Lowry, N. J. Rosebrough, A. L. Farr, and R. J. Randall,"Protein measurement with the Folin phenol reagent."*Journal of Biological Chemistry* 193(1951):265-275.

② Dr. D. Julian McClements(http://people.umass.edu/~mcclemen/581Proteins.html).

表 7.1 Lowry 测量的兔脑少量的蛋白质

蛋白质(%)	消光值 1 (光密度 750 ns)	消光值 2 (光密度 750 ns)	消光值 3 (光密度 750 ns)
0.16	0.038	0.044	0.040
0.33	0.089	0.095	0.091
0.66	0.184	0.191	0.191
1.00	0.280	0.292	0.283
1.32	0.365	0.367	0.365
1.66	0.441	0.443	0.444

这个表可以很容易地从文件解析得到。但计算最佳拟合线只需要一组 x/y 值，即一个两列的表。因此，用于计算未知蛋白质样本浓度，需要单独的蛋白质浓度-消光值对列表(见表 7.2)。

如何将原始数据表(表 7.1)转换为更简单的表(表 7.2)？在下面的 Python 会话中，会对

表 7.2 数据同表 7.1，但分成两列而非四列

蛋 白 质	消 光 值
0.16	0.038
0.16	0.044
0.16	0.040
0.33	0.089
...	...

初始表，即包含数个列表的列表执行一些操作步骤，将一个新函数(zip()，7.3.4 节有详细解释)使用两次：第一次，将表调转了 90°，第二次，组合表中的两列以获得一个新的二维表。

7.2.2 Python 会话示例

```python
table = [
    ['protein', 'ext1', 'ext2', 'ext3'],
    [0.16, 0.038, 0.044, 0.040],
    [0.33, 0.089, 0.095, 0.091],
    [0.66, 0.184, 0.191, 0.191],
    [1.00, 0.280, 0.292, 0.283],
    [1.32, 0.365, 0.367, 0.365],
    [1.66, 0.441, 0.443, 0.444]
    ]
table = table[1:]
protein, ext1, ext2, ext3 = zip(*table)

extinction = ext1 + ext2 + ext3
protein = protein * 3

table = zip(protein, extinction)

for prot, ext in table:
    print prot, ext
```

输出为

```
0.16 0.038
0.33 0.089
0.66 0.184
1.0 0.28
1.32 0.365
1.66 0.441
```

```
0.16 0.044
0.33 0.095
...
```

7.3　命令的含义

启动该程序，会打印转化为双列格式的表格。程序分为两部分。在顶部，数据写成嵌套其他列表的列表格式。使用这种**嵌套列表**，该程序就能清晰地表示二维数据。在底部，该转换由 5 个步骤完成。首先，删除标签行(table = table[1:])；其次，创建四个元组，每个包含一列数据(protein, ext1, ext2, ext3 = zip(*table))；第三，将消光值列复制到一个元组(extinction = ext1 + ext2 + ext3)，并将蛋白质列相应地延长(protein = protein * 3)。这里，蛋白质元组乘以 3，使相同的值重复三次，因为在上表中一个蛋白质对应三个消光值；第四，两列组合成一个新的二维表(table = zip(protein, extinction))；最后，将表的内容逐行打印，其结果是含有蛋白质的浓度和相应的消光值对的嵌套列表。

7.3.1　二维表的表示方法

我们先从含有一列蛋白质浓度和三列消光值的表开始(见表 7.1)。table 变量的类型是包含其他列表的列表。任何表可以被编码为含有列表的列表，也称为**嵌套列表**。例如，表

1	2	3
4	5	6
7	8	9

可以编码为嵌套列表

```
square = [[1, 2, 3], [4, 5, 6], [7, 8, 9]]
```

或嵌套元组的列表

```
square = [(1, 2, 3), (4, 5, 6), (7, 8, 9)]
```

如第 4 章所述，Python 列表可以保存所有类型的数据，也包括其他列表。在由嵌套列表表示的表中，有一个单一的外列表(包含内部的行)和内列表(一行一个)，外列表包含内列表，这样表就有了清晰的结构。此嵌套列表结构又称为**二维阵列**。

问答：能否使用 PYTHON 三维表？

能有多少列表相互嵌套并没有限制。例如，可以创建一个 $2\times2\times2$ 元素的三维列表如下：

```
cube = [[[0, 1], [2, 3]], [[4, 5], [6, 7]]]
```

三维表创建后，数据规模可能很快就会变得非常巨大(例如，如果表在每个维度有 100 个位置，那么将是 100^3 或 10^6 个单元格的表)。有了这样的数量级，程序很容易变得非常慢，除非能使用复杂的算法并有大量的内存和/或功能强大的计算机。有一条经验法则是，当数据越多时，就越必须提前计划(见第 16 章)。当数据变得更复杂时，用像[1][2][3]这样的索引访问列表就会十分复杂低效，这时类可以使数据更具有可读性(见第 11 章)。

7.3.2　访问行和单元格

将表格表示为嵌套列表后，可以通过索引访问各行，以同样的方式也可以访问任何列表。例如，访问第二行可以用如下指令（索引从 0 开始）：

```
second_row = table[1]
```

通过添加表示列数的第二个索引，可以访问单元格。例如，第二行的第三列中的单元可以这样访问：

```
second_row_third_column = table[1][2]
```

或者，如果要操作数据，则可以把它赋给指定单元格：

```
table[1][2] = 0.123
```

用单个 for 循环，可以对表中的所有行进行操作：

```
for row in table:
    print row
```

用 for 双循环，可以依次访问各行的每个单元格：

```
for row in table:
    for cell in row:
        print cell
```

在 Python 的嵌套列表中，访问行和单元格是最简单的操作。7.3.4 节将讨论稍复杂的访问列操作。

7.3.3　插入和删除行

在计算 Lowry 的数据时，必须首先去掉标签行。由于该表存储为一个列表，可以使用所有列表支持的操作。通过切片操作删去整个第一行，即保留除第一个元素以外所有其他元素：

```
table = table[1:]
```

或者，可以使用 pop() 方法：

```
table.pop(0)
```

记住，索引从 0 开始。同样也可以删除任何其他行，如第三行

```
table.pop(2)
```

或者用切片：

```
table = table[:2] + table[3:]
```

类似地，还可以使用列表功能在给定的位置插入新行：

```
table.insert(2, [0.55, 0.123, 0.122, 0.145])
```

或者可以在末尾添加一个新行：

```
table.append([0.55, 0.123, 0.122, 0.145])
```

表的添加和删除用一行代码就可以完成。

7.3.4　访问列

嵌套列表方法的缺点是，访问列不那么简单直接，因为一列的数据分布在所有行中。当然，可以在表上运行一个循环来收集一列的所有数据：

```
protein = []
for row in table:
    protein.append(row[0])
```

如果想用这种方法提取多列或访问相同的列多次，程序将变得很长，难以阅读。在 Python 中可以使用更有效的缩写：

```
protein, ext1, ext2, ext3 = zip(*table)
```

zip（＊table)命令把每一列转换为单个元组变量，从而有效地将表旋转 90°。此操作虽然语法很短，但需要用一些时间来才能完成。因此对于大数据集，用 for()循环可能会更好。

合并多列

四个列都被存储在单独变量中(含有列表或元组)之后，需要把它们组合成一个两列的表(见表 7.2)。

加号(+)和乘法(＊)运算符在 Python 中可以分别应用于列表和元组的合并和乘法。乘法通过复制来扩展列表：

```
protein = protein * 3
```

这会导致同样的数据出现三个相连的副本：

```
>>> [1, 2, 3] * 3
[1, 2, 3, 1, 2, 3, 1, 2, 3]
```

加法将两个或多个列表或元组连接为一个：

```
>>> [1, 2, 3] + [4, 5, 6]
[1, 2, 3, 4, 5, 6]
```

其结果是包含所有数据项的一个列表或元组，一个后面跟着另一个：

```
extinction = ext1 + ext2 + ext3
```

在前面的程序中，这些行的结果是通过将这三列消光值合并成一个单一的列，蛋白质列中的信息增加到原来的三倍，以包含相应的值。

问答：如果将包含不同的数据类型的列表组合在一起会怎样？

Python 并不关心乘用"＊"运算符或连接用"＋"操作符所计算列表的内容。例如可以轻松地创建首先包含数字之后是字符串的列表。但是，当要对列表中所有元素使用 for 循环或类似 sum()这样的函数时，不同的数据类型会导致问题。如果觉得嵌套列表结构不足以达到目的，可以考虑使用嵌套字典(见例 7.2)或类(见第 11 章)。

---

zip()函数

内置的 zip()函数和星号究竟如何工作？zip()命令可以将两个或多个列表中的元素一个接一个地相结合，如

```
>>> zip([1, 2, 3], [4, 5, 6])
[(1, 4), (2, 5), (3, 6)]
```

其结果是，每个输入列表中的第一个元素配对在一起，然后是第二个元素，以此类推。zip()函数的参数必须是可迭代的（列表，元组，字符串）。它返回的结果是一个包含数个元组的列表，其中第 i 个元组包含来自每个参数的第 i 个元素。例如，在 7.2.2 节中，星号告诉 zip 函数使用嵌套列表中的所有列表作为参数，可以写为

```
zip(*table)
```

即，

```
zip(table[0], table[1], table[2], table[3])
```

将 zip()函数的参数看成一张表中的行，zip(∗table)符号将表旋转 90°：

```
>>> data = [[1, 2, 3], [4, 5, 6]]
>>> zip(*data)
[(1, 4), (2, 5), (3, 6)]
```

总之，zip()函数像拉链一样将列表中的各项配对，∗符号将所给的变量解释为每行都是参数组成的一列（见 10.3.2 节）。zip()的一个很常见的用法是旋转（或转置）表，这使得访问表中的列更为轻松。

7.3.5　插入和删除列

zip()函数可以 90°旋转表：

```
table = zip(*table)
```

有了这一招，就可以像对行一样对列进行访问、插入、删除。例如，需插入一列就要先转置表，插入一行，最后再将表转置回来：

```
table = zip(*table)
table.append (['ext4', 0, 0, 0, 0, 0, 0])
table = zip(*table)
```

该代码添加一个额外的第一行带标签的全零列。

如果想从一个表中删除一列，可以使用同样的方法：

```
table = zip(*table)
table.pop(1)
table = zip(*table)
```

以上代码消除了整个第二列，但这种方法有一个小缺点，zip(∗table)操作将其中的列表变为了元组。正如第 5 章所述，元组是不可变的。这意味着用了 zip()之后，不能再对单个单元格进行操作。需要将行再次转换为列表：

```
table[1] = list(table[1])
table[1][2] = 0.123
```

用这两行指令可更改 zip(∗table)后的单个单元格的值。图 7.2 总结了可对表使用的指令。

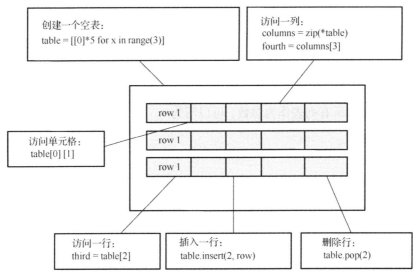

图 7.2　可对表进行的操作

7.4　示例

例 7.1　创建一个空表

先创建一个空表对于某些计算十分有利。例如，当想给二维矩阵计算特征值时，可以先将计数表用零填满。创建一维零列表可以用如下方式完成：

```
>>> row = [0] * 6
[0, 0, 0, 0, 0, 0]
```

可以通过重复循环创建多行：

```
table = []
for i in range(6):
    table.append([0] * 6)
```

或者以列表推导式（第 4 章介绍过，见 4.3.3 节）：

```
>>> table = [[0] * 6 for i in range(6)]
```

注意不要写成：

```
>>> row = [0] * 3
>>> table = [row] * 3
>>> table
[[0, 0, 0], [0, 0, 0], [0, 0, 0]]
```

在结果表中，这些行不会是空行的副本，而是引用了同一行[①]。因此，所产生的表包含三个同一列表对象。每次改变结果表中的任意一列的单元格数值，所有其他行中的单元格会同时改变。为了说明这一点，可尝试以下操作：

```
>>> table[0][1] = 5
>>> table
[[0, 5, 0], [0, 5, 0], [0, 5, 0]]
```

---

①　这是 Python 初学者最易犯的错误之一，很难在调试中发现，应极力避免。——译者注

例 7.2 用字典表示表

当使用嵌套列表的表时，需要知道单元格的数值索引，有时这会使代码难以阅读。而且列表虽便于排序但不便于搜索。那么是否有其他的替代方案呢？

使用字典替代列表

字典便于搜索或查阅信息。蛋白质和消光数据可用一个字典列表来表示：

```
table = [
    {'protein': 0.16, 'ext1': 0.038, 'ext2': 0.044, 'ext3': 0.040},
    {'protein': 0.33, 'ext1': 0.089, 'ext2': 0.095, 'ext3': 0.091},
    {'protein': 0.66, 'ext1': 0.184, 'ext2': 0.191, 'ext3': 0.191},
    {'protein': 1.00, 'ext1': 0.280, 'ext2': 0.292, 'ext3': 0.283},
    {'protein': 1.32, 'ext1': 0.365, 'ext2': 0.367, 'ext3': 0.365},
    {'protein': 1.66, 'ext1': 0.441, 'ext2': 0.443, 'ext3': 0.444}]
```

外列表中所包含的每一行都是由数个含有数据的列标签所组成的字典。这种访问单元格的方式使代码变得更易读：

```
cell = table[1]['ext2']
```

字典中嵌套字典

如果每行也都有明确的标签，就可以用字典中的字典来表示一个表。以 Lowry 的数据为例，每行必须添加 ID 号：

```
table = {
    'row1': {'protein': 0.16, 'ext1': 0.038, 'ext2': 0.044, 'ext3': 0.040},
    'row2': {'protein': 0.33, 'ext1': 0.089, 'ext2': 0.095, 'ext3': 0.091},
    'row3': {'protein': 0.66, 'ext1': 0.184, 'ext2': 0.191, 'ext3': 0.191},
    'row4': {'protein': 1.00, 'ext1': 0.280, 'ext2': 0.292, 'ext3': 0.283},
    'row5': {'protein': 1.32, 'ext1': 0.365, 'ext2': 0.367, 'ext3': 0.365},
    'row6': {'protein': 1.66, 'ext1': 0.441, 'ext2': 0.443, 'ext3': 0.444}
    }
```

有了这样的嵌套字典，查找特定的单元格会更加快捷简单：

```
cell = table['row1']['ext2']
```

或者也可以用以下两种方法：

● 将列表放入字典。仍可以很容易地搜索给定项，只是每行中的数据格式更加简单。
● 将每列做成单独的列表。实际上是将该表旋转了 90°，这更有利于做计算，比如计算几列数的平均值。但这种方法使得不能对行进行排序。

问答：想搜索表也想排序表该怎么办？

可以将表存储为一个嵌套列表，并创建一个额外的字典用于搜索（见第 5 章）。用来加速程序运行的搜索字典又称为**索引**，使用含有数据的列表和一个额外的具有相同数据的字典进行搜索，会产生冗余。只要列表被更改，字典就会过期，需要更新，这将是产生非常讨厌的程序错误的潜在来源。一种可行的方式是使用专用类来存储数据（见第 11 章）。另一种使用索引的方法是使用 SQL 数据库，当有大量的数据时尤为有效。

例 7.3   如何转换表的表现形式

所有用于存储表的方法：**嵌套列表、嵌套字典、二者混合**（见图 7.3），都有其特殊的优点及缺点。表的不同表现形式的利弊在专题 7.1 中有所讨论。通常情况下没有哪个表现形式能完全适合完成想做的一切，因此可能需要将表的一种表现形式转化为另一种。

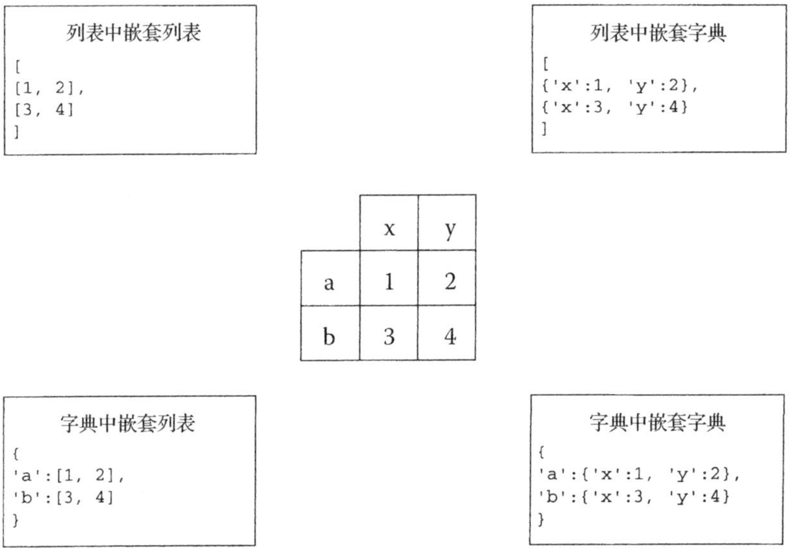

```
列表中嵌套列表
[
[1, 2],
[3, 4]
]
```

```
列表中嵌套字典
[
{'x':1, 'y':2},
{'x':3, 'y':4}
]
```

	x	y
a	1	2
b	3	4

```
字典中嵌套列表
{
'a':[1, 2],
'b':[3, 4]
}
```

```
字典中嵌套字典
{
'a':{'x':1, 'y':2},
'b':{'x':3, 'y':4}
}
```

图 7.3   用于存储表的所有方法：嵌套列表、嵌套字典、二者混合

要将嵌套列表转换成嵌套字典，单个 for 循环就足够了。在每次循环中，表示一行的一个新字典将被添加到存储行的整体字典中，并引入计数器来命名行。

```
table = [
['protein', 'ext1', 'ext2', 'ext3'],
[0.16, 0.038, 0.044, 0.040],
[0.33, 0.089, 0.095, 0.091],
[0.66, 0.184, 0.191, 0.191],
[1.00, 0.280, 0.292, 0.283],
[1.32, 0.365, 0.367, 0.365],
[1.66, 0.441, 0.443, 0.444]
]

nested_dict = {}
n = 0
key = table[0]
# to include the header, run the for loop over
# ALL table elements (including the first one)
for row in table[1:]:
    n = n + 1
    entry = {key[0]: row[0], key[1]: row[1], key[2] : row[2],
    key[3] : row[3]}
    nested_dict['row'+str(n)] = entry

print nested_dict
```

嵌套字典转换成嵌套列表也可以由单循环完成。代码看起来与前例类似，唯一的不同在于索引被替换成字典的键。在下面的例子中，nested_dict 是前例中创建的字典。

```
nested_list = []
for entry in nested_dict:
    key = nested_dict[entry]
    nested_list.append([key['protein'],key['ext1'],
    key['ext2'], key['ext3']])

print nested_list
```

专题 7.1 各类表的表现形式的利弊[①]

列表中嵌套列表

- 优点：在表中添加和删除行很容易。可以用单个命令对表进行排序。
- 缺点：要通过名字找到某种蛋白质时，需要遍历整个表，运行会十分缓慢。如果要定位单个元素，就需要使用数字索引，这将使得代码难以阅读。

字典中嵌套字典

- 优点：用蛋白质 ID 查找表中的任何条目会十分方便快捷。单元格有明确的列名标识，使代码更容易阅读。
- 缺点：字典是无序的，所以在这种表示中不可能对数据进行排序。

混合列表和字典

- 优点：结合了两种类型的优点。可以选择使用列表表示行，使用字典表示列，反之亦然。
- 缺点：使用表变得不那么简单明了，需要记住访问行和列的方式。代码会有点难以阅读。

综合来看，目前还没有明确的答案表明哪种更好。如果要排序和编辑数据，那么列表中嵌套列表还是不错的。如果想搜索数据并保持代码的易读性，那么字典中嵌套字典会很好用。

例 7.4 如何读取表格数据文件

表可以用一个简单的方法从制表符分隔文本文件中读取：

```
table = []
for line in open('lowry_data.txt'):
    table.append(line.strip().split('\t'))
```

第一行代码创建了一个空表；第二行定义了一个 for 循环，遍历给定名称文件中的所有行，输入文件 lowry_data.txt 包含由制表符分隔的各列，采用的是表 7.1 中的数据。这种表达方式是先 open()，再 readlines()，最后 for 的简写；第三行先将文件每行文本中的换行符删除（用 strip()），然后将其按制表符分解为列（用 split()），最后将行添加到嵌套列表。这段代码值得练习，它在许多程序中都会很有用。

例 7.5 如何将表格数据写入文件

为了把嵌套列表中的用制表符分隔的列表写入一个文件，有一种相似的方法是（在此，table 是例 7.4 所产生的嵌套列表）：

[①] 本书推荐的表的表示方式是基于标准库的，适用于初学者。进阶和实战时可参考第三方包：Pandas 的 Dataframe。——译者注

```
out = ''
for row in table:
    line = [str(cell) for cell in row]
    out = out + '\t'.join(line) + '\n'
open('lowry_data.txt', 'w').write(out)
```

第一行代码创建了一个空字符串来收集输出文件的内容；第二行代码循环遍历该表；第三行代码将一行的所有单元格转换为字符串，并将其放入一个新的列表（如果它们已经是字符串，那么这个步骤可省略，或者如果需要，也可以将其改为更复杂的字符串格式）。第四行将其一行的所有单元格用制表符连接（使用 join()方法），并添加了一个换行符（'\n'）；最后将输出字符串写入一个新文件。此模式的变形会出现在许多程序中。

大量用于科研的程序通过从制表符分隔的文本文件中读取数据，并进行数据处理，最后将结果存储在另一个制表符分隔的文本文件。彻底熟记这些读写模式无疑会非常有用。如果想知道更多关于如何写制表符分隔或逗号分隔的文件，还可以参考 Python 的 csv 模块。

7.5 自测题

7.1 在 7.2.2 的示例代码中出现的表里添加一行平均浓度或消光值并打印。

7.2 将 7.2.2 的示例代码中出现的表转化为一个嵌套字典的列表。

7.3 从文本文件读取矩阵

现在有如下 RNA 碱基相似性矩阵：

	A	G	C	U
A	1.0	0.5	0.0	0.0
G	0.5	1.0	0.0	0.0
C	0.0	0.0	1.0	0.5
U	0.0	0.0	0.5	1.0

将矩阵写入一个文本文件。再写一个程序用于从该文本文件中把矩阵读取为一个表，然后将其打印到屏幕上。

7.4 RNA 序列的相似性

编写一个程序用于计算两个 RNA 序列的相似性：

```
AGCAUCUA
ACCGUUCU
```

提示：要计算相似性，就要从自测题 7.3 的矩阵中提取相似度值，这会需要一个 for 循环同时遍历两个序列，而这可通过使用如下指令来实现：

```
for base1, base2 in zip(seq1, seq2):
```

提示：两个序列的序列相似性是所有碱基相似性的总和。

7.5 选择性打印表的列和行

写一个程序，打印 Lowry 表的整个第二行（见表 7.1），然后打印整个蛋白质浓度列。分别对嵌套列表和自测题 7.2 得到的嵌套字典都进行这一操作，观察这两种处理方式各有什么优点和缺点。

第8章 数据排序

学习目标： 根据自定义参数或者列对数据排序。

8.1 本章知识点

- 如何对可迭代对象（列表、元组、字典）排序
- 如何对表排序
- 如何按升序、降序排序
- 如何根据给定列对表排序
- 如何根据给定参数对 BLAST 输出排序

8.2 案例：数据表排序

8.2.1 问题描述

处理表格通常需要对其进行排序。这个任务可以通过 MS Excel 或类似的办公程序完成。但如需处理大量数据，事情就会变得复杂。此外，读者可能想基于给定的条件对表排序或使排序过程自动化。使用 Python 脚本可轻松实现数据排序。下面的 Python 会话根据第二列的值按降序对输入表进行排序。使用内置函数 sorted()和从 operator 模块导入的函数 itemgetter 的组合可实现这一点。使用列表推导式（见 4.3.3 节）可将列表的字符串元素转换为浮点数（在开始处），再转换回来（在结尾处）。程序运行如下：包含数字表的输入文件读取到 Python 表（浮点数嵌套列表）。然后对表排序，将元素转换回字符串。属于表不同列的元素通过制表符('\t')连接，最后打印到屏幕上。

8.2.2 Python 会话示例

```
from operator import itemgetter
# read table to a nested list of floats
table = []
for line in open("random_distribution.tsv"):
    columns = line.split()
    columns = [float(x) for x in columns]
    table.append(columns)
# sort the table by second column (index 1)
column = 1
table_sorted = sorted(table, key = itemgetter(column))
```

```
# format table as strings
for row in table_sorted:
    row = [str(x) for x in row]
    print "\t".join(row)
```

8.3 命令的含义

8.2.2 节的大部分代码行用来打开文件，读取、将字符串转换成浮点数并将其保存于列表，然后将浮点数转换回字符串并打印。只有一行与排序有关。sorted()函数出现在以下指令中：

```
table = sorted(table, key = itemgetter(column))
```

这里，table 是列表的列表，sorted()是内置函数。本章将重点介绍这行代码和可能的变化形式。

8.3.1 Python 列表有利于排序

在程序中，table 是嵌套列表，被初始化为空列表，然后填入从以制表符分隔的输入文件(random_distribution.tsv，图 13.1 显示了部分内容)中提取的浮点数。若基于数值对列表进行排序，则有必要将数据转换成浮点数。字符串是基于 ASCII 码表的顺序进行排序的(见图 8.1)。

space	8	P	h
!	9	Q	i
"	:	R	j
#	;	S	k
$	<	T	l
%	=	U	m
&	>	V	n
'(apostrophe)	?	W	o
(	@	X	p
)	A	Y	q
*	B	Z	r
+	C	[	s
,(comma)	D	\	t
-(dash)	E	]	u
.(period)	F	^	v
/	G	_(underline)	w
0	H	`(ticmark)	x
1	I	a	y
2	J	b	z
3	K	c	}
4	L	d	|
5	M	e	{
6	N	f	~
7	O	g	DEL

图 8.1 ASCII 排序次序图。备注：数字位于字母之前，大写字母位于小写字母之前

在 Python 中，有两种数据排列方法：对列表进行排序的 sort()方法和对任何可迭代数据排序的内置函数 sorted()。sort()方法就地修改列表，而 sorted()对任何可迭代元素(列表、元组、字典键)构建新的排序列表。

可使用列表方法 sort()对数字或字符串列表进行排序：该方法对列表的内容进行排序。注意，如前所述，该方法不会返回新列表，而是就地修改列表。这就是为什么 sort()方法返回的

值为 None。sort()方法的默认行为是按升序进行排序，即从列表的最小值到最大值进行排序：

```
>>> data = [1, 5, 7, 8, 9, 2, 3, 6, 6, 10]
>>> data.sort()
>>> data
[1, 2, 3, 5, 6, 6, 7, 8, 9, 10]
```

若想按降序排序，则可以先按升序排序，然后把列表倒过来：

```
>>> data.reverse()
>>> data
[10, 9, 8, 7, 6, 6, 5, 3, 2, 1]
```

另外，也可以将可选的比较函数作为参数传递至 sort()方法。默认的比较函数 cmp(a,b)对两个参数 a，b 进行比较，如果 a<b，则返回负值；如果 a = b，则返回 0；如果 a>b，则返回正值。可以对函数进行自定义，根据不同的条件返回负值、零或正值。如果对内置函数 cmp() 及其自定义感兴趣，可阅读专题 8.1。

专题 8.1 内置函数 cmp( )

内置函数 cmp(a,b)比较两个对象 a 和 b 并根据结果返回一个整数。尤其值得注意的是，如果 a<b，则返回−1；如果 a = b，则返回 0；如果 a>b，则返回 1。列表的 sort()方法比较列表中的所有成对元素，并隐式使用函数 cmp()来确定元素大小。如果用修改过的函数(如 my_cmp(a,b))传递给 sorted()方法，其内容改写了返回值(如 a>b 时为−1，a<b 时为 1)，则列表将按倒序排序。为获得更精确的排序，可进一步修改该函数。例如，可按照表的第一列排序，当第一列中两个或多个值相等时，则按第二列排序。

例如，如果想按降序对列表进行排序，可以写为

```
>>> def my_cmp(a,b):
...     if a > b: return -1
...     if a == b: return 0
...     if a < b: return 1

...
>>> L = [1, 2, 3, 4, 5, 6, 8, 8, 9, 9, 30]
>>> L.sort(my_cmp)
>>> L
[30, 9, 9, 8, 8, 6, 5, 4, 3, 2, 1]
```

若按第一列对表格进行排序，接着依次按照第二列、第三列进行排序，则可以读取表格并将其放入列表的列表中(见第 7 章)，然后用函数 sort()和如下自定义函数 cmp()对其排序①：

```
def my_cmp(a,b):
        if a[x] < b[x]: return 1
        if a[x] == b[x]:
                if a[x + 1] < b[x + 1]: return 1
                if a[x + 1] == b[x + 1]:
                        if a[x + 2] < b[x + 2]: return 1
                        if a[x + 2] == b[x + 2]: return 0
                        if a[x + 2] > b[x + 2]: return -1
                if a[x + 1] > b[x + 1]: return -1
        if a[x] > b[x]: return -1
```

_____

① 这里需定义 x = 0。——译者注

注意：在 8.2.2 节，table 不是简单的列表，而是列表的列表。因此，sort()方法必须对列表的列表排序。默认情况下，排序在各列表第一个元素的基础上进行：

```
>>> data = [[1, 2], [4, 2], [9, 1], [2, 7]]
>>> data.sort()
>>> data
[[1, 2], [2, 7], [4, 2], [9, 1]]
```

必须使用不同的方法才能按第二个元素排序。要么如专题 8.1 所述对 sort()方法进行自定义，要么使用内置函数 sorted()。在 8.2.2 节的 Python 会话中，嵌套列表根据各子列表的第二个元素进行排序(column = 1)。

8.3.2　内置函数 sorted()

除了列表 sort()方法之外，还以可使用内置函数 sorted()进行数据排序。sorted()的优点在于可以对列表、元组、字典键等多种数据进行排序，而 sort()方法只适用于列表。内置函数 sorted()可以从任何可迭代元素中返回新的已排序列表：

```
>>> data = [1, 5, 7, 8, 9, 2, 3, 6, 6, 10]
>>> newdata = sorted(data)
>>> newdata
[1, 2, 3, 5, 6, 6, 7, 8, 9, 10]
```

8.3.3　用 itemgetter 排序

重要的是，内置函数 sorted()可通过自定义参数(如表中给定列的值)进行排序。如 8.2.2 节所示，使用 operator 模块中的 itemgetter 函数可以达到该目标。operator. itemgetter(i)(T)返回 T 的第 i 个元素，T 可以是一个字符串、列表、元组或字典。如果是字典，则返回与关键字 i 关联的值。如果使用两个或两个以上索引，函数将返回元组：

```
>>> from operator import itemgetter
>>> data = ['ACCTGGCCA', 'ACTG', 'TACGGCAGGAGACG', 'TTGGATC']
>>> itemgetter(1)(data)
'ACTG'
>>> itemgetter(1, -1)(data)
('ACTG', 'TTGGATC')
```

在 8.2.2 节，使用 itemgetter 按第二列(列索引 1)对 table 排序。

如果想先按第二列，然后按其他列(如第四列)对 table 进行排序，则可以将列索引(本例为 1 和 3)写入 itemgetter()函数：

```
new_table = sorted(table, key = itemgetter(1, 3))
```

问答：双括号()()的含义是什么？

itemgetter 函数返回一个函数。第一对括号用于调用 itemgetter，为提取列创建一个中间函数。第二对括号调用函数应用到**数据**上，以产生实际列。使用中间函数可以非常灵活地访问表中的数据。

8.3.4　按升序/降序排序

按降序排序时，附加参数 reverse = True 可传递至 sorted()函数：

```
>>> sorted(data, reverse = True)
[30, 9, 9, 8, 8, 6, 5, 4, 3, 2, 1]
```

在 8.2.2 节，可以进行如下操作：

```
table = sorted(table, key = itemgetter(1), reverse = True)
```

8.3.5　数据结构(元组、字典)排序

通过将键传递至列表对字典排序

对字典排序时，可以将所有键提取到列表中，对元组排序：

```
data = {1: 'a', 2: 'b', 4: 'd', 3: 'c',
 5: 't', 6: 'm', 36: 'z'}
keys = list(data)
keys.sort()
for key in keys:
    print key, data[key]
```

程序的输出如下：

```
1 a
2 b
3 c
4 d
5 t
6 m
36 z
```

使用内置函数 sorted()对字典排序

如果排序关键字只使用了一次，函数 sorted()可以简写为

```
for key in sorted(data):
    print key, data[key]
```

对传递至列表的元组排序

元组是不可变的，因此自身不能排序。若要对元组排序，则需要将其转换成列表，对列表排序并将列表再转换成元组：

```
data = (1, 4, 5, 3, 8, 9, 2, 6, 8, 9, 30)
list_data = list(data)
list_data.sort()
new_tup = tuple(list_data)
print new_tup
```

使用内置函数 sorted()对元组排序

函数 sorted()也有快捷方式：

```
data = (1, 4, 5, 3, 8, 9, 2, 6, 8, 9, 30)
new_tup = tuple(sorted(data))
print new_tup
```

注意：也可使用 UNIX/Linux sort 命令对表格排序(见专题 8.2)。

专题 8.2　　通过命令 shell 对文件排序

在文本文件中保存的表可使用 shell 终端的 sort UNIX/Linux 进行排序。

按字母顺序排序

```
%sort myfile.txt
```

按数值次序排序

```
%sort -n myfile.txt
```

多列排序

```
%sort myfile.txt -k2n -k1
```

该命令先按第 2 列(数值次序：-k2n)，然后按第 1 列(字母顺序)进行排序。

逗号分隔表排序

```
%sort -k2 -k3 -k1 -t ',' myfile.txt
```

逆序排序

```
%sort -r myfile.txt
```

还可以根据第 2 列按逆序对管道分隔文件排序的命令为

```
%sort myfile.txt -nrk 2 -st '|'
```

8.3.6　　按长度对字符串排序

可以将 lambda 函数(见专题 10.6)作为内置函数 sorted()的自定义参数，而不是 itemgetter。例如，可以通过长度对一列字符串排序。要实现这一点，需给函数提供一个返回 key 的单一参数，作为 sorted()的参数进行排序：

```
>>> data = ['ACCTGGCCA', 'ACTG', 'TACGGCAGGAGACG', 'TTGGATC']
>>> bylength = sorted(data, key = lambda x: len(x))
>>> bylength
['ACTG', 'TTGGATC', 'ACCTGGCCA', 'TACGGCAGGAGACG']
```

在本例中，key 是很短的函数，可以返回参数 x 的长度。通过 lambda 关键字定义(见专题 10.6)。变量 x 取列表元素值 data 的值。当 x = 'ACTG'时，lambda 函数返回 4(len('ACTG')的结果)，列表的各个字符串元素以此类推。最后，列表按短序列至长序列进行升序排序。

本例适用于任何生物序列组。如果在该代码中存储了大量列表中的序列(如从 FASTA 文件中读取后的)，可从短至长对序列排序(反之亦然)。

如果表格以嵌套列表形式呈现，可使用 key 指明自己想按哪一列对列表排序。在 8.2.2 节中，将 lambda 函数作为函数 sorted()的参数(取代了 itemgetter)写成的排序指令如下：

```
table = sorted(table, key = lambda col: col[1])
```

8.4　　示例

例 8.1　　先后按第一列、第二列、第三列等对表排序

这里，先后按第一列至最后一列对 8.2.2 节的表排序：

```
from operator import itemgetter
# read table
in_file = open("random_distribution.tsv")
table = []
for line in in_file:
    columns = line.split()
    columns = [float(x) for x in columns]
    table.append(columns)
table_sorted = sorted(table, key=itemgetter(0, 1, 2, 3, 4,\
    5, 6))
print table_sorted
```

table(嵌套列表)有 7 列，若要按逆序排序则必须添加参数 reverse = True。

例 8.2 按自己选择的参数对 BLAST 输出排序(如序列同源性百分比)

本例使用了图 8.2 所示的输入文件。图注解释了如何通过 BLAST 本地运行获得此文件。在本例中，BLAST 输出按第 3 列(col[2])降序排序，以浮点数的形式包含序列同源性百分比。

```
from operator import itemgetter
input_file = open("BlastOut.csv")
output_file = open("BlastOutSorted.csv","w")
# read BLAST output table
table = []
for line in input_file:
    col = line.split(',')
    col[2] = float(col[2])
    table.append(col)

table_sorted = sorted(table, key = itemgetter(2), \
    reverse = True)
# write sorted table to an output file

for row in table_sorted:
    row = [str(x) for x in row]
    output_file.write("\t".join(row) + '\n')
output_file.close()
```

例 8.3 根据(RCSB 报告)中的 RMSD 对血红蛋白 PDB 条目排序

本例使用了图 8.3 所示的输入文件。图注描述了该输入文件是如何从 RCSB 资源中获得的(http://www.rcsb.org/)。实际上，本例是先按 RMSD(输入表的第四列)，然后按蛋白质的序列长度(输入表的第五列)进行排序的。

```
from operator import itemgetter
input_file = open("PDBhaemoglobinReport.csv")
output_file = open("PDBhaemoglobinSorted.csv","w")
table = []
header = input_file.readline()
for line in input_file:
    col = line.split(',')
    col[3] = float(col[3][1:-1])
    col[4] = int(col[4][1:-2])
    table.append(col)

table_sorted = sorted(table, key = itemgetter(3, 4))

output_file.write(header + '\n')
for row in table_sorted:
    row = [str(x) for x in row]
    output_file.write('\t'.join(row) + '\n')
output_file.close()
```

```
sp|O60218|AK1BA_HUMAN,gi|223468663|ref|NP_064695.3|,100.00,316,0,0,1,316,1,316,0.0,654
sp|O60218|AK1BA_HUMAN,gi|119388973|pdb|1ZUA|x,100.00,316,0,0,1,316,2,317,0.0,654
sp|O60218|AK1BA_HUMAN,gi|3150035|gb|AAC17469.1|,99.68,316,1,0,1,316,1,316,0.0,653
sp|O60218|AK1BA_HUMAN,gi|30584339|gb|AAP36418.1|,99.68,316,1,0,1,316,1,316,0.0,652
sp|O60218|AK1BA_HUMAN,gi|60832697|gb|AAX37021.1|,99.68,316,1,0,1,316,1,316,0.0,652
sp|O60218|AK1BA_HUMAN,gi|114616054|ref|XP_001140450.1|,99.05,316,3,0,1,316,1,316,0.0,649
sp|O60218|AK1BA_HUMAN,gi|297681560|ref|XP_002818524.1|,99.05,316,3,0,1,316,1,316,0.0,649
sp|O60218|AK1BA_HUMAN,gi|27436418|gb|AAO13380.1|,98.73,316,4,0,1,316,1,316,0.0,645
sp|O60218|AK1BA_HUMAN,gi|383413321|gb|AFH29874.1|,97.47,316,8,0,1,316,1,316,0.0,640
sp|O60218|AK1BA_HUMAN,gi|384943758|gb|AFI35484.1|,97.47,316,8,0,1,316,1,316,0.0,638
sp|O60218|AK1BA_HUMAN,gi|109068267|ref|XP_001100959.1|,97.15,316,9,0,1,316,1,316,0.0,638
sp|O60218|AK1BA_HUMAN,gi|109068279|ref|XP_001102064.1|,96.20,316,12,0,1,316,1,316,0.0,637
sp|O60218|AK1BA_HUMAN,gi|332224512|ref|XP_003261411.1|,97.15,316,9,0,1,316,1,316,0.0,635
sp|O60218|AK1BA_HUMAN,gi|402913955|ref|XP_003919409.1|,95.89,316,13,0,1,316,1,316,0.0,633
sp|O60218|AK1BA_HUMAN,gi|402864885|ref|XP_003896672.1|,96.20,316,12,0,1,316,1,316,0.0,632
sp|O60218|AK1BA_HUMAN,gi|380790225|gb|AFE66988.1|,95.89,316,13,0,1,316,1,316,0.0,632
sp|O60218|AK1BA_HUMAN,gi|109068275|ref|XP_001101597.1|,95.25,316,15,0,1,316,1,316,0.0,629
sp|O60218|AK1BA_HUMAN,gi|397484839|ref|XP_003813574.1|,90.46,346,3,2,1,316,1,346,0.0,629
sp|O60218|AK1BA_HUMAN,gi|109068273|ref|XP_001101418.1|,94.62,316,17,0,1,316,1,316,0.0,625
sp|O60218|AK1BA_HUMAN,gi|402913957|ref|XP_003919410.1|,94.94,316,16,0,1,316,1,316,0.0,622
sp|O60218|AK1BA_HUMAN,gi|296210580|ref|XP_002752014.1|,93.35,316,21,0,1,316,1,316,0.0,619
sp|O60218|AK1BA_HUMAN,gi|109068285|ref|XP_001102522.1|,93.67,316,20,0,1,316,1,316,0.0,612
```

图8.2　BLAST输出(BlastOut.csv)的部分内容通过如下命令获得（见编程秘笈11）：

```
%blastp -db nr -query AK1BA_HUMAN.fasta -outfmt 10 -out BlastOut.csv
```

其中-outfmt 10 是生成逗号分隔输出的选项。输出中以逗号分隔阈值（q=查询, s=目标）为: qID, sID, seqID, alignlength, mismatches, gapopen, qStart, qEnd, sStart, sEnd, e-value, Bitscore.

```
PDB ID,Chain ID,Exp. Method,Resolution,Chain Length
"1A4F","A","X-RAY DIFFRACTION","2.00","141"
"1C7C","A","X-RAY DIFFRACTION","1.80","283"
"1CG5","A","X-RAY DIFFRACTION","1.60","141"
"1FAW","A","X-RAY DIFFRACTION","3.09","141"
"1HDA","A","X-RAY DIFFRACTION","2.20","141"
"1IRD","A","X-RAY DIFFRACTION","1.25","141"
"1KFR","A","X-RAY DIFFRACTION","1.85","147"
"1QPW","A","X-RAY DIFFRACTION","1.80","141"
"1SPG","A","X-RAY DIFFRACTION","1.95","144"
"1UX8","A","X-RAY DIFFRACTION","2.15","132"
"1WXR","A","X-RAY DIFFRACTION","2.20","1048"
"2AA1","A","X-RAY DIFFRACTION","1.80","143"
"2D5X","A","X-RAY DIFFRACTION","1.45","141"
"2DHB","A","X-RAY DIFFRACTION","2.80","141"
"2H8F","A","X-RAY DIFFRACTION","1.30","143"
"2IG3","A","X-RAY DIFFRACTION","2.15","127"
"2LHB","A","X-RAY DIFFRACTION","2.00","149"
"2QMB","A","X-RAY DIFFRACTION","2.80","142"
"2W72","A","X-RAY DIFFRACTION","1.07","141"
"2WY4","A","X-RAY DIFFRACTION","1.35","140"
"3AEH","A","X-RAY DIFFRACTION","2.00","308"
"3ARL","A","X-RAY DIFFRACTION","1.81","152"
"3CY5","A","X-RAY DIFFRACTION","2.00","141"
"3D4X","A","X-RAY DIFFRACTION","2.20","141"
"3EOK","A","X-RAY DIFFRACTION","2.10","141"
"3MJU","A","X-RAY DIFFRACTION","3.50","141"
"3VRG","A","X-RAY DIFFRACTION","1.50","141"
"4ESA","A","X-RAY DIFFRACTION","1.45","143"
"4HBI","A","X-RAY DIFFRACTION","1.60","146"
```

图 8.3　A 链血红蛋白 PDB 表报告。备注：该报告经 RCSB 高级搜索（www. rcsb. org/ pdb/search/advSearch. do）以 hemoglobin 为关键字并删除序列同源性为 100％的条目获得。表报告中的所选选项为链、实验方法、分辨率、链长

注意：只需将 col[3] 和 col[4] 转化为数字，因此只是在去掉双引号和最后一列的换行符后，将相应的变量重新分配给数字值[①]。

如果想按升序根据第 3 列排序，按降序根据第 4 列排序，应该怎么办？在这种情况下，可以在排序前改变第 4 列的符号：

```
col[4] = -col[4]
```

此外，自定义函数 cmp() 可能会起到作用（见专题 8.1）。

8.5　自测题

8.1　按第二列对表排序
编写一个程序，从文本文件中读取 Lowry 数据表（见表 7.2），按第二列排序，将已排序表的前三行写入新文件。

8.2　按序列长度排序
按序列长度（由长至短）对多序列 FASTA 文件排序。

提示：首先要解析在第 4 章中学到的文件并创建列表的列表，每行包含三个要素（标

---

① 　本例也可以用 eval() 函数或 csv 模块，供进阶读者参考。——译者注

题、序列、序列长度）。然后根据子列表的第 3 个元素对列表排序，最后将已排序列表写入文件。

8.3　Excel 文件中的排序

选择一个 Excel 文件，将其保存为以逗号分隔的文本文件，并使用 Python 从最后一列至第一列按升序排序。

提示：注意是否存在标题行。

8.4　按字母顺序对 FASTA 序列记录排序

读取多序列 FASTA 文件并将其内容存储在字典{ac_number：sequence}中。使用标题中的 AC 数字作为字典关键字。按字母顺序对字典关键字排序并打印出"键：值"对。

8.5　按升序根据 e-value 对 BLAST 输出排序

使用例 8.2 所述的 BLAST 的.csv 输出。

第9章 模式匹配和文本挖掘

学习目标: 在序列和自然语言文本中找到规律模式。

9.1 本章知识点

- 如何使用正则表达式来表达共有序列
- 如何使用 Python 的正则表达式工具在字符串中搜索子字符串
- 如何在蛋白质中搜索功能性模体(motif)
- 如何在文本(例如科学研究摘要)中搜索给定的词或一组词
- 如何在核苷酸序列(例如,转录因子或 miRNA 的结合位点)中识别模体

9.2 案例: 在蛋白质序列中搜索磷酸化模体

9.2.1 问题描述

序列功能模体(sequence functional motif)被定义为能行使功能的短氨基酸或核苷酸序列,含有一个或多个残基的功能区。磷酸化位点、甘露糖基化位点、识别模体、糖基化位点、转录结合位点等都是功能性模体的典型范例。序列功能性模体可以用一种称为正则表达式的特殊符号表示。**正则表达式**(regular expression)有时也称为 **regexp**,是能代表一组字符串的字符串语法,由字符以及元字符组成。换句话说,如果读者想用一串字符表达几个字符串,就有必要引入新的规则,使得可以允许"多元"含义存在,如通配符、重复字符或逻辑组。一个经常在生物学中使用的例子就是 DNA 序列字符 N。序列 AGNNT 可能是 AGAAT,AGCTT,AGGGT,或许多其他的可能性之一。正则表达式以类似的方式工作,但使用更复杂的特殊字符集。

假设想通过单一的表达方式表示以下肽字符串:"AFL","GFI","AYI","GWI","GFI","AWI","GWL","GYL"。如果使用一个象征的表示符号,如"[AG]"来表明在某个字符串的位置可能出现"A"或"G",就可以使用表达式"[AG][FYW][IL]"代表上述所有的肽。

注意,我们使用的不是字面意义上的"["和"]",而是一种"元"的含义。在这种情况下,"["和"]"称为元字符。通过使用字符和元字符编码一组字符串的表达,就称为**正则表达式**。

另一个例子是功能性模体表达,通常比较短,还可能包含不变位置和可变位置。例如,一个丝氨酸/苏氨酸磷酸化模体可以表示为[ST]Q。当进行蛋白质序列检索时,这种表达方式将能够匹配出两种不同的序列结果:"SQ"和"TQ",即一个丝氨酸或苏氨酸后跟一个谷氨酸。该模体的第一个位置是可变的,而第二个位置是保守的。有几种公共开源资源致力于

功能性模体（如 ELM：http://elm.eu.org 以及 PROSITE：http://prosite.expasy.org/等）。搜索一套蛋白质序列或者一组序列中是否存在功能性模体，可以进而推断蛋白质的功能。这正是如 ScanProsite(http://prosite.expasy.org/scanprosite/)做的。

下面的程序模拟了 ScanProsite 的功能之一：即该程序将在蛋白质序列中搜索磷酸化模体，并返回第一个出现的模体。

9.2.2　Python 会话示例

```
import re
seq = 'VSVLTMFRYAGWLDRLYMLVGTQLAAIIHGVALPLMMLI'
pattern = re.compile('[ST]Q')
match = pattern.search(seq)
if match:
    print '%10s' % (seq[match.start() - 4: match.end() + 4])
    print '%6s' % match.group()
else:
    print "no match"
```

9.3　命令的含义

在程序的第一行导入了模块 re。该模块提供了元字符、规则和函数，编写并解释了正则表达式以及它们匹配的字符串变量。在 http://docs.activestate.com/activepython/2.5/python/regex/regex.html 可以找到 A. M. Kuchling 编撰的 Python 的正则表达式的详尽教程。

下面的一行

```
pattern = re.compile('[ST]Q')
```

是要搜索的磷酸化模体，字符串形式为'[ST]Q'，可以由 re 模块中的 compile()方法转换成新的对象。这种转换是强制性的，否则字符如"["将被解释为简单的括号，而不是作为一个元字符具有精确的含义。re.compile()函数返回**正则表达对象**，而 re 模块提供了一些方法来处理正则表达对象。

9.3.1　编译正则表达式

compile()编译字符串并把它转换成正则表达对象(RegexpObject)。

```
>>> import re
>>> regexp = re.compile('[ST]Q')
>>> regexp
<_sre.SRE_Pattern object at 0x22de0>
```

字符串也可以记录在变量中：

```
>>> motif = '[ST]Q'
>>> regexp = re.compile(motif)
```

可以传递参数(编译标志)到 compile()方法，从而改变正则表达式的某些方面的工作细节。例如，可以通过如下代码忽略大小写：

```
>>> regexp = re.compile(motif, re.IGNORECASE)
```

见 A. 2.17 节"正则表达式编译标志"。

在 9.2.2 节的 Python 会话中，编译模式所搜索的序列存储在变量 seq 中，并使用了多种方法如 search(), group(), start()和 end()将结果输出在屏幕上。现在就讨论一下这些方法做了什么，返回了什么。

9.3.2　模式匹配

一旦正则表达式编译，就有一个 RegexpObject，可以使用 RegexpObject 的方法搜索匹配的字符串。

RegexpObject 方法返回匹配的对象(Match Objects)，其中的内容可以使用 RegexpObject 的方法进行提取(见 A. 2.17 节"re 模块的方法")。这在概念上等同于文件读取：当要访问一个文件的内容，首先要打开文件，从而创建一个"文件对象"，然后必须使用文件对象的方法，例如 read(), readline()等来读取该文件的内容。

search()函数扫描字符串并寻找正则表达式第一次匹配的位置。这意味着 search()方法返回的每个序列最多只能有一个单一匹配对象。使用匹配对象的 group()方法打印第一个匹配对象：

```
>>> motif = 'R.[ST][^P]'
>>> regexp = re.compile(motif)
>>> print regexp
<_sre.SRE_Pattern object at 0x57b00>
>>> seq = 'RQSAMGSNKSKPKDASQRRRSLEPAENVHGAGGGAFPASQRPSKP'
>>> match = regexp.search(seq)
>>> match
<_sre.SRE_Match object at 0x706e8>
>>> match.group()
'RQSA'
```

正则表达式'R.[ST][^P]'将匹配精氨酸(R)在第一位置的子字符串，任何氨基酸在第二位置都可以(.)，丝氨酸或苏氨酸在第三位置([ST])，最后的位置上为除脯氨酸外的任何氨基酸([^P])。注意，search()方法将返回 Match object 而非直接返回匹配的字符串，其中编码了匹配的子字符串，以及其开始和结束位置。此信息可以通过使用下面的匹配对象方法获取：

- match. group()　　　　返回匹配子字符串。
- match. span()　　　　返回匹配结果的包含(起点，终点)位置的元组。
- match. start()　　　　返回匹配结果的起始位置。
- match. end()　　　　　返回匹配结果的结束位置。

如果只对从序列的第一位置开头寻找正则表达式匹配感兴趣，则可以使用 match()方法。

这里，可以将前面的例子里使用的 search()换成 match()：

```
>>> match1 = regexp.match(seq)
>>> match1
<_sre.SRE_Match object at 0x70020>
>>> match1.group()
'RQSA'
```

注意，match 和 match1 变量在这一具体情况下具有相同的值。

综上所述，无论是 search()还是 match()方法都是返回匹配对象(match object)，该对象可以分配给变量，进而使用匹配对象的方法 group()，span()，start()和 end()：

```
>>> match1.span()
(0, 4)
>>> match1.start()
0
>>> match1.end()
4
```

注意，UNIX/Linux 提供了搜索文件中表达式匹配的命令(见专题 9.2)。

问答：如果我不只是想找第一个匹配的正则表达式，而是想找所有的，该怎么做？

re 模块提供了两种方法用于此目的：findall()可返回包含所有**匹配**的一个子字符串列表；finditer()可找到所有对应的正则表达式匹配对象并返回**迭代器**形式。更一般地，迭代器是一个对象的"容器"，在 Python 中可以用 for 循环实现遍历。在目前所述的特定情况下，迭代器包含了一组匹配对象，它可以使用匹配对象的方法，如 group()，span()，start()和 end()：

```
>>> all = regexp.findall(seq)
>>> all
['RQSA', 'RRSL', 'RPSK']
>>> iter = regexp.finditer(seq)
>>> iter
<callable-iterator object at 0x786d0>
>>> for s in iter:
...     print s.group()
...     print s.span()
...     print s.start()
...     print s.end()
...
RQSA
(0, 4)
0
4
RRSL
(18, 22)
18
22
RPSK
(40, 44)
40
44
```

9.3.3 分组

有时候可能要将一个正则表达式分解为若干个子组，每个子组匹配我们感兴趣的不同的部分。在前面的例子中，假设想知道通过"."匹配了什么种类的氨基酸，则可以通过用圆括号界定"."的方式创建一个组，然后使用 group()方法得到相匹配的氨基酸类型，如下所示：

```
import re
seq = 'QSAMGSNKSKPKDASQRRRSLEPAENVHGAGGGAFPASQRPSKP'
pattern1 = re.compile('R(.)[ST][^P]')
match1 = pattern1.search(seq)
print match1.group()
print match1.group(1)
pattern2 = re.compile('R(.{0,3})[ST][^P]')
match2 = pattern2.search(seq)
print match2.group()
print match2.group(1)
```

该程序的输出结果是：

```
RRSL
R
RRRSL
RR
```

group()方法如果不填写参数或参数等于 0，就会返回完全匹配的子字符串；而子组以从左至右编号，向右递增顺序编码（从 1 开始）。

注意，子组可以嵌套，为了得到对应号码，就要计算从左至右有多少左圆括号。

```
>>> p = re.compile('(a(b)c)d')
>>> m = p.match('abcd')
>>> m.group(0)
'abcd'
>>> m.group(1)
'abc'
>>> m.group(2)
'b'
```

也可以向 group()方法传递多个参数。在这种情况下将返回包含各组的值对应的元组：

```
>>> m.group(2, 1, 2)
('b', 'abc', 'b')
```

最后，groups()方法返回一个元组，包含所有与子组相关的子字符串：

```
>>> m.groups()
('abc', 'b')
```

另外，也可以向每个子组分配名称以便于选择性地检索其内容。例如，可以标记第一组正则表达式为 w1，第二组为 w2，以后使用 group()来看各组匹配结果的标示，可用组名（w1或 w2）作为参数。

```
>>> pattern = 'R(?P<w1>.{0,3})[ST](?P<w2>[^P])'
>>> regexp = re.compile(pattern)
>>> m1 = regexp.search(seq)
>>> m1.group('w1')
'RR'
>>> m1.group('w2')
'L'
```

组标签必须在<和>符号之间（即<名>），并在圆括号的前面插入?P（即(?P<名> ...)）。组可以用标示选择性访问，在 group()函数中，名作为参数（group(<名>)）。

9.3.4　修改字符串

re 模块还提供了用以修改字符串的 3 种方法：split(s)，sub(r, s, [c])，以及 subn(r, s, [c])。

split(s)方法将分割字符串中符合正则表达的 s。在下面的例子中，一个字符串将在所有的"|"符号处分割。注意，字符"|"也是正则表达式的元字符（见专题 9.1）。想要让 Python 解析它为一个正常的字符，就需要在元字符前放一个反斜杠（"\"）。这是种普遍的规则，使得 Python 可以区分元字符和普通字符。

```
import re
separator = re.compile('\|')
annotation = 'ATOM:CA|RES:ALA|CHAIN:B|NUMRES:166'
columns = separator.split(annotation)
print columns
```

这段代码将产生由从 annotation 字符串分割的组分而生成的列表：

```
['ATOM:CA', 'RES:ALA', 'CHAIN:B', 'NUMRES:166']
```

专题 9.1　字符和元字符

不是每个字符都是正则表达式元字符。正则表达式元字符有

[ ] ^ $ \ . | * + ? { } ( )

[ ]

方括号用来指示一类的字符。例如，如果搜索字符串 s 中[abc]的匹配，读者会发现，如果 s 包含'a'，'b'或'c'，字符都能被发现。

[a-z]匹配从 a 到 z 的字母字符，而[0-9]匹配 0 至 9 之间的整数。

^

[^a]表示除了 a 以外的字符。如果^a 不包括在方括号中，则表示 a 只匹配是 s 的首位的情况。

$

一个 $ 表示只匹配为 s 的末位的情况。

\

\的含义取决于\后面跟随元字符还是字符。在前面一种情况下，\"保护"元字符并恢复其字面意义；在第二种情况下，它的含义取决于该字符。

- \d 对应于[0-9]；
- \D 对应于[^0-9]；
- \s 对应于[\t\n\r\f\v]，即任何空白字符
- \S 对应于[^\t\n\r\f\v]，即任何非空字符
- \w 对应于[a-zA-Z0-9]，即任何字母数字字符
- \W 对应于[^a-zA-Z0-9]，即任何非字母数字字符。

.

这相当于除换行符外的任何字符。

|

这是 OR 运算。如果放置在两个正则表达式之间，将搜索或者符合其左侧的正则表达式或符合其右侧的正则表达式的匹配结果。

( )

圆括号用于在正则表达式中创建子组。

重复：* + ? { }

这些元字符用于查找与重复的东西相匹配的结果。

* 　　　可以被匹配零次或多次。a * bc 可以匹配"bc"，"abc"，"aabc"，"aaabc"，"aaaabc"，等。

+ 　　　可以被匹配的一次或更多次。a + bc 可以匹配"abc"，"aabc"，"aaabc"，"aaaabc"，等，但不能匹配"bc"。

? 　　　前面字符可以匹配零次或一次。can-? can 可以匹配"can-can"和"cancan"。

{m,n}　该限定符意味着至少 m 个，至多 n 个重复可以被匹配。

专题 9.2　grep: 在文件中搜索词的 UNIX/Linux 命令

grep 是用于匹配正则表达式搜索文本文件的 UNIX/Linux 命令。

```
grep ArticleTitle PMID.html
```

将返回 PMID.html 文本文件中所有匹配 ArticleTitle 的行。

可以使用星号来表示任何字符：

```
grep Ar*le mytext.txt
```

将返回 mytext.txt 中至少有一个字是由 Ar 开始以 le 结尾的行。

还可以使用更复杂的正则表达式。例如，

```
grep ^'>' 3G5U.fasta
```

将返回文件 3GU.fasta 中所有以 '>' 开始的行。在这种情况下必须使用引号，因为 '>' 是 UNIX/Linux 操作系统（这是重定向字符）元字符。

RegexpObject 的方法 sub(r, s, [c]) 返回一个新字符串。其中，s 字符串中没有重叠出现的给定模式，都将替换为 r 的值（如果可选参数 c 未被指定）。在下面的例子中，该模式为"\|"（以 separator RegexpObject 编码），它会将 s 字符串中的某些部分替换成 '@'：

```
import re
separator = re.compile('\|')
annotation = 'ATOM:CA|RES:ALA|CHAIN:B|NUMRES:166'
new_annotation = separator.sub('@', annotation)
print new_annotation
```

这将导致结果为

```
ATOM:CA@RES:ALA@CHAIN:B@NUMRES:166
```

如果没有在 s 字符串中找到该模式，则返回 s，值不变。该可选参数 c 是可被替换的模式的最大数量值；c 必须是一个非负整数。例如，在前面的例子中设 c 为 2：

```
new_annotation = separator.sub('@', annotation, 2)
print new_annotation
```

则仅有前两个分隔符被取代:

```
ATOM:CA@RES:ALA@CHAIN:B|NUMRES:166
```

subn(r, s, [c])方法与此不太相同,它返回一个含有两个元件的元组,其中第一个元件是新的字符串,第二个是发生替代的数量:

```
new_annotation = separator.subn('@', annotation)
print new_annotation
```

将使结果为

```
('ATOM:CA@RES:ALA@CHAIN:B@NUMRES:166', 3)
```

9.4　示例

例 9.1　如何将 PROSITE 正则表达式转换为 Python 正则表达式

PROSITE(http://prosite.expasy.org/)是蛋白质域、蛋白质家族和蛋白质功能位点的资源库,由签名模式(即正则表达式)或配置文件(即位置特异性氨基酸的权重和间隙罚分组成的表)两种方法表示。PROSITE 使用了正则表达语法(可参阅 http://prosite.expasy.org/scanprosite/scanprosite-doc.html♯pattern_syntax),但是和 Python 中使用的不太一样。如果实现相互之间的自动转换将会十分便利。

下面的简单脚本可以执行此任务:

```
pattern = '[DEQN]-x-[DEQN](2)-C-x(3,14)-C-x(3,7)\
    -C-x-[DN]-x(4)-[FY]-x-C'
pattern = pattern.replace('{', '[^')
pattern = pattern.replace('}', ']')
pattern = pattern.replace('(', '{')
pattern = pattern.replace(')', '}')
pattern = pattern.replace('-', '')
pattern = pattern.replace('x', '.')
pattern = pattern.replace('>', '$')
pattern = pattern.replace('<', '^')
print pattern
```

PROSITE 正则表达式中的示例对应到钙结合的类 EGF 结构域签名(PROSITE ID:EGF_CA; PROSITE AC: PS01187)。

例 9.2　如何在基因组序列中找到转录因子结合位点

假设有转录因子结合位点的列表(TFBS),想找出它们在给定的生物基因组中的位置。使用 Python 的正则表达式工具就可以很轻松地做到。这里需要希望检索的基因组的核苷酸序列文本文件,以及其格式可通过计算机程序来读取的 TFBS 列表。例如,转录因子数据库(http://cmgm.stanford.edu/help/manual/databases/tfd.html)使用以下格式:

```
UAS(G)-pMH100 CGGAGTACTGTCCTCCG ! J Mol Biol 209: 423-32 (1989)
TFIIIC-Xls-50 TGGATGGGAG ! EMBO J 6: 3057-63 (1987)
HSE_CS_inver0 CTNGAANNTTCNAG ! Cell 30: 517-28 (1982)
ZDNA_CS 0 GCGTGTGCA ! Nature 303: 674-9 (1983)
GCN4-his3-180 ATGACTCAT ! Science 234: 451-7 (1986)
```

在这个例子中，'TFBS.txt'文件包含 TFBS 的这个列表，'genome.txt'文件为 FASTA 格式的序列，例如选出的真核生物整条染色体序列。

```
import re
genome_seq = open('genome.txt').read()
# read transcription factor binding site patterns
sites = []
for line in open('TFBS.txt'):
    fields = line.split()
    tf = fields[0]
    site = fields[1]
    sites.append((tf, site))

# match all TF's to the genome and print matches
for tf, site in sites:
    tfbs_regexp = re.compile(site)
    all_matches = tfbs_regexp.findall(genome_seq)
    matches = tfbs_regexp.finditer(genome_seq)
    if all_matches:
        print tf, ':'
        for tfbs in matches:
            print '\t', tfbs.group(), tfbs.start(), tfbs.end()
```

例 9.3 从 PubMed 的 HTML 页面提取标题和摘要文本

在 PubMed 摘要网页（如 http://www.ncbi.nlm.nih.gov/pubmed/18235848），可以轻松地访问相关的 HTML 源代码。例如，这可以在 Safari 浏览器选择"Develop"→"Show Page Source"链接，或在 Firefox 菜单中选"Tools"→"Web Developer"→"Page Source"。花几分钟探索这个页面，就会看到标题被封闭在标记<h1> 和</h1> 之间，而摘要文本则是<h3>Abstract</h3> <div class = ""> <p> 和</p> ，这些是关于从 PubMed 的 HTML 摘要页中选择性提取标题和摘要内容需要知道的一些细节。

下面的示例从一个 Python 脚本打开 HTML 网页，并解析它，进而选择性提取它的某些部分（在此情况下是标题和摘要）。

```
import urllib2

import re
pmid = '18235848'
url = 'http://www.ncbi.nlm.nih.gov/pubmed?term=%s' % pmid
handler = urllib2.urlopen(url)
html = handler.read()
title_regexp = re.compile('<h1>.{5,400}</h1>')
title_text = title_regexp.search(html)
abstract_regexp = re.compile('<h3>Abstract</h3><div class\
    = "">.{20,3000}</p></div>')
abstract_text = abstract_regexp.search(html)
print 'TITLE:', title_text.group()
print 'ABSTRACT:', abstract_text.group()
```

在 urllib2 的模块（见编程秘笈 13）中提供了一些连接一个 URL 并检索其内容的工具。urlopen()方法用于打开 URL(用于建立连接，其参数必须是一个 URL)。并且，类似于内置函数 open()打开文件的情况，urlopen()返回文件类型的 Python 对象(一个 handler)，有许多方法可以用来读取其内容(read()，readline()，readlines()，close())。read()方法将内容读取为字符串文本。

一旦 HTML 源代码被存储在字符串变量(html)中，就可以使用 re 模块提供的工具解析它了。

在这个例子中，查看一下正在使用的 HTML(应将 HTML 文本保存到一个文件，手工检查它)，可以识别<h1> 和</h1> 为题的唯一分隔标签。因此，正则表达式定义如下：

```
<h1>.{5,400}</h1>
```

该正则表达式匹配 5 至 400 字符的任何由<h1> 和</h1> 分隔的文本字符。只识别标题。必须注意到，在两个标记之间允许出现的最大字符数应该和科研文章标题可能出现的最大长度匹配，提取摘要时也要注意这一点。

如果循环提取一个 PMID 列表中文章的标题和摘要，必须在代码中加入 for 循环：

```
pmids = ['18235848', '22607149', '22405002', '21630672']
for pmid in pmids:
    url = 'http://www.ncbi.nlm.nih.gov/pubmed?term=%s'+%pmid
    ...
```

PMID 的列表可以从文本文件中读取，并存储在 Python 列表中。

例 9.4　检测科学摘要中特定的词或词组

可以使用例 9.3 所学的检测科学摘要中的词或词组。更一般地，本例可以适用于进行非常简单的文本挖掘，可类比于 Microsoft Word 的"查找"工具。

```
import urllib2
import re
# word to be searched
keyword = re.compile('schistosoma')
# list of PMIDs where we want to search the word
pmids = ['18235848', '22607149', '22405002', '21630672']
for pmid in pmids:
    url = 'http://www.ncbi.nlm.nih.gov/pubmed?term=%s' +%pmid
    handler = urllib2.urlopen(url)
    html = handler.read()
    title_regexp = re.compile('<h1>.{5,400}</h1>')
    title = title_regexp.search(html)
    title = title.group()
    abstract_regexp = re.compile('<h3>Abstract</h3><p>.\
        {20,3000}</p></div>')
    abstract = abstract_regexp.search(html)
    abstract = abstract.group()
    word = keyword.search(abstract, re.IGNORECASE)
    if word:
        # display title and where the keyword was found
        print title
        print word.group(), word.start(), word.end()
```

如果想找出文本单词的所有匹配结果，可以使用 finditer()方法：

```
import urllib2
import re
# word to be searched
word_regexp = re.compile('schistosoma')
# list of PMIDs where we want to search the word
```

```
pmids = ['18235848', '22607149', '22405002', '21630672']
for pmid in pmids:
    url = 'http://www.ncbi.nlm.nih.gov/pubmed?term=%s' +%pmid
    handler = urllib2.urlopen(url)
    html = handler.read()
    title_regexp = re.compile('<h1>.{5,400}</h1>')
    title = title_regexp.search(html)
    title = title.group()
    abstract_regexp = re.compile('<h3>Abstract</h3><p>.\
        {20,3000}</p></div>')
    abstract = abstract_regexp.search(html)
    abstract = abstract.group()
    words = keyword.finditer(abstract)
    if words:
    # display title and where the keyword was found
    print title
    for word in words:
        print word.group(), word.start(), word.end()
```

9.5　自测题

9.1　检测二硫键模式
找到所有被最多 4 个残基分割的成对的半胱氨酸的 UniProt(SwissProt)序列。

提示：从 http://www.uniprot.org/ 下载 UniProt(SwissProt)FASTA 格式序列。

提示：用该正则表达式进行搜索：C.{1,4}C.

9.2　解析白鲸
将 Herman Melville 的白鲸(Moby Dick 购自 www.gutenberg.org)复制并粘贴到一个文本文件。有比"captain"或"whale"出现得更频繁的词汇吗？编写一个程序进行搜索，不区分大小写。

提示：搜索大小写字符时可以使用正则表达[Aa]或 re.IGNORECASE 标志。

9.3　搜索人类激酶中的磷酸化位点
搜索在 Uniprot(SwissProt)中人类激酶的苏氨酸和丝氨酸磷酸化位点。

提示：为了简单起见，可以使用本章所示的正则表达式('R.[ST][^P]')来匹配磷酸化位点。

提示：需要解析自测题 9.1 中下载的文件，并筛选掉标题中没有关键词 kinase 和 Homo sapiens 的记录。

9.4　手工寻找合适的 HTML 标签
打印(或保存至文件)给定刊物的 PubMed 的 HTML 界面，仔细检查网页的源代码，并尝试找出 HTML 文本的有独特的标签标记出文章作者的一部分。

提示：可以只打印例 9.3 的 HTML 变量内容或从 PubMed 摘要页面获取源代码。

提示：每个作者都与一个网站链接相关联，因此包含作者姓名的 HTML 文本会显得有点混乱。

9.5　写一个正则表达式从自测题 9.4 的 HTML 页面中提取作者。
提示：所需正则表达式的开始可能是<div class = "auths"> 。

第二部分小结

我们已经把牌打光了。第二部分已展现 Python 语言的全貌。读者可以完成计算任务。读者还认识了可以在**变量**中存储的所有数据结构类型：整数、浮点数、字符串、列表、元组、字典和集合。读者可以用**函数**操作这些数据结构，并且知道一些函数是 Python 内置的，而另一些是**对象**（如字符串）的部分则需要用点语法指定，还有其他一些函数需要由外部的模块中导入（例如 math 模块）。读者了解了**控制流**结构：for 循环能重复执行指令，if 语句能进行判断，而 while 循环将两者结合起来。读者知道如何**读取**和**写入**文件，以及如何从文本中**解析**信息，如何搜索、排序和过滤数据，如何采用嵌套列表、嵌套字典或者两者结合的方式操作**表**。最后，读者了解到如何用**模式匹配**来提取信息。

对 Python 语言组件清单的介绍接近尾声。这意味着读者就可以得到在管理数据时所需的技巧了。事实上，拥有了这些知识，读者就能在实践中编写数据管理需要的绝大多数软件了。

第三部分 模块化编程

引言

正如第二部分总结所提到的，我们已经把牌打光了，不是吗？尽管如此，这本书还包含四个部分，我们要写什么呢？

现在想象一下，知晓了一个生物物种的完整基因组以及染色体的数目和碱基对，你就能得知有机体如何工作了吗？编程也如同生物学一样，仅有完整的组件列表还不足以深入地理解语言的结构。本书的第三部分就是关于 Python 结构的（见下页图），读者将学习如何将现有零件以合理的方式放在一起。Python 提供了许多代码模块化的工具，写出好的程序和着手于研究项目没有太大的不同：要实现研究项目，就必须在脑中有个清晰的目标和一个虽然笼统但也十分灵活的计划，至少得是个可以开始实施的计划；接下来，应该将它一步步地进行完善，把主要目标分解为明确程式化的任务，可能的话，对每个单独的任务需要测试和反馈，然后必须连接协调各个部分。成功的方法之一是要公开地寻求帮助，不断地从有经验的同事那里得到更多的反馈。以团队形式（甚至是与单个同事或朋友合作也可）协作通常会提高工作的乐趣，也更可能取得良好的效果。

所有这些原则也适用于编写程序。在开始编写新的程序之前，确切地思考输入和输出是什么，需要程序具备哪些详细功能？大致计划该程序的框架，至少精确到足以开始编写；并把结构细化，这时可以运用本书这一部分将讲到的想法和对象。要避免一行行指令这样从头写到尾，当程序只有几行时，这或许可行，但程序变长时就会一团糟。当一个子任务（像函数这样的）准备就绪后，要仔细分析其中是否存在错误（即所谓的调试），并在把它应用到整个全基因组或数据库之前，先通过比较熟悉的数据进行测试。分别检查时尤其要注意，该程序的各个子部分（例如，每个函数）是不是做到了希望它做的事。调试和测试之前，不要写出整个程序！当所有的子任务得以实现，相应的代码段得到了调试并可以正常工作，就可以连接所有的部分，例如调用不同的函数，将其中一个的输出结果作为另一个函数的输入等。当一切都连接妥当，程序准备就绪后，在用整个 UniProt 运行该程序之前，还要再在一个数据样本（如具有几个序列的文件）测试一遍。在整个过程中，积极向同事、朋友甚至是网络论坛寻求帮助和反馈，最后，小组工作（最好是成对地组队）会非常有效率，特别是在学习阶段。作者开设培训课程的经验表明，成对学习比单独学习更富有成效。

第 10 章介绍了如何编写自己的函数。函数是使用一些输入参数的子程序，使用参数运行并返回结果，函数将一个更大的程序分成较小的部分。第 11 章将讨论如何使用类。类是数据和函数的容器，它们可以连接定义明确的数据类型以及可对其进行的操作。通过使用类，可以创建在其他程序中也能轻松复用的组件。本章还会讨论如何创建自己的模块。第 12 章将讲解有关调试的知识。程序很少在第一次运行就能正常工作。这就是为什么知道如何消除程序中的错误，以及追踪那些并非显而易见的错误，是如此的重要。还可以用处理异常的方法增强程序。第 13 章重点关注 Python 中的 R 包。读者不仅将学习如何处理这个由许多模块构成的大包，也将应用其到统计检验，生成图片。第 14 章对程序流程进行了介绍。程序流程由几个程序相互连接组成，是更大的单元。这一章将学习如何用 Python 运行其他程序，用 os 模块操作使用文件和目录。最后，第 15 章从人的角度来深入考虑编程。当面对一个任务或问题时，需要什么样的步骤来编写程序？本章提供了一些小工具包，可以将问题划分成更小单位，维持有质量的程序，随着时间的推移不断提高、循序渐进地开发程序。

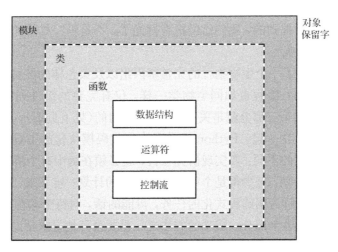

Python 结构图。注：模块是写代码的文件。它们可以包含或不包含类（这是虚线的含义），也可以包含或者不包含函数（同样的虚线）。函数可以由数据结构、运算符和控制流结构组成。数据和控制流结构，运算符和函数可以写入一个模块中，而不一定属于一个函数或类

第三部分结束时，读者将能够创建比第一个程序更大、组织结构更好、更高效、更容易维护且更整洁的程序。

第10章　将程序划分为函数

学习目标：使用函数更好地组织程序。

10.1　本章知识点

- 如何编写自己的函数
- 如何从蛋白质结构的坐标中提取序列
- 如何有选择性地从 PDB 文件中提取信息
- 如何计算蛋白质或 DNA 三维结构中的原子间距

10.2　案例：处理三维坐标文件

10.2.1　问题描述

蛋白质或核苷酸三维(3D)结构存储在 PDB 文件中，PDB 文件是包含生物分子注释和原子坐标(x, y, z)的文本文件。晶体学家或核磁共振(NMR)光谱学家从结构测定实验中搜集此类信息，并将其提交至蛋白质数据库(http://www.rcsb.org)。截止到写此案例时，该数据库包含约 88 000 个结构。对 PDB 文件格式的描述见专题 10.1，示例见 C.6 节"PDB 文件头的示例(部分)"和 C.7 节"PDB 文件原子坐标行的示例(部分)"。

前面的章节已经讨论了如何解析蛋白质或核苷酸序列文件，现在将介绍如何解析蛋白质结构文件。如下程序从蛋白质结构的三维坐标中提取氨基酸序列。更准确地说，它通过 PDB 文件的 ATOM 记录将蛋白质序列读取为三字码，继而将其转化为单字码，然后分别将该序列写入每条链的 FASTA 文件中。该任务很复杂，为简单起见，可将其分成若干子任务。在 Python 中，可使用函数来实现这些子任务。

专题 10.1　PDB 记录

C.6 节"PDB 文件头的示例(部分)"和 C.7 节"PDB 文件原子坐标行的示例(部分)"列举了关于 PDB 部分记录的例子。记录的第一部分称为**标头**，由几个注释行组成，包括来源生物体、实验技术(X 射线、核磁共振等)、交叉引用、实验细节、原始分子序列和变异残基(如果有)等。记录的第二部分介绍了标准组的原子坐标行。每个原子坐标行准确地描述了一个原子。它们以关键字"ATOM"开始，分别包含以下细节的几列：

列	定义
1~6	记录名"ATOM"
7~11	原子序号

13~16	原子名
17	另存位置指示
18~20	残基名
22	链标识符
23~26	残基序号
27	残基插入码
31~38	x 笛卡儿坐标(X 轴以埃为单位)
39~46	y 笛卡儿坐标(Y 轴以埃为单位)
47~54	z 笛卡儿坐标(Z 轴以埃为单位)
55~60	布居
61~66	温度系数
77~78	元素符号
79~81	原子电荷

该格式可转化成如下 Python 字符串：

```
pdb_format = '6s5s1s4s1s3s1s1s4s1s3s8s8s8s6s6s6s4s2s3s'
```

实际上，6s(s 代表字符串)对应 1~6 列，5s 对应 7~11 列，以此类推。

PDB 文件的完整描述见(wwPDB:www.wwpdb.org/docs.html)。

10.2.2　Python 会话示例

```
import struct
pdb_format = '6s5s1s4s1s3s1s1s4s1s3s8s8s8s6s6s10s2s3s'
amino_acids = {
    'ALA':'A', 'CYS':'C', 'ASP':'D', 'GLU':'E',
    'PHE':'F', 'GLY':'G', 'HIS':'H', 'LYS':'K',
    'ILE':'I', 'LEU':'L', 'MET':'M', 'ASN':'N',
    'PRO':'P', 'GLN':'Q', 'ARG':'R', 'SER':'S',
    'THR':'T', 'VAL':'V', 'TYR':'Y', 'TRP':'W'
    }
def threeletter2oneletter(residues):
    '''
    Converts the three-letter amino acid,
    which is the first element of each
    list in the residues list,
    to a one-letter amino acid symbol
    '''
    for i, threeletter in enumerate(residues):
        residues[i][0] = amino_acids[threeletter[0]]

def get_residues(pdb_file):
    '''
    Reads the PDB input file, extracts the
    residue type and chain from the CA lines
    and appends both to the residues list
    '''
    residues = []
    for line in pdb_file:
        if line[0:4] == "ATOM":
            tmp = struct.unpack(pdb_format, line)
            ca = tmp[3].strip()
```

```
              if ca == 'CA':
                  res_type = tmp[5].strip()
                  chain = tmp[7]
                  residues.append([res_type, chain])
      return residues
  def write_fasta_records(residues, pdb_id, fasta_file):
      '''
      Write a FASTA record for each PDB chain
      '''
      seq = ''
      chain = residues[0][1]
      for aa, new_chain in residues:
          if new_chain == chain:
              seq = seq + aa
          else:
              # write sequence in FASTA format
              fasta_file.write(">%s_%s\n%s\n" % (pdb_id, chain,\
                  seq))
              seq = aa
              chain = new_chain
      # write the last PDB chain
      fasta_file.write(">%s_%s\n%s\n" % (pdb_id, chain, seq))
  def extract_sequence(pdb_id):
      '''
      Main function: Opens files, writes files
      and calls other functions.
      '''
      pdb_file = open(pdb_id + ".pdb")
      fasta_file = open(pdb_id + ".fasta", "w")
      residues = get_residues(pdb_file)
      threeletter2oneletter(residues)
      write_fasta_records(residues, pdb_id, fasta_file)
      pdb_file.close()
      fasta_file.close()
  # call the main function
  extract_sequence("3G5U")
```

10.3　命令的含义

10.2.2 节所示的程序主要处理了这样一件事：从蛋白质结构文件的原子坐标行中提取氨基酸序列。输入文件必须放在运行脚本的目录中。对于每一条 PDB 链，FASTA 格式中的一种不同记录会被写入输出文件。为了实现这一目标，程序会完成三个子任务。每个子任务都由一个单独的可重用函数执行。

get_residues(pdb_file) 函数会读取 PDB 输入文件，提取氨基酸三字码和链型，并就每个氨基酸残基将它们成组[res_type, chain]存储在名为 residues 的 Python 列表中。通过名称'CA'选择原子的 if 条件(if ca=='CA')确保每个残基只使用一次(见 C. 7 节"PDB 文件原子坐标行的示例(部分)"，属于同一残基的每个原子的残基名称会重复出现)。解析坐标行会用到 struct 模块，10.3.3 节会对此进行讨论。

threeletter2oneletter(residues) 函数将氨基酸三字码转换为单字码。函数会读取

[res_type, chain]成组列表，并用相应的单字码取代第一个元素，即氨基酸三字码。字典（见第 5 章）用于将氨基酸三字码转换成单字码。内置函数 enumerate(residues)会生成(n, residues[n])形式的元组，此处的 n 是从零开始计数的整数：

```
>>> data = [['ALA', 'A'], ['CYS', 'A']]
>>> for i, j in enumerate(data):
...     print i, j
...
0 ['ALA', 'A']
1 ['CYS', 'A']
>>>
```

write_fasta_records(residues, pdb_id, fasta_file)函数将残基列表格式化为 FAS-TA 格式的字符串，即在序列基础上添加标头和换行符(\n)，并将每条 PDB 链的一个序列条目写入输出文件。

在程序的"主函数"extract_sequence(pdb_id)中，会调用前述三个函数并执行一些其他操作：打开输入文件，生成属于 PDB 文件每条链的氨基酸序列，写入输出文件。

那么函数在 Python 中有哪些作用呢？应如何有效地编写和使用它们呢？

函数在每次需要编写可重用代码时均有用。例如，从 PDB 文件中提取残基的代码(get_residues()函数)可重新用于计算氨基酸频率，而不是编写 FASTA 文件。将代码编写为函数，在调用函数时将打开的 PDB 文件作为参数传递给它，就能实现这个功能。

我们对函数并不陌生。例如，数学模块中定义的数学函数 math.log()和 math.sqrt()(见第 1 章)。它们分别对参数(括号中的值)进行操作，计算其对数和平方根。一些内置函数，即构建在总是可用的 Python 解释器中的函数(见专题 10.2)也并不令人感到陌生。如果想使用 len()函数，则不必先导入模块或通过点将其连接至对象，而只需将序列对象(字符串、列表、元组、字典)作为参数传递至函数，然后就会返回序列的长度。一般而言，总可通过参数的圆括号识别 Python 代码中的函数，即写在括号中(并由逗号分开)的对象，这也许是函数执行给定任务必不可少的部分。

专题 10.2　内置函数

在 Python 中，有很多对象(模块、函数、类)是预先定义的。有些在调用 Python 解释器时会自动导入。这些对象称为"内置函数"。例如，从来不需要导入函数 len()、sum()和 range()(见专题 10.3)。在使用字符串时，也是隐式地使用了内置对象"str"(即不需要定义什么是字符串)；列表、字典和数字亦是如此。一般来说，每当不用定义便可使用某个对象时，就意味着在使用内置对象。可参见附录 A 列举的 Python 内置函数清单。

Python 解释器提供了数百个函数，要么是内置函数，要么存储在特定的模块中(参见 Python 标准库 http://docs.python.org/library/)。专题 10.5 描述了两个非常有用的内置函数 range()和 xrange()。不仅如此，读者还可以定义自己的函数。

10.3.1　如何定义和调用函数

定义一个函数

定义一个新函数的指令如下：

```
def my_function(arg1, arg2,…):
      '''documentation'''
      <instructions>
      return value1, value2, …
```

my_function 是函数名。函数名可以是任何指定的名字,保留字除外(见专题 1.3)。使用指示函数功能的名字是一种好习惯。例如,一个用于两数相加求和的函数可称为 add (num1,num2)。

(arg1,arg2,...)称为函数的参数,是可选的(即函数无须带有参数即可执行任务,如打印预定义文本)。在调用函数时,参数会被传递给该函数。

文档字串(documentation)是一个三引号注释的可选描述。

<instructions> 是指函数被调用时执行的指令,用于定义函数的功能。

返回(return)是指让解释程序停止继续在函数中执行指令,并返回被调用函数所在的程序行的指令。

value1,value2,...是指函数返回的值(结果)。一个函数无须返回任何值即可执行多种任务(在这种情况下,它被称为"过程(procedure)",但这只是术语的问题)。

例如,一个计算两数之和的函数可做如下定义:

```
def addition(num1, num2):
      '''calculates the sum of two numbers'''
      result = num1 + num2
      return result
```

addition 函数取两个参数值,然后按算术方式相加,最后返回结果。

函数在组织脚本结构时非常有用,尤其是需要重复多次执行一项任务(例如复杂的计算)时。专题 10.5 列出了 10 条语法提示。使用一个函数时,需要调用它至少一次。

调用函数

如果想让解释程序执行<instructions> 模块,则必须"调用"函数。调用一个函数时,必须在函数名后面书写圆括号。如果函数需要任何参数,则需要通过调用来准确传递多个值或变量。例如,为了调用前面的 addition 函数,需要提供两个数值作为参数:

```
result = addition(12, 8)
print result
(writes 20)
```

专题 10.3　带有 range( )和 xrange( )的循环

在 for 循环中,range()和 xrange()是两个非常有用的函数。range(n,m)用于创建一列从 n 到 m-1 的整数,而 xrange(n,m)用于创建迭代器。如果 n 被省略了,那么 0 则作为默认值。

```
>> for i in range(5):
... print i**2
...
0
1
4
9
16
>>>
```

如果想要执行一个重复很多次(例如 1000 次)的循环,书写一个从 0 到 999 的全部序列(元组或列表,含有 1000 个元素)一定令人不舒服。xrange()与 range()非常类似,它不会返回一个列表,但能仅在有需要时生成与对应列表相同的值。因此,xrange()占用的内存更小,可用于很大的数值。

此外,这两种方法都可以指定一个所谓的步长,例如仅希望索引在针对整数列表的偶数序号时。例如,

```
range([start], stop, [step])
```

将返回列表:

```
[start, start + step, start + (2 * step),..., stop - 1]
```

如果起始值(start)被省略了,0 则作为默认值。如果 step 被省略了,1 则作为默认值。如果 step>0,列表的最后一个元素则为

```
start + (i * step) < = stop
```

的最大值。如果 step< 0,该列表的最后一个元素则为

```
stop < = start + (i * step)
```

的最小值。换一种表述方式则是

```
range(i,j) = [i,i+1,…,j-1]
range(k) = [0,1,…,k-1]
range(i,j,l) = [i,i+l,i+2l,…,j-1]          (i<j)
range(i,j,-l) = [i,i-l,i-2l,…,j+1]          (i>j)
```

10.3.2 函数参数

函数参数是一种将数据传递给函数的方法(见 10.3.2 节)。Python 函数可以有多个参数,甚至无须任何参数。几乎所有 Python 对象都可以作为参数传递给一个函数。函数调用的结果也可以成为函数的参数:

```
def increment(number):
    '''returns the given number plus one'''
    return number + 1
def print_arg(number):
    '''prints the argument'''
    print number
print_arg(increment(5))
```

这段代码用于打印数字 6。即便是函数也可以作为参数传递给另一个函数(见专题 10.6)。

专题 10.4 多个函数参数与返回值均为元组

传递给函数的参数序列是一个元组,而函数也会以元组的形式返回多个值。

```
>>> def f(a, b):
...     return a + b, a * b, a - b
...
>>> f(10, 15)
(25, 150, -5)
```

```
# You can also put the result in a variable
>>> result = f(10,15)
>>> result
(25, 150, -5)
>>> sum, prod, diff = f(20, 2)
>>> sum
22
>>> prod
40
>>> diff
18
```

专题 10.5　Python 函数的 10 大注意事项

1. def 为定义函数的语句标识。

2. 必须使用圆括号定义和调用函数。

3. 函数体代码块以冒号字符开头，后面紧跟缩进指令。

4. 最后一个缩进语句是函数定义结束的标志。

5. 函数参数是一种将数据传递给函数的方法（见 10.3.2 节）。多个参数具有元组的形式（见专题 10.4）。

6. 可以在函数体内定义变量。

7. return 语句会退出函数，也可以选择将值传回给调用方，多个值具有元组的形式（见专题 10.4）。

8. return 语句可以无返回值，而函数也可以无返回语句。在这两种情况下，默认的返回值均为 None。

9. 可以在函数体内插入带引号的文档字串。该字符串在函数调用时会被忽略，但可以利用函数对象的__doc__属性检索该字符串。

10. 当一个函数被调用时，会自动创建一个本地命名空间。函数体内定义的变量位于其本地命名空间内，而不在脚本或模块的全局命名空间内。当一个函数被调用时，首先会在函数命名空间内搜索函数体内的对象名称，如果在函数体内未找到对象名称，然后就会在脚本或模块的全局命名空间内进行搜索。

专题 10.6　lambda 函数（又称匿名函数）

可以使用 lambda 语句来创建匿名函数。这些函数之所以被称为**匿名**，是因为没有使用 def 语句以标准的方式进行声明。lambda 函数在用作其他函数的参数时尤其有用。

```
>>># Traditional function (in one line of code):
>>> def f(x): return x**2
>>> print f(8)
64
>>># Same result obtained with a lambda function:
>>> g = lambda x: x**2
>>>
>>> print g(8)
64
>>> (lambda x: x**2)(3)
9
>>>
```

lambda 函数不包括 return 语句，而是包括一个表达式，而且总会返回该表达式的值。可以在任何地方定义 lambda 函数，即便是在未分配名称的另一个函数的参数中。lambda 函数可以有任意数量的参数，并返回单个表达式的值。

在 Python 中有四类参数：必选参数、关键字参数、默认参数和可变长参数。

必选参数　一个或多个参数必须传递给函数。参数在调用中的顺序必须与函数定义中的顺序完全一致，例如

```
def print_funct(num, seq):
    print num, seq

print_funct(10, "ACCTGGCACAA")
```

该程序的输出如下：

```
10 ACCTGGCACAA
```

关键字参数　可以给函数参数分配一个名称。在这种情况下，顺序不重要：

```
def print_funct(num, seq):
    print num, seq

print_funct(seq = "ACCTGGCACAA", num = 10)
```

该程序可以生成与以上相同的输出。

默认参数　还可以使用默认（可选）参数。这些可选参数必须放在函数定义的最后位置，例如

```
def print_funct(num, seq = "A"):
    print num, seq

print_funct(10, "ACCTGGCACAA")
print_funct(10)
```

这两种函数调用的输出如下：

```
10 ACCTGGCACAA
10 A
```

默认参数应该始终为不可变类型（即数字、字符串）。千万不要使用列表或字典作为默认参数，否则会导致非常严重的错误[①]。

变长参数　参数的个数是可变的（即函数的一个调用和另一个调用的参数个数是不同的）；参数由符号 * （对于元组）或 * * （对于字典）表示，例如

```
def print_args(*args):
    print args

print_args(1,2,3,4,5)
print_args("Hello world!")
print_args(100, 200, "ACCTGGCACAA")
```

该程序用于打印传递给函数的带参数的元组：

```
(1, 2, 3, 4, 5)
('Hello world!',)
(100, 200, 'ACCTGGCACAA')
```

---

① 这一点是初学者最易犯的错误之一，在调试中非常难以发现。——译者注

当使用 ** 符号时，必须提供返回字典的关键字和值：

```
def print_args2(**args):
    print args

print_args2(num = 100, num2 = 200, seq = "ACCTGGCACAA")
```

在这里，函数调用打印出了一个字典：

```
{'num': 100, 'seq': 'ACCTGGCACAA', 'num2': 200}
```

10.3.3　struct 模块

struct 模块提供了在自定义格式基础上将字符串转换成元组的方法，反之亦然。它属于 Python 内置模块，对于处理 PDB 文件非常有用。

struct 方法 pack(format, v1, v2,...)依据格式字符串返回由 v1、v2,... 值压缩组成单一字符串，该格式字符串指明了应使用哪种转换符将 v1、v2,... 值压缩成字符串。例如，

```
format = '2s3s'
```

表示两字符字符串(在 2s 中，s 代表"字符串")，后面跟着一个三字符字符串(3s)。

如果 fmt 中的转换字符串具有字符串(s)的形式，那么参数 v1、v2,... 必须是字符串：

```
>>> import struct
>>> format = '2s1s1s1s1s'
>>> a = struct.pack(format,'10','2','3','4','5')
>>> a
'102345'
```

方法 unpack(format, string)按照根据 format 编码格式将 string 解压缩成元组。字符串包含的字符与格式字符串中出现的字符数必须相等。

```
>>> import struct
>>> format = '1s2s1s1s'
>>> line = '12345'
>>> col = struct.unpack(format, line)
>>> col
('1', '23', '4', '5')
```

struct 的方法 calcsize(fmt)返回给定格式化字符串的字符总数：

```
>>> import struct
>>> format = '30s30s20s1s'
>>> struct.calcsize(format)
81
```

可以根据 struct 模块和专题 10.1 提供的表编写如下 PDB ATOM 行的格式化字符串：

```
pdb_format = '6s5s1s4s1s3s1s1s4s1s3s8s8s8s6s6s6s4s2s3s'
```

通过使用这种格式解压缩 PDB 文件的 ATOM 行，可得到这样一个元组：每个元素与专题 10.1 描述的 PDB 各列相对应。例如，在这里只考虑 PDB 文件的第一条 ATOM 行：

```
>>> import struct
>>> line = 'ATOM 1 N ILE A 16 11.024 3.226 26.760 1.00 16.50 N '
>>> format = '6s5s1s4s1s3s1s1s4s1s3s8s8s8s6s6s10s2s3s'
>>> col = struct.unpack(format, line)
>>> col
```

```
('ATOM ', ' 1', ' ', ' N ', ' ', 'ILE', ' ', 'A', '
16', ' ', ' ', ' 11.024', ' 3.226', ' 26.760', '
1.00', ' 16.50', ' ', ' N', ' ', ' ')
```

可以观察到,col 的第六个元素与氨基酸三字码('ILE')相对应,第八个元素与 PDB 链('A')相对应。第 12、13 和 14 个元素分别与 atom x、y、z 坐标相对应。

总之,10.2.2 节 Python 程序打开 PDB 文件(extract_sequence()),读取该文件并从 ATOM 行中提取氨基酸残基类型和链(在 get_residues()中),将氨基酸三字码"转换"成单字码(threeletter2oneletter()),并使用后者以 FASTA 格式将 PDB 序列写入文件中(write_fasta_records())。注意:为了使程序更简单,并未(根据典型的 FASTA 格式)将氨基酸序列格式化为 64 字符长的行。读者可以尝试着从这个角度修改程序。

10.4 示例

例 10.1 如何编写计算笛卡儿坐标空间两点间距离的函数

例 1.1 已经介绍了应该如何计算两点之间的距离。在这里,使用函数后,同样的计算变得更加灵活。两点的坐标 p1 和 p2 可以用列表或元组的形式传递给 Python 函数:

```python
from math import sqrt
def calc_dist(p1, p2):
    '''returns the distance between two 3D points'''
    dx = p1[0] - p2[0]
    dy = p1[1] - p2[1]
    dz = p1[2] - p2[2]
    distsq = pow(dx, 2) + pow(dy, 2) + pow(dz, 2)
    distance = sqrt(distsq)
    return distance

print calc_dist([3.0, 3.0, 3.0], [9.0, 9.0, 9.0])
```

函数调用结果为

```
10.3923048454
```

如果将这个函数放在单独的 Python 文件 distance.py 中,则可以从其他程序中导入它。

例 10.2 编写函数:可接受任意数量的参数作为输入,并返回以换行符为结束,以制表符分隔的参数字符串。

在创建输出文件时,会经常发现通过制表符连接元素是很有用的。但是,被写入的元素数量可能会有所不同。下面的示例函数使用不定长参数来处理这一点。

注意:对于要传递给函数的每个参数,必须用内置函数 str()将每个单独的参数转换成字符串类型。同样地,'\t'是将 Tab 插入字符串的 Python 元字符,'\n'是将换行符插入字符串的 Python 元字符。

```python
def tuple2string(*args):
    '''returns all arguments as a
    single tab-separated string'''
    result = [str(a) for a in args]
    return '\t'.join(result) + '\n'
```

这个函数可用来生成包含核苷酸替换矩阵的文件(以下例子所示的频率值是近似值)：

```
outfile = open("nucleotideSubstitMatrix", "w")
outfile.write(tuple2string('', 'A', 'T', 'C', 'G'))
outfile.write(tuple2string('A', 1.0))
outfile.write(tuple2string('T', 0.5, 1.0))
outfile.write(tuple2string('C', 0.1, 0.1, 1.0))
outfile.write(tuple2string('G', 0.1, 0.1, 0.5, 1.0))
outfile.close()
```

nucleotideSubstitMatrix 的输出文件为

```
    A      T      C      G
A   1.0
T   0.5    1.0
C   0.1    0.1    1.0
G   0.1    0.1    0.5    1.0
```

例 10.3　如何识别 PDB 文件中的特定残基

这里给出了如何提取并将胰蛋白酶活性部位的原子坐标写入文件。胰蛋白酶活性部位由大家所熟知的三位元素 Asp 102、His 57 和 Ser 195 组成。首先必须到 PDB 存档的位置，下载并将胰蛋白酶的原子坐标保存到文件中，才能实现这一目标。在这个例子中，将使用 PDB 文件 1TLD. pdb 展示牛 β 胰蛋白酶在 1.5 Å 分辨率下的晶体结构。

```
import struct
pdb_format = '6s5s1s4s1s3s1s1s4s1s3s8s8s8s6s6s10s2s3s'

def parse_atom_line(line):
    '''returns an ATOM line parsed to a tuple '''
    tmp = struct.unpack(pdb_format, line)
    atom = tmp[3].strip()
    res_type = tmp[5].strip()
    res_num = tmp[8].strip()
    chain = tmp[7].strip()
    x = float(tmp[11].strip())
    y = float(tmp[12].strip())
    z = float(tmp[13].strip())
    return chain, res_type, res_num, atom, x, y, z

def main(pdb_file, residues, outfile):
    '''writes residues from a PDB file to an output file.'''
    pdb = open(pdb_file)
    outfile = open(outfile, "w")
    for line in pdb:
        if line.startswith('ATOM'):
            res_data = parse_atom_line(line)
            for aa, num in residues:
                if res_data[1] == aa and res_data[2] == num:
                    outfile.write(line)
    outfile.close()

residues = [('ASP', '102'), ('HIS', '57'), ('SER', '195')]
main("1TLD.pdb", residues, "trypsin_triad.pdb")
```

代码使用两个函数来完成这项任务：一个从 PDB 文件中解析单行，另一个用于处理整个文件。注意：这里使用字符串方法 strip() 来删除残基类型和数量的实际字符之前和/或之后的空格。此外，本例没有使用一些由 parse_atom_line() 返回的变量。定义这些变量是为了使函数更通用，而且可在例 10.4 和例 10.5 中重复使用。为了写出更紧凑的代码，由 parse_atom_line() 返回的值收集在一个单变量 res_data 中，这是一个元组。

例 10.4　如何计算 PDB 链中两个原子间的距离

现在将函数合并在一起使用。导入并使用例 10.1 中定义的 calc_dist() 函数(假设它存储在 distance.py 模块中)和例 10.3 中定义的 parse_atom_line() 函数(假设它保存在 parse_pdb.py 模块中)来计算链 A 残基 123 和 209 的 CA 原子间的距离。虽然程序为提取信息做了大量工作，但是代码很短，因为大部分工作是在导入的函数中完成的：

```python
from math import sqrt
from distance import calc_dist
from parse_pdb import parse_atom_line

pdb = open('3G5U.pdb')
points = []
while len(points) < 2:
    line = pdb.readline()
    if line.startswith("ATOM"):
        chain, res_type, res_num, atom, x, y, z = \
            parse_atom_line(line)
        if res_num == '123' and chain == 'A' and atom == 'CA':
            points.append((x, y, z))
        if res_num == '209' and chain == 'A' and atom == 'CA':
            points.append((x, y, z))
print calc_dist(points[0], points[1])
```

例 10.5　如何计算 PDB 链中所有 CA 原子间的距离

如果现在想计算 PDB 链(如链 A)中所有 CA 原子间的距离，则可以编写一个函数来汇集所有 CA 坐标，然后计算 CA 原子所有可能的两点间的距离：

```python
from math import sqrt
from distance import calc_dist
from parse_pdb import parse_atom_line

def get_ca_atoms(pdb_file):
    '''returns a list of all C-alpha atoms in chain A'''
    pdb = open(pdb_file)
    ca_list = []
    for line in pdb:
        if line.startswith('ATOM'):
            data = parse_atom_line(line)
            chain, res_type, res_num, atom, x, y, z = data
            if atom == 'CA' and chain == 'A':
                ca_list.append(data)
    pdb_file.close()
    return ca_list
ca_atoms = get_ca_atoms("1TLD.pdb")
for i, atom1 in enumerate(ca_atoms):
    # save coordinates in a variable
    name1 = atom1[1] + atom1[2]
    coord1 = atom1[4:]
    # compare atom1 with all other atoms
    for j in range(i+1, len(ca_atoms)):
```

```
    atom2 = ca_atoms[j]
    name2 = atom2[1] + atom2[2]
    coord2 = atom2[4:]
  # calculate the distance between atoms
    dist = calc_dist(coord1, coord2)
    print name1, name2, dist
```

10.5　自测题

10.1　计算 FASTA 记录

以 FASTA 格式编写一个函数来读取包含几个蛋白质记录的文件，并返回文件中记录的总数。调用将输入文件名作为参数传递的函数，并将结果打印到屏幕上。

提示：可以计算输入 FASTA 文件中 '>' 的数量。

10.2　在单独的 FASTA 文件中保存序列记录

以 FASTA 格式编写一个程序来读取包含几个蛋白质记录的文件。编写一个函数，将每个记录保存到单独的文件中，将每个文件命名为 < AC >.fasta，其中 AC 是序列记录的登记号。函数参数必须是输入 FASTA 文件中的单个序列记录。

提示：逐行读取文件（如 C.4 节"FASTA 格式下的多序列文件"所示的例子）。如果一行以">"开始，则使用 split() 字符串方法来选择 AC 号。

提示：使用在第 4 章中学到的技巧从记录中提取序列。

提示：建立两个元素的列表[AC, sequence]并将其传递至函数。

提示：函数将打开一个新文件，以 AC 命名，然后写入序列。

提示：如果愿意，可以先用 fastAformat() 函数来适当地规定序列的格式，然后将其写入输入文件。

10.3　识别蛋白质结构中相邻最近的两个残基

打印出属于 PDB 结构同一链的相邻最近的两个残基的名字和 PDB 残基号。将 CA 原子间的距离作为两个氨基酸的间距。

提示：必须将几条指令添加到例 10.5 的脚本中才能得到结果。可以为变量（maxval）设置一个非常大的初始值（如 10 000），当 tmp < maxval 时重新将 maxval 设置为 tmp 变量的值（记录一对 CA 原子的间距）。这可以确保在所有比较结束时，maxval 记录的值尽可能最低。

提示：编程秘笈 15 介绍了应该如何处理这种情况。

10.4　PDB 复杂界面

识别两个 PDB 链之间界面的残基并将其写入文件。

提示：可以修改例 10.5 中的脚本来选择所有残基 i（属于链 A，i∈A）和所有残基 j（属于链 B，j∈B），间距<6 Å。

提示：编程秘笈 16 介绍了应该如何处理这种情况。

10.5　无序、二级结构和溶剂可及性预测器

编写一个包含例 5.2、例 5.4 和例 5.5 的脚本，将每个任务放在不同的函数中，使用 raw_input() 让用户选择要为给定的蛋白质序列调用的函数。

提示：可以输入序列文件名和指定被调用的预测器的编号（如 1、2 或 3）。可在脚本中使用与此类似的内容：

```
sequence = raw_input("Type the sequence filename: ")
predictor = raw_input("1 (disorder), 2 (sse), or 3
    (accessibility): ")
F = open(sequence)
if predictor == '1': prediction = disorder(F)
elif predictor == '2': prediction = sse(F)
else: prediction = accessibility(F)
```

第 11 章 用类化繁为简

学习目标：将数据和函数组成类。

11.1 本章知识点

- 如何用 Python 类代表复杂的事情
- 如何从类中创建对象
- 如何将类用作数据容器
- 如何定义类的方法
- 如何使用__ repr__类方法打印对象
- 如何构建涉及多个类的复杂结构

11.2 案例：孟德尔遗传

11.2.1 问题描述

1856 年，修道士孟德尔进行了豌豆实验，奠定了遗传学的基础。杂交不同品系的豌豆时，他注意观察了表型特征比例。正是因为他的工作，人们了解到除可见的表型外，每种豌豆中都存在着隐性基因型（见图 11.1）。

编写能计算几代豌豆表型的程序并不容易。需要处理很多小事：每颗豌豆的基因型，表型与基因型是如何关联的，以及如何创建新一代豌豆。此外，还需要决定：应该考虑多少表型性状？使用哪种类型的数据？输出会怎样？尽管背后的科学微不足道，其程序代码表示却很复杂。

随着编程技能的提高，读者会发现很难处理只包含循环和变量赋值等一系列命令的大型程序。调试和修改由单一的大代码块组成的程序没有效率，其结果也差强人意。代码行和生物问题之间的联系不再清晰，这会让人很有挫败感。

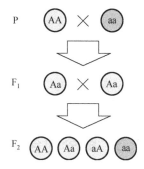

图 11.1 两株杂交豌豆中的显性和隐性基因型

如果能更明确地描述编程涉及到的内容岂不更好？例如，如果知道基因型中有两个绿色等位基因表明豌豆是绿色的，那么能独立地将自己的程序和剩余的程序区分开来吗？作为编程结构，**类**能够帮助描述事物在现实世界中是如何运转的，而且能控制复杂性。

11.2.2　Python 会话示例

　　类代表真正或抽象的对象。本章解释了如何将数据和函数构建成类。按照 Gregor Mendel 的做法，示例程序运用类来模拟豌豆杂交实验。类管理着决定豌豆颜色的基因成分。显性等位基因(呈黄色)和隐性等位基因(呈绿色)分别由"G"和"g"表示。

　　Pea 类包含定义每颗豌豆如何表现的语句。每颗豌豆都有自己的基因型("GG"，"Gg"，"gG"或"gg")，指明是哪种表型("yellow"或"green")。最后，每颗豌豆都可以与第二颗豌豆共同生成后代。

```python
class Pea:
    def __init__(self, genotype):
        self.genotype = genotype

    def get_phenotype(self):
        if "G" in self.genotype:
            return "yellow"
        else:
            return "green"

    def create_offspring(self, other):
        offspring = []
        new_genotype = ""
        for haplo1 in self.genotype:
            for haplo2 in other.genotype:
                new_genotype = haplo1 + haplo2
                offspring.append(Pea(new_genotype))
        return offspring

    def __repr__(self):
        return self.get_phenotype() + ' [%s]' % self.genotype

yellow = Pea("GG")
green = Pea("gg")
f1 = yellow.create_offspring(green)
f2 = f1[0].create_offspring(f1[1])
print f1
print f2
```

　　程序的输出为

```
[yellow [Gg], yellow [Gg], yellow [Gg], yellow [Gg]]
[yellow [GG], yellow [Gg], yellow [gG], green [gg]]
```

11.3　命令的含义

　　程序创建了一颗黄色豌豆(yellow = Pea("GG"))和一颗绿色豌豆(green = Pea("gg"))，将其杂交(yellow.create_offspring(green))，并将所有子代(f1)的表型打印出来。然后将其中两个子代(f1[0]和 f1[1])再次杂交，将第二个子代(f2)也打印出来。所有这些都发生在程序的最后一段。Pea 类的目的之一是使最后一段易于理解。Pea 类与孟德尔观察的真正豌豆有很多共同之处：包含一个基因型(由__init__()定义)，有一个取决于基因型的表型(由 get_phenotype()计算是"yellow"还是"green")，需要第二颗豌豆来生成下一代豌豆(由

create_offspring()生成)。与真正豌豆的区别在于 Pea 类是确定的：杂交两颗相同的豌豆总会生成四个相同的子代，子代涵盖了所有可能的基因型组合。综上所述，Pea 类定义了独立于程序其他部分的结构，完成了如何把基因型转化为表型。

11.3.1　用类创建实例

类是真实或虚构事物的抽象表示。类定义了其所代表的事情将如何表现，但它不包含任何特定的数据。具体数据在对象中，而对象从类中生成，称为**实例**。例如，Pea 类定义为"豌豆有基因型"。类本身没有任何特定的基因型。每个实例都有一个明确定义的基因型("GG"，"Gg"，"gG"或"gg")。因此，Pea 类是所有豌豆柏拉图意义上的"概念"(所有豌豆都有基因型，需要其他豌豆生成下一代豌豆等)，而 Python 中具体的豌豆是一个实例，如 "yellow= Pea("GG")"豌豆以"GG"基因型为特征。使用类之前，首先要对其进行定义，然后编写构造函数，即__init__()函数，最后从这个类中创建实例。

定义类

类通常由关键字 class 定义，其次是类的名称。以 class 开始的代码行以冒号结尾：

```
class Pea:
```

以下整个缩进代码块都属于该类。与 class 语句位于同一缩进级别的下一个指令不属于该类。类代码块后面可以紧跟任何 Python 常规命令：指令、函数或另一个类。

构造函数__init__()

构造函数是一种特殊的函数，定义了类应该包含哪种数据。

在 Python 中，构造函数为__init__()(在 init 前后各有两条下划线)。在 Pea 类中，构造函数定义了单一数据项：

```
def __init__(self, genotype):
    self.genotype = genotype
```

这表明豌豆的基因型由构造函数的第二个赋值指定。构造函数__init__在创建新的实例时被默认地调用了。然后，特定的基因型通过赋值 self.genotype = genotype 存储在内部变量中。这些内部变量称为**属性**(见 11.3.2 节)。属性的工作原理与正常变量极为类似，只是每个变量前面都有 self。正如在正常函数中一样，可以在构造函数中使用默认参数。编写好构造函数以后，就可以使用这个类了。

问答：我觉得__init__前面的两条下划线有点难看。我能给这个函数另起一个名字吗？

不能，构造函数必须命名为__init__()。在调用类时，Python 会自动调用构造函数。名称必须是__init__()，以便 Python 可以识别。

如何创建实例

在创建实例时，为类添加具体数据(见图 11.1)。创建实例时，调用类的方式与调用函数类似，将构造函数所需的除了第一个的所有参数作为参数传递。事实上，不需要为 self 参数明确提供一个值。self 用来告诉类，自己是由哪个实例调用的。例如，在

```
yellow = Pea("GG")
```

中，yellow 是调用 Pea 类的实例（变量）。该命名作为第一个参数隐式地传递给构造函数＿＿init＿＿()。所以，通过输入

```
print yellow.genotype
```

就会打印出"GG"。换句话说，类定义的所有变量变成了调用类的实例的属性。属性的具体值取决于特定实例，而不是类。"GG"是 yellow 实例中 genotype 属性的具体值。11.3.2 节介绍了更多关于类和实例属性的信息。用不同的参数调用同一个类而产生的实例结构相同，但包含的数据不同。在这个示例中，一开始就创建了两个豌豆实例：

```
yellow = Pea("GG")
green = Pea("gg")
```

这些命令创建了两个豌豆实例（存储在 yellow 和 green 变量中），每个实例都有一个不同的基因型（分别为"GG"和"gg"）。每个实例都存储在各自的变量中，它们是完全不同的豌豆，但使用方式相同；Pea 类的属性和方法相同（如下）。

类的工作方式类似于创建实例的函数[①]。创建的对象基本结构相同，但内容不同。创建新的实例时，不改变现有的实例。可以根据自己的需要决定并行的实例数。

11.3.2 类以属性的形式包含数据

实例内的数据存储在属性中。可以通过使用点语法（如 yellow.genotype）读取。可以使用构造函数定义的所有属性名称。在前面定义的 Pea 类中，可以读取任何给定 Pea 实例的基因型属性：

```
yellow = Pea('GG')
print yellow.genotype
```

图 11.2 说明了 Pea 类定义的属性。属性可以像变量一样动态地改变。例如，可以通过重新赋值更新 Pea 实例中的基因型：

```
yellow.genotype = 'Gg'
```

属性可以具有不同的类型：整数、浮点数、字符串、列表、字典甚至其他对象。

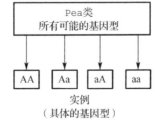

图 11.2　类与实例的对比。在豌豆实例中，每一个豌豆实例都有自己的基因型。Pea 类
为基因型的属性定义占位符，但它本身没有值；它代表所有豌豆的一般属性

---

① 因为其他编程语言对类更严格，所以这不是计算机科学家定义类的确切方式。但在 Python 中，这是类的底线。

问答：如何确定哪些属性在类中可行，哪些不可行？

类是代表表数据的一种方式。类的属性与列相对应，每一行对应一个实例。如果要考虑创建一个类，则应先把类看成一个表。例如，可以在表中为不同豌豆的基因型分组：

基因型	表型
GG	Yellow
Gg	Yellow
gG	Yellow
gg	Green

设计 Pea 类时，基因型是一个属性。表型由基因型计算，但它也可以是一个属性（例如，如果计算需要很长时间）。如果把这些信息编制成表则便于理解，也可以把每一行表示为一个类的实例。

11.3.3　类包含的方法

类中的函数称为**方法**。方法用于处理类中的信息。例如，Pea 类包含通过基因型计算表型的方法：

```
def get_phenotype(self):
    if "G" in self.genotype:
        return "yellow"
    else:
        return "green"
```

在此情况下，get_phenotype()方法使用了 genotype 属性中的数据。self 指向调用该方法的实例，因此使用该方法将会为各个实例产生不同的输出。这就是为什么在调用方法前需要实例的原因（否则 get_ phenotype()将不清楚应该用哪个基因型计算表型）：

```
yellow = Pea('Gg')
print yellow.get_phenotype()
```

图 11.3 表明 Pea 类有 3 个方法：get_phenotype()、create_off-spring()和__repr__()。方法可以像函数一样有默认值和可选参数。类可以有分析、编辑、格式化数据的方法。在类中，将函数分组为方法是将大程序分成更小的逻辑单元的一种途径。

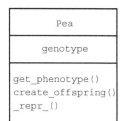

图 11.3　Pea 类的方法

参数 self

通常的函数和方法之间的主要区别是：方法包含 self 参数。如前所述，self 参数包含调用方法的实例。使用 self 可以读取类的所有属性（如 self.genotype）和方法（self.get_phenotype()）。self 参数自动传递给方法。因此，调用方法的参数总比方法定义中的参数少一个。

11.3.4　__repr__方法可打印类和实例

打印从类中创建的对象时，Python 通常会显示如下信息：

```
<Pea object a FFFFx234234ou>
```

这里给出的信息很不充分。可以通过在类中添加一种称为__repr__()的特殊方法以含义更清晰的方式打印对象：

```
def __repr__(self):
    return self.get_phenotype() + ' [%s]' %self.genotype
```

Pea 类的这种方法会返回一个包含实例基因型和表型的字符串。除 self 参数以外，__repr__()方法不需要其他参数。方法定义中不需要 print 语句。

打印 Pea 实例时，__repr__()会被自动调用。不需要明确调用它。打印包含 Pea 实例的列表或使用 str()将实例转换为字符串时，__repr__()方法也会被调用。编写自己的__repr__()方法时，不需要在返回字符串中包括所有信息，只需要包括用户认为必要的信息，以生成简明的报告。一般而言，__repr__()有助于很好地规定数据的格式。因此，这应该是新的类中首要实现的方法之一。

问答：如何从我的数据中创建不同类型的输出？

可以创建几个方法，每个输出格式对应一种方法。例如，可以在制表符分隔输出的 Pea 类中添加一个额外方法：

```
def get_tab_separated_text(self):
    return '%s\t%s' % (self.genotype, self.get_phenotype())
```

现在可以用__repr__()格式打印 Pea 实例的简明报告，用 get_tab_separated_text()生成一代豌豆的表格式报告：

```
for pea in f2:
    print pea.get_tab_separated_text()
```

11.3.5　使用类有助于把握复杂程序

使用类有助于获得结构化的可扩展代码，即便对小任务也是如此。但把类设计好并不太容易。定义一个类时，只需要决定类应该包含哪些属性和方法。涉及两个类时，还需要考虑是 A 类应该知道 B 类、还是 B 类应该知道 A 类、或两者兼而有之。涉及更多类时，可用选项的数量会激增。

作为非专家程序员，不需要太担心这些关系。可以选取一些有用的方法将类作为孤立的数据容器来构建，让主程序处理剩下的事情。如果可以让数据管理变得更容易，这就已经是一个不小的成就了。好方法起始于基本操作，不需要任何额外数据，如 get_phenotype()方法。典型的例子是：方法可以将数据从实例写入文件，计算简单的统计或比较同一个类的两个实例。

积累更多经验后，可以尝试定义一个类来引用其他类或继承这些类（见例 11.3）。在 Python 中，还可以自定义+、-、<、> 等运算符在类中的实现，以方便排序等工作。高效定义类的专业设计原则如下。每个类应该负责一件具体的事情，称为"**单一职责原则**"。应避免重复的代码，称为"**不要重复自己原则**"。**设计模式**提供行之有效的方法让类能够协同工作，以此帮助创建结构良好的架构（http://sourcemaking.com/）。这些严谨结构的目的是让程序更容易阅读和理解，而不是更加复杂。

类有助于控制程序的复杂性。最重要的是将数据分组放入独立的对象,让它们相互沟通。使用类可以明白程序中的各个部分是如何独立于整体程序而运行的。与使用函数相比,使用类能更清楚地区分职责,因为在类的实例中,数据和方法彼此之间紧密联系着。前述例子中的 Pea 类负责将基因型转化成表型,无论在哪个程序中使用都可以。一个好的类可以使代码的自我解释性更强,可重复使用。

问答: 据说应该用类编写整个程序。

编写大程序,尤其是团队的程序员一起工作时,使用类有很多优势。但是读者可能大多数情况下都在编写小程序,所以不需要协调 5 个或 5 个以上的人。如果读者的程序只有一个或两个屏幕页面那么长,甚至根本不需要类,只需列表和字典就足够了。只有在程序不断扩展时才有必要引入更多的结构,如使用类。Java、Smalltalk 等语言要求将一切都写成类。Python 没有那么严格。可以将类和函数、非结构化代码混合使用。可利用这一优势:使用类来细分程序的复杂部分、对于简单部分则使用简单代码。

11.4　示例

例 11.1　从模块中导入类

想要重复使用类,最好将它们放置在不同的模块中。然后,可以将它们导入,在不同的 Python 程序中创建对象。例如,重复使用 Pea 类需要执行以下操作:

1. 创建一个新的文本文件 pea.py。
2. 粘贴类定义(从关键字 class 至__repr__()方法结尾部分的整个代码块)。
3. 从同一个目录中的另一个 Python 程序中导入类。也可以将目录的路径添加至变量 sys.path(这是一个列表,见 14.3.3 节),这样就能从不同的目录导入类。

在单独的程序中创建 Pea 类实例的代码很简短:

```
from pea import Pea
green = Pea('gg')
print green
```

如此一来,只需要保存一份类定义即可。

例 11.2　结合两个类

类的属性可以存储通常 Python 变量可以存储的任何内容。基于此,可以结合两个或两个以上的类来创建更复杂的结构。例如,可能用 PeaStrain 类管理一组豌豆(见图 11.4):

```
from pea import Pea

class PeaStrain:
    def __init__(self, peas):
        self.peas = peas

    def __repr__(self):
        return 'strain with %i peas'%(len(self.peas))
```

```
yellow = Pea('GG')
green = Pea('gg')
strain = PeaStrain([yellow, green])
print strain
```

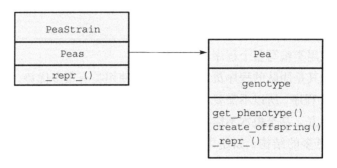

图 11.4 管理 Pea 类实例的 PeaStrain 类

strain 实例包含一个带有两个 Pea 实例的列表。也可以将此列表作为一个属性直接读取：

```
print strain.peas
```

例 11.3 创建子类

可以通过继承其他类来扩展类的功能。某一个类的属性和方法可以从其他类继承。被继承的类称为**基类**或**父类**，继承类称为**派生类**或**子类**。例如，若想让豌豆包含注释，则可以定义一个从 Pea 类继承的 CommentedPea 类：

```
class CommentedPea(Pea):

    def __init__(self, genotype, comment):
        Pea.__init__(self, genotype)
        self.comment = comment

    def __repr__(self):
        return '%s [%s] (%s)' % (self.get_phenotype(),
        self.genotype, self.comment)

yellow1 = CommentedPea('GG', 'homozygote')
yellow2 = CommentedPea('Gg', 'heterozygote')
print yellow1
```

程序输出为

```
yellow [GG] (homozygote)
```

除了已添加的那些，CommentedPea 子类与 Pea 类的方法和属性一样。例如，Pea 类 get_phe-notype() 方法的工作方式并未改变。注意，__init__() 方法调用父类方法。可以重新定义子类中的方法来替换或改变功能。例如，添加至 CommentedPea 的 __repr__() 方法也返回了注释。综上所述，子类化扩展了现有类的功能。可以这样看待子类化：CommentedPea 是一种特殊的 Pea，Pea 并不是 CommentedPea 的生物学父亲。

11.5　自测题

11.1　创建一个类

可以创建一个离子通道蛋白质结构信息表格[①]。表格包含蛋白质名称、PDB 数据库中的结构标识符和跨膜螺旋的骨干平均扭转角 φ 和 ψ。

离子通道名称	PDB 代码	平均 φ 角	平均 ψ 角
Potassium channal	1jvm	354.2	351.7
Mechanosensitivity channel	1msl	359.2	345.7
Chloride channel	1kpl	361.3	344.6

创建一个类定义来表示离子通道蛋白质，执行 __init__() 方法。类的属性应该对应于表格的列名。

11.2　从类中创建对象

创建包含自测题 11.1 中表格数据的 3 个离子通道对象。打印每个对象。运用点语法从主程序中打印出属性。不用给类添加额外的方法。

11.3　让类可以打印

给类添加一个方法，以返回代表离子通道的格式良好的字符串。再次打印三个离子通道。

11.4　为类创建一个单独的模块

创建导入离子通道类的第二个 Python 文件。将命令移到新文件，导入类。确保程序产生的输出与之前相同。

11.5　用方法执行类

创建类 DendriticLengths，管理类似于第 3 章中的树突长度列表。构造函数应该选取一个文件名作为参数，并将树突长度列表作为属性创建。类应该有 3 个方法：一种用于计算平均长度，一种用于计算标准差，__repr__() 方法将条目数作为字符串返回。以这种方式编写一个类，使如下代码不经修改便可运行：

```
>>> from neurons import DendriticLengths
>>> n = DendriticLengths('neuron_lengths.txt')
>>> print n
Data set with 9 dendritic lengths
>>> print n.get_average()
184.233666667
>>> print n.get_sttddev()
151.070213316
```

[①] Hildebrand, P. W. , R. Preissner, and C. Froemmel. *Structural features of transmembrane helices*. FEBS Letters 559, 2004, pp. 145-151.

第 12 章 调 试

学习目标：检测、消除程序错误。

12.1 本章知识点

- 程序无法工作时应该怎么做
- 如何发现并修复典型的 Python 错误
- 如何编写易于发现错误的程序
- 向谁寻求帮助

12.2 案例：程序无法运行时应该怎样处理

12.2.1 问题描述

　　程序员并不是完美无缺的。在忽略小细节、身心疲惫或想要解决的问题很复杂时，我们就会犯错。即便是经验丰富的程序员也总会犯错。这是编程的正常组成部分。程序越大，包含的错误越多。接受了程序包含错误这一观点后，便可以考虑接下来的逻辑问题：如何修复程序？程序无法工作时应该怎么处理？如何发现并消除错误？如何知道所有的错误都已修复？后者与科学研究尤为相关，因为如果在错误计算的基础上开展科研工作，结果就没有多大意义了。

　　本章将讲解 Python 中不同类型的错误以及如何修复或避免这些错误。读者会学习如何解决三种错误：**语法错误、运行时错误、逻辑错误**。语法错误是指程序代码中有错误符号，Python 无法识别，会导致程序无法启动。运行时错误是指代码中的错误会导致程序在运行时突然中止。逻辑错误表明程序可以正常结束，但结果是错误的，因为程序处理的内容与预期内容并不一致。本章将介绍一些策略，以帮助读者编写包含较少错误且易于发现错误的程序。如果尝试这些努力后问题仍未得到解决，则可以寻求帮助(见专题 12.1)。

　　为了全面了解调试的各个方面，需要分析问题程序。下面这个程序应该能将文本文件的树突长度分为三类。输入的文本文件由两列构成，包括主树突长度和二级树突长度：

```
Primary       16.385
Primary      139.907
Primary      441.462
Secondary     29.031
Secondary     40.932
Secondary    202.075
Secondary    142.301
Secondary    346.009
Secondary    300.001
```

程序应该计算有多少神经元小于 100 μm，有多少超过 300 μm，有多少介于二者之间。

专题 12.1　寻求帮助

调试并不那么容易。很多程序员认为它比编程本身困难得多。完全沉浸在自己的代码中将很难发现问题。遇到困难时会迷失在细节中，忽略他人看来很明显的东西。在这种情况下，让另一个人来审视通常会起作用。这些人可以是：

- 经验丰富的程序员。他们喜欢解决难题。
- 可以解释程序给经验相当的同事听。解释通常有助于发现思想出错的地方，或者同事可能会提出一个好的问题来引导你找到出错的代码。
- 非程序员。向非程序员解释想完成的事情需要简化概念，这可能也会有帮助。
- 自己。由于疲惫，可能会忽略简单的程序错误。如果解决同一错误的时间超过 20 分钟，那么需要休息一会儿。不是关闭浏览器，而是真正的休息。关掉屏幕，休息片刻后再回来。然后考虑程序应该完成什么任务，它是否真的在完成这些任务。

承认自己目前遇到了困难并将问题讲给另一个人听，通常可以最快地得到立刻解决问题的暗示，或者这可以让自己深呼吸，重获解决代码问题的新能量。

12.2.2　Python 会话示例

```python
def evaluate_data(data, lower=100, upper=300):
    """Counts data points in three bins."""
    smaller = 0
    between = 0
    bigger = 0
    for length in data:
        if length < lower:
            smaller = smaller + 1
        elif lower < length < upper:
            between = between + 1
        elif length > upper:
            bigger = 1
    return smaller, between, bigger

def read_data(filename):
    """Reads neuron lengths from a text file."""
    primary, secondry = [], []

    for line in open(filename):
        category, length = line.split("\t")
        length = float(length)
        if category == "Primary"
            primary.append(length)
        elif category == "Secondary":
            secondary.append(length)
    return primary, secondary

def write_output(filename, count_pri, count_sec):
    """Writes counted values to a file."""
    output = open(filename,"w")
    output.write("category <100 100-300 >300\n")
    output.write("Primary : %5i %5i %5i\n" % count_pri)
```

```
    output.write("Secondary: %5i %5i %5i\n" % count_sec)
    output.close()
primary, secondary = read_data('neuron_data.xls')
count_pri = evaluate_data(primary)
count_sec = evaluate_data(secondary)
write_output_file('results.txt',count_pri,count_sec)
```

12.3　命令的含义

这个程序应该分析树突长度的两列表。输入表在 neuron_data.txt 文件中。尝试运行这个程序时便会看到 Python 突然中止，显示出错信息：

```
File "neuron_sort.py", line 23
    if category == "Primary"
               ^
SyntaxError: invalid syntax
```

乍一看，代码看起来挺好。那么哪里出错了呢？应该如何修复呢？此时读者应该逐个发现错误。

12.3.1　语法错误

读者之前可能见过这样的信息

```
SyntaxError: invalid syntax
```

SyntaxError 表明 Python 解释器无法理解代码的某一行，突然中止了。错误原因通常是关键字或特殊字符出现拼写错误或位置错误。例如，代码拼写的是 prin 而不是 print，或用分号[1；2；3]而不是逗号[1，2，3]来定义列表。

语法错误是最容易发现的编程错误。查看代码可以发现更多语法错误。Python 不仅可以指出出错的行号(本例中是第 23 行)，还可以用符号 ^ 注明问题发生在哪里：

```
File "neuron_sort.py", line 23
    if category == "Primary"
               ^
```

如果没有马上发现错误，则在文本编辑器中检查相应的行。确保所使用的文本编辑器能显示行号(除 Windows 记事本之外的几乎所有编辑器都能显示)。同时，与 IDLE 编辑器类似的 Python 语法高亮显示功能有助于在运行程序前发现错误。诸如 Eric 之类的一些高级编辑器能立即用大红圆点标记语法错误。有些语法错误可能很难发现。专题 12.2 列举了可以尝试去发现的方面。如果在尝试所列举的各个方面后仍然没有发现错误，那可以问问其他程序员。他们都是因为喜欢解决难题才开始编程的。

专题 12.2　如何处理 SyntaxError
- 检查语法错误消息中高亮显示的行之前的那一行。
- 如果有 if，for 或 def 语句，在行的结尾处是否有冒号(:)？
- 如果前面使用了字符串，结束部分是否合理(在用"""和'''使用多行字符串时尤其需要检查这一点)？

- 如果有列表、字典或元组延伸到多个行，是否有表示结束的右括号？
- 检查代码中是否混合了缩进空格和制表符。它们看起来一样；因此，从一开始就一致地使用空格会好得多。
- 把发生错误的行或整段代码注释掉。语法错误消失了吗？如果看到的出错信息发生了变化，就已经锁定了问题发生的区域。
- 删除发生错误的行或整段代码。语法错误现在消失了吗？
- 是否在用 Python 3.x 运行 Python 2.7 代码？Python 2.x 中的 print 命令在 Python 3.x 中是一个 print() 函数。在这种情况以及其他一些情况下，Python 2 和 Python 3 的代码不兼容。

在程序中，第 23 行的冒号不见了。正确的行应该是：

```
if category == "Primary":
```

12.3.2 运行时错误

在添加缺失的冒号并再次运行该程序时，会看到一条不同的信息：

```
File "neuron_sort.py", line 37, in <module>
    primary, secondary = read_data('neuron_data.xls')
File "neuron_sort.py", line 20, in read_data
    for line in open(filename):
IOError: [Errno 2] No such file or directory:
'neuron_data.xls'
```

如果代码没有语法错误，Python 就会试图逐行执行程序。从此时起看到的所有错误消息都称为运行时错误。这通常意味着 Python 在试图执行代码某一特定的行，但在执行过程中出现了错误。从好的方面说，至少现在知道程序在语法上是正确的。

造成这类错误的可能原因有很多。也许程序在试图使用不存在的变量或无法找到文件。为了修复错误，在任何情况下都需要分析究竟发生了什么。常见的策略就是**从下向上阅读出错消息**。有两件事需要确定：

- 最后一行的错误类型（本例为 IOError）
- 发生错误的最内层函数位于哪一行（本例为第 20 行；第 37 行只是调用了指向第 20 行的函数）

Python 知道各种各样的运行时错误。我们接下来会讨论最重要的错误。

IOError

程序试图与输入或输出设备（文件、目录或网站）通信，但是发生了一些错误。对于文件，最常见的原因是文件或目录的名称出现了拼写错误。也有可能是因为用户没有权限或文件已经打开，从而导致程序无法读写给定的文件。对于网页，原因可能是 URL 错误或网络连接出现问题。

在考虑其他任何原因之前，请检查文件的名称、目录或网页。在产生错误之前一行添加 print 指令，可将文件名从程序打印到屏幕上：

```
print filename
for line in open(filename):
```

将文件名检查两次，注意空格和大小写字母。对于文件，还要在文件浏览器或终端中进行复查，查看文件是否真正位于期望的目录中。检查程序是否真的在期望的目录中启动（程序有多个副本，就使得这种错误极为常见）。

如果正在读取网站，将地址复制并粘贴至浏览器中。在仔细检查文件名后，IOErrors 通常很容易修复。很有可能不会再看到同样的问题。12.2.2 节的示例程序中有这样一个拼写错误。要想去除 IOError，将文件名从 neuron_data.xls 改为 neuron_data.txt 就够了。

NameError

在修复了先前的错误后，出现了一条新的出错信息：

```
Traceback (most recent call last):
    File "neuron_sort.py", line 37, in <module>
        primary, secondary = read_data('neuron_data.txt')
    File "neuron_sort.py", line 26, in read_data
        secondary.append(length)
NameError: global name 'secondary' is not defined
```

NameError 表示当前出现的变量、函数或其他对象的名称是 Python 无法识别的。错误行的位置非常重要，因为程序中目前的命名空间、所有已知名称和变量的设置时刻都会发生变化，例如，当重新定义新变量时，当程序跳转到一个函数并返回时，或当输入外部模块时。NameError 常见的原因如下所示。

- 未输入名称。忘记从另外的模块中导入变量或函数。除非使用 import *[1]，否则很容易发现是否导入了特定名称的模块（因此更倾向于选择 import name 而不是 import *）。
- 没有给变量设置初始值。比如，如果想用一个变量计数并编写了一行代码：

  ```
  counter = counter + 1
  ```

  则需要给变量的前面某处设定初始值：

  ```
  counter = 0
  ```

  如果变量的初始值取决于某一条件，那么问题可能会有些棘手，例如，

  ```
  if a > 5:
      counter = 0
  counter = counter + 1
  ```

  如果 a 的初始值为 6 或大于 6，这段代码就可以运行；否则就会因为出现错误而终止，因为没有定义 counter。因此，变量初始化应该始终是无条件的。
- 变量或函数名的拼写出现错误。这是一个非常频繁出现的错误。难以追踪该错误的原因在于拼写错误并不总是发生在出错消息所在的那一行。例如，如果检查前面脚本中的第 26 行，会发现 secondary 的拼写是正确的。所以需要检查其上面的代码，看变量定义时的拼写是否正确。

NameErrors 的一个很好的诊断工具是将如下的行

```
print dir()
```

添加到程序中发生错误的前一行。然后便会看到 Python 可以识别的变量列表（内置函数除

---

[1] import * 导入大量的名称，使[·]名空间管理变得复杂。——译者注

外）。在这个例子里就是

```
['category', 'filename', 'length', 'line', 'primary',
'secondry']
```

现在更容易看到 secondry 的拼写是错误的。当在代码中搜索拼写错误的版本时，会发现它在第 18 行。因此，在第 18 行，可以通过用 secondary 代替 secondry 来修复这个 NameError。另一个 NameError 发生在第 40 行，可以通过将该行的 write_output_file 换成 write_output 来修复错误。现在，neuron_sort.py 程序在运行时没有出现错误，并产生了一个输出文件。Python 中频繁发生的其他类型的错误包括 ImportError、ValueError 和 IndexError。例 12.1 至例 12.3 分别对此进行了说明。

12.3.3 处理异常情况

在 12.2.2 节的示例程序中，像 IOError 一样因为文件名拼写错误而发生的错误极为常见。可能出现问题的另一种情形为，程序所期望的某种数据格式并不总是存在。如果已经知道会出现这些问题，就可以让程序预测问题并做出相应的反应，而不是在每次发生问题时不得不启动调试。Python 中的**异常处理**可以这样做。

try...except 语句

try...except 语句可以在程序中止前捕获到程序错误。预期的运行时错误的语句集合插入在以 try 开始的缩进代码块中，而对错误做出反应的语句插入在以 except 开始的缩进代码块中。try...except 语句通过在 except 语句中指定要处理的异常类型来处理异常。例如，可以使用 except 语句作用于特定的错误类型：

```
try:
    a = float(raw_input("Insert a number:"))
    print a
except ValueError:
    print "You haven't inserted a number. Please retry."
    raise SystemExit
```

在前面的示例中，所预期的异常(ValueError)是作为参数赋予 except 语句的：只有在 ValueError 异常的情况下才会进入相应的缩进代码块执行；不会处理任何其他类型的异常。raise SystemExit 创建了以可控方式中止程序的异常。如果想处理多个异常，则可以添加与期望处理的异常数量相等的代码块。

如果未在 except 语句中指定任何参数，try 代码块中的异常(无论哪种类型)都将导致程序执行 except 代码块。这样可以确保程序在任何情况下都以可控的方式中止，但会减弱对当前情况的控制，因为无法确定是 try 代码块中的哪种运行时错误引起了对 except 代码块的执行。

else 语句

可以有选择性地将 else 语句添加在 try...except 代码块之后。如果 try 代码块没有产生异常，即如果 except 语句都未被执行，那么由 else 控制的语句集就会被执行。

```
try:
    <statements>
except:
    <statements>
else:
    <statements>
```

else 语句的一个实际用途在于能读取从键盘输入的文件名，并且只有在文件可以打开时才会处理文件：

```
try:
    filename = raw_input("Insert a filename:")
    in_file = open(filename)
except IOError:
    print "The filename %s has not been found." % filename
    raise SystemExit
else:
    for line in in_file:
        print line
        in_file.close()
```

通过只在 try 代码块中输入想控制的异常语句，使用 else 可以充分利用异常处理，更好地组织代码。

总结一下。try...except 语句可以让程序对错误做出反应。首先，try 代码块被执行。如果解释器没有遇到任何异常，except 语句就会被忽略，执行的是 else 代码块（如果存在）。如果在执行 try 代码块期间发生异常，剩下的代码块会被忽略，解释器会跳到 except 语句处理相应类型的异常。如果没有能处理错误的 except 语句，执行就会中止并报告出错信息。

12.3.4　未报告出错信息

有一些程序错误不会产生出错信息。它们是无声的错误。程序在运行，但没有执行本应该执行的任务。这是调试过程中最具挑战的情况，因为首先必须确定存在问题，然后定位并消除问题。现在可以开始阅读代码，努力地逐步进行分析，检查变量和函数名等。但是这样会非常困难，因为不知道要搜索什么。为了找出问题所在，需要更多信息。

从哪里开始？

"我还没有数据。在掌握数据前建立理论是一个巨大的错误。不知不觉地，就开始扭曲事实以适应理论，而不是让理论符合事实。"[①]

追踪错误需要尽可能多地搜集信息。可以使用夏洛克·福尔摩斯(Sherlock Holmes)调查中发现的演绎方法。在面对神秘的情况时，侦探通常先搜集事实，然后再排除可能性，最后得出逻辑结论。在编程中，如果函数 A 和函数 C 均运行正常，那么问题肯定发生在函数 B 中。因此，在程序运行时需要观察其各部分。有三种方法：(1)比较程序的输入和输出，(2)添加 print 语句，(3)使用 Python 调试器。

---

① 选自 *The Adventures of Sherlock Holmes*，作者为 Arthur Conan Doyle 爵士。

比较程序的输入和输出

首先比较程序的输入和输出。使用一个小范例文件进行测试。在输入文件已给定的情况下运行 neuron_sort.py 程序，即可获得 results.txt 文件，该文件包括三行：

```
category <100 100-300 >300
Primary: 1 1 1
Secondary: 2 2 1
```

输入文件 neuron_data.txt 中包括 9 行。因此，表也应该包括 9 个计数。可以看到只有 8 个计数。更准确地说，最后一列的二级神经元应该为 2。结论：有一个错误导致一个长度大于 300 的神经元没有被统计。表的其余部分似乎未受影响。

添加 print 语句

可以在代码的任何地方添加 print 语句以打印变量和函数结果，或者表明已经到达了某一给定的行。如果选择这种策略来追踪无声的错误，则在可能出错的一段代码前后添加 print 语句。然后运行程序并手工检查输出。可以通过上下移动 print 语句缩小出错的范围。

在 neuron_sort.py 程序中，六个二级神经元中有一个没有正确计数。可以将第一个 print 语句添加到脚本的最后一段，以检查各函数是否有效：

```
primary, secondary = read_data('neuron_data.txt')
print secondary
count_pri = evaluate_data(primary)
count_sec = evaluate_data(secondary)
print count_sec
write_output('results.txt',count_pri,count_sec)
```

第一个 print 语句将各二级神经元长度列表写入屏幕：

```
[29.031, 40.932, 202.075, 142.301, 346.009, 300.001]
```

读者可以看到输入文件的所有六个数字都在列表中。由此可得出结论：read_data() 函数运行正常。

第二个 print 语句将三个长度的二进制计数写入屏幕：

```
(2, 2, 1)
```

从输入数据可以看出这个元组应该是 (2,2,2)。现在可以得出结论：问题一定出在 evaluate_data() 函数中。需要更仔细地检查那里的代码。可以在那里添加更多 print 语句或使用 Python 调试器检查。

使用 Python 调试器

Python 调试器是一个工具，可以逐步执行程序并观察各行的运行情况。它可提供一个 shell，可以从中检查、修改变量并逐行执行。使用 Python 调试器需要在程序中插入两行：

```
import pdb
pdb.set_trace()
```

当到达这些行时，Python 会暂停程序的执行并允许在 shell 窗口中用几个可用的命令来控制程序：

- 利用"n"可以执行下一行。
- 利用"s"可以执行下一行但不延伸至函数。
- 利用"l"可以指明程序目前在代码中所处的位置。
- 利用"c"可以继续正常执行。

除此之外，常规的 Python shell 中可做的事情都可以在这里照做。要想分析 neuron_sort.py 中 evaluate_data() 函数的错误，可以启动该函数中的调试器。

```
def evaluate_data(data, lower = 100, upper = 300):
    """Counts data points in three bins."""
    import pdb
    pdb.set_trace()
```

启动程序时，调试器便启动了：

```
> neuron_sort.py(6)evaluate_data()
-> smaller = 0
(Pdb)
```

(Pdb)是调试器的提示。所显示的行是下一个要执行的行。现在可以通过在(Pdb)提示中输入 data 来检查函数获得了哪些参数：

```
(Pdb) data
[16.385, 139.907, 441.462]
```

这是主神经元的数据列表。因为已经知道问题出在二级神经元，所以可以输入"c"来继续程序。程序结束主神经元的运行，开始二级神经元的运行。片刻之后，当 evaluate_data() 函数第二次被调用时，调试器再次在同一位点停止。这一次，我们获得了二级神经元：

```
(Pdb) data
[29.031, 40.932, 202.075, 142.301, 346.009, 300.001]
```

现在可以数次输入"n"以逐行追踪执行。这时会发现以

```
-> for length in data:
```

开始的代码行在调试器的输出中反复出现，数据中的六项各一次。通过在调试器提示中输入 length，可以在执行带"n"的 for 语句后随时检查 length 的值：

```
(Pdb) n
> neuron_sort.py(11)evaluate_data()
-> between = 0
(Pdb) n
> neuron_sort.py(12)evaluate_data()
-> bigger = 0
(Pdb) n
> neuron_sort.py(14)evaluate_data()
-> for length in data:
(Pdb) n
> neuron_sort.py(15)evaluate_data()
-> if length < lower:
(Pdb) length
29.030999999999999
(Pdb)
```

调试器的屏幕输出显示了对于数据列表的各个值已执行了哪些行。前两个值所执行的

行如下：

```
-> if length < lower:
-> smaller += 1
```

对于第二组的两个值，执行的行如下：

```
-> if length < lower:
-> elif lower < length < upper:
-> between += 1
```

这里可以看到，length 值的 if length< lower:条件返回 False。因此，在这一行后，执行的是第二个 if 条件。对于最后两个值，

```
-> if length < lower:
-> elif lower < length < upper:
-> elif length > upper:
-> bigger = 1
```

这时，会发现代码行 bigger = 1 看起来应该与另外两个累加语句类似。将该行换成

```
-> bigger += 1
```

之后，程序就会无错误地运行。

12.4　示例

例 12.1　ImportError

出现 ImportError 意味着 Python 试图导入一个模块，但失败了。可能有两个原因：要么未发现模块，要么模块不包含试图导入的内容。可以：

- 检查模块名称的拼写。
- 验证启动程序的目录。想要导入的模块在期望的位置吗？
- 如果手工安装导入的 Python 库，可以尝试：

```
import sys
print sys.path
```

- 在那里应该列出想要导入的目录。是否确实列出该目录呢？如果没有，需要（在 UNIX 或 Windows 级别上）将其添加到 PYTHONPATH 变量或附加到 sys.path 列表中。检查是否可以首先导入模块本身：import X。
- 然后尝试能否使用 from X import Y 导入变量和函数。
- 如果导入子目录（如 import tools.parser），目录是否包含必须有的 Python 文件__init__.py?
- 可以检查重复命名。如果模块或函数的名称与从 Python 标准库中导入的函数名称相同，就意味着出现了麻烦。更改模块名称，看问题是否得到解决。使用 import * 将很难发现此类问题，所以最好不要这样做。

例 12.2　ValueError

当一项运算的两个变量互不相容时会发生 ValueError。例如，当试图将一个整数加上字符串时。原因可能是在读取文件时忘了使用 int() 或 float() 函数转换数据。另一种可能

是忘了写入[i]索引来访问列表元素，Python 接下来试图处理整个列表，而不是列表内容。将列表添加至数字也会引起一个 ValueError。ValueError 的不错的诊断工具是在出错行前添加 print 语句。例如，如果 a 加 b 出现了错误，则可以通过添加如下内容来看其类型是否兼容：

```
print a, b
result = a + b
```

或者

```
print type(a), type(b)
result = a + b
```

如果在例 a 中是[1, 2, 3]（或 type(a)是"list"），b 是 4（或 type(b)是"int"），这样就是不匹配的，从输出中可以看到。

例 12.3 IndexError

当 Python 无法在列表或字典中找到某一元素时，会出现 IndexError。例如，如果有一个包括三个条目的列表，通过[3]从零开始访问第四项就会引发错误：

```
>>> data = [1, 2, 3]
>>> print data[3]
Traceback (most recent call last):
    File "<pyshell#3>", line 1, in <module>
        print data[3]
IndexError: list index out of range
```

在列表或字典较大，索引变量较多，结构较复杂的情况下，对 IndexErrors 的分析更复杂。可以添加 print 语句显示全部数据和使用的其他变量，或用 keys()函数显示字典键。如果问题比较复杂，则需要更全面地分析错误。然后，情况就会类似于那些不显示任何出错信息的错误。

例 12.4 编写可读代码

程序员的工作不在于编写无错误的程序。没有人可以做到这一点。即便是最优秀的程序员也无法一次性地编写出准确无误的程序。程序员的工作在于编写出易于发现错误的程序。一般而言，通过良好的代码模块化（如第 10 章、第 11 章所述）、对编程项目的良好组织（见第 15 章）以及格式良好的代码，就能增强代码的可读性。良好的格式有如下特点：

- 对变量和函数使用描述性名称。代码行

  ```
  for line in sequence_file:
  ```

  提供的有关程序的信息多于代码行

  ```
  for l in f:
  ```

- 最好是能更明确地描述数据种类，而不仅仅是给出变量类型的名称：sequence 胜过 text、seq_length 胜过 number。
- 函数名应该以（表示函数指令的）动词开始，包含一至三个单词：read_sequence_file 比 read 或 seq_file 更易理解。不能像书写英语文本一样编写程序，但两者有时非常接近。
- 写注解。注解有助于代码阅读人员了解程序在做什么。最重要的是在程序或函数最开始的部分给出简短描述。但是不需要对每件事情添加注解。通过命名变量和函数可使许多内容更易于理解。随着程序的设计过程进一步深入，注解很快就会过时。根据经验，可以使用注释作为难以理解的程序段落式文档行的注解。

- 避免使用 import * 语句。无论何时导入某些内容，都要添加所导入的所有对象的明确名称。例如，不要写

```
from math import *
```

最好是写

```
from math import pi, sin, cos
```

这样使代码更易于分析。

- 使用类似 PEP8 的形式统一代码的格式（见第 15 章）。

12.5　自测题

12.1　调试 12.2.2 节的 Python 会话

将 12.2.2 节中的示例复制到一个文本文件中，追溯本章中描述的所有指令来对其进行调试。特别注意在使用 Python 调试器 pdb 时会发生什么。

12.2　使用 try...except 语句

一旦调试成功，就让程序对丢失的输入文件做出反应。将合适的 try...except 语句添加至 12.2.2 节，可以捕获 IOErrors 并整齐地显示出错信息。

12.3　文件和数字异常情况处理

编写一个脚本来从文本文件的一列中读取一组数据，将数字转换为浮点数并计算其均值（见例 3.1）和标准差（见例 3.2）。在输入文件中添加一些包含" -"而不是数字的行。这会产生哪些错误呢？使用异常处理跳过那些行，但是要打印出一条警告消息。

12.4　嵌套 try...except 语句

使用嵌套 try...except 语句，将附加的 try...except 代码块插入现有的 except 或 else 代码块，就能更好地控制错误。修改自测题 12.3 的脚本，使用嵌套 try...except 代码块来处理错误的文件名和输入数据中的非数字符号。

12.5　标准输入和数字的异常情况处理

做法与自测题 12.3 一样，但要从键盘而不是文件中读取数据。必须使用相同的 try...except 代码块吗？为什么？

提示： 使用 raw_input() 从标准输入中读取数据。

在读取标准输入时，可以通过插入一个条件来停止数字插入。例如，

```
input_numbers = []
number = None
while number != 'q':
    number = raw_input("Insert a number: ")
    input_numbers.append(number)
```

第13章　使用外部模块：R 语言的 Python 调用接口

学习目标：学会使用 Python 进行 R 统计分析。

13.1　本章知识点

- 如何从 Python 脚本中运行 R 命令
- 如何将 R 输出保存至 Python 变量中
- 如何从 Python 对象（如元组）中生成 R 对象（如向量）
- 如何从 Python 中自动生成 R 图

13.2　案例：从文件中读取数据，并通过 Python 使用 R 计算其平均值

13.2.1　问题描述

生物学家们时常需要进行数据统计分析并作图。R（www. r-project. org/）是统计计算和图像分析最常用的软件之一。在许多情况下，读者会发现从 Python 脚本中调用 R 非常有用。

例如，如果必须计算几种数字分布的平均值和标准差，每种分布记录在一个不同的文件中，且想要自动创建一个或多个图，那么可以将计算的许多任务分配至 R，使用 Python 来连接它们。这一章假设读者已经了解 R 是如何工作的。如果没有，则强烈建议读者在熟悉 R 的基本知识后再阅读这一章。

Python 有两个模块 RPy 和 RPy2 可与 R 连接。RPy2 是 RPy 的重新设计版本。本章使用的所有例子均使用 RPy2，这也是我们推荐使用的版本。必须将模块下载、安装并导入至脚本或 Python 会话中（见专题 13.1 中的 RPy2 安装）。

专题 13.1　安装 R 的 Python 接口

安装 RPy 或 RPy2 可能是本章最困难的事情。事实上，必须选择与计算机中安装的 R 和 Python 版本相一致的 RPy 或 RPy2 发行版。

如果电脑上可用 easy_install，则只需输入 UNIX/Linux shell

```
sudo easy_install rpy2
```

easy_install 是一个 Python 模块，可以自动下载、构建、安装和管理 Python 包。若要检查这个包在电脑上是否可用，可以从命令行终端输入

```
easy_install
```

如果出现警示（或类似的语句）

```
error: No urls, filenames, or requirements specified (see- help)
```

而不是

```
easy_install: Command not found.
```

则表明电脑上已经有 easy_install，否则可以访问网址 https://pypi.python.org/pypi/setuptools[①]。

下面的会话将执行简单的 R 操作，如创建向量、建立矩阵、从文件中读取数据以及计算一组数字的均值。一旦了解通过 Python 使用 R 的原理，就会发现很容易从 Python 中访问任何 R 函数。

13.2.2　Python 会话示例

Python 命令

```
import rpy2.robjects as robjects
r = robjects.r
pi = r.pi
x = r.c(1, 2, 3, 4, 5, 6)
y = r.seq(1,10)
m = r.matrix(y, nrow = 5)
n = r.matrix(y, ncol = 5)
f = r("read.table('RandomDistribution.tsv', sep = '\t')")
f_matrix = r.matrix(f, ncol = 7)
mean_first_col = r.mean(f_matrix[0])
```

等价的 R 命令

```
> p = pi
> x = c(1,2,3,4,5)
> y = seq(1,10)
> m = matrix(y, nrow = 5)
> n = matrix(y, ncol = 5)
> f = read.table('RandomDistribution.tsv',sep = '\t')
> f_matrix = matrix(f, ncol = 7)
> mean_first_col = mean(f[,1])
```

图 13.1 展示了 RandomDistribution.tsv 文件的部分内容。

---

① 也可以用 pip 方式安装，包含在 Python 发行版中。具体用法可通过 Internet 搜索查询。——译者注

6071	103	0.0169659034755	40	0.00658870037885	276	0.0454620326141
6106	109	0.0178512938094	38	0.00622338683262	265	0.0433999344907
6148	93	0.015126870527	65	0.01057254391670	261	0.0424528301887
6119	114	0.018630495179	32	0.00522961268181	239	0.0390586697173
6118	87	0.0142203334423	47	0.00768224910101	287	0.0469107551487
6154	104	0.0168995775106	52	0.00844978875528	277	0.0450113747156
6154	118	0.019174520637	31	0.00503737406565	258	0.0419239519012
6143	94	0.0153019697216	23	0.00374409897444	281	0.0457431222530
6120	120	0.0196078431373	26	0.00424836601307	261	0.0426470588235
6142	108	0.0175838489092	45	0.00732660371215	290	0.0472158905894
6129	107	0.017457986621	36	0.00587371512482	262	0.0427475934084
6117	126	0.0205983325159	37	0.00604871669119	285	0.0465914664051
6171	138	0.0223626640739	40	0.00648193161562	255	0.0413223140496
6121	140	0.0228720797255	25	0.00408429995099	257	0.0419866034962
6090	107	0.0175697865353	39	0.00640394088670	270	0.0443349753695
6123	106	0.0173117752736	45	0.00734933855953	260	0.0424628450106
6139	141	0.0229679100831	53	0.00863332790357	225	0.0366509203453
6122	118	0.0192747468148	38	0.00620712185560	265	0.0432865076772
6084	99	0.0162721893491	33	0.00542406311637	260	0.0427350427350
6094	113	0.0185428290121	21	0.00344601247128	259	0.0425008204792
6139	102	0.0166150838899	27	0.00439811044144	289	0.0470760710213

图 13.1 RandomDistribution.tsv 文件的部分内容

13.3　命令的含义

13.3.1　rpy2 和 r 实例的 robjects 对象

假设读者的电脑上已经安装了模块 rpy2.py(见专题 13.1),而且你已经知道 R 是如何工作的。要使用 rpy2 包导入的模块是 robjects:

```
import rpy2.robjects as robjects
```

rpy2.robjects 模块(robjects.r)的 r 对象代表 Python 和 R 之间的"桥梁"。在这个例子中,robjects.r 已被分配至变量 r,以避免每次使用 R 函数时都要编写 robjects.r:

```
r = robjects.r
```

13.3.2　从 Python 中读取 R 对象

此时,可以开始在 Python 中使用 R。可以通过三种方式从 Python 中读取 R 对象:(1) 使用点语法,将 R 对象作为 r 对象的属性读取;(2) 对 r 使用操作符[],就像字典中的用法一样;(3) 像调用函数一样调用 r,将 R 对象作为参数传递。就一切情况而论,结果是一个 R 向量。

使用点语法,将 R 对象作为 r 对象的属性读取

在可以读取的 R 中,如下列 pi 对象(在 R 中是长度为 1 的向量,值为 3.141593):

```
> pi
[1] 3.141593
```

Python 中可以通过如下语句得到 pi:

```
>>> import rpy2.robjects as robjects
>>> r = robjects.r
>>> r.pi
<FloatVector - Python:0x10c096950/R:0x7fd1da546e18>
[3.141593]
```

这很好理解，r 是 R 的 Python 接口：R 对象基本上是 r 对象的属性，使用点语法即可访问它们。注意，如果使用 print 语句，结果看起来就会有点不同：

```
>>> print r.pi
[1] 3.141593
```

由于 r.pi 是长度为 1 的向量，必须使用索引才能获得数值：

```
>>> r.pi[0]
3.141592653589793
```

对 r 使用操作符 [] 读取 R 对象，就像字典中的用法一样

可以将 R 对象名称及其值作为字典的"键：值"对，通过如下操作检索 'pi' 的值：

```
>>> pi = r['pi']
>>> pi
<FloatVector - Python:0x10f4343b0/R:0x7f8824e47f58>
[3.141593]
>>> pi[0]
3.141592653589793
```

像调用函数一样调用 r，将 R 对象作为参数传递

读取 R 对象值的另一种方法是像调用函数一样调用 r 对象，将 R 对象名称作为参数传递：

```
>>> pi = r('pi')
>>> pi[0]
3.141592653589793
```

总之，r 对象的工作方式类似于带有点语法属性的对象、字典和函数，得出的结果相同。注意，在所有这些情况下，结果都是一个向量，可以按照在 Python 列表或元组中的做法使用操作符 [] 读取值。

R 中的几乎所有一切都是一个向量或矩阵（向量的向量）。因此，重要的是学习如何操作这些对象，如何提取元素，如何将 R 对象转换为 Python 对象，以及如何将 Python 对象转换为 R 对象。

13.3.3　创建向量

类似于 R 的 pi 对象，向量构建的 R 函数可以使用点语法作为 robjects.r 的属性被调用（记住，robjects.r 存储在变量 r 中）：

```
>>> print r.c(1, 2, 3, 4, 5, 6)
[1] 1 2 3 4 5 6
```

记住，R 向量可使用 c() 函数生成。正如 pi 对象一样，有两种额外的途径从 r 对象中获得 R 向量：将 r 当成字典或函数解读。

使用类似字典的方法时，可以使用操作符 [] 将 R 函数 c() 转化成 Python 函数：

```
>>> print r['c'](1, 2, 3, 4, 5, 6)
[1] 1 2 3 4 5 6
```

这表明，在将 c() 转化成 Python 函数 r['c'] 后，可调用 c() 的参数。也可以通过两个步骤完成：先将 r['c'] 函数分配至一个变量，然后像通常在 Python 中调用函数一样调用它：

```
>>> c = r['c']
>>> print c(1, 2, 3, 4, 5, 6)
[1] 1 2 3 4 5 6
```

如果想将 r 对象作为函数使用，可以执行如下操作：

```
>>> print r('c(1,2,3,4,5,6)')
[1] 1 2 3 4 5 6
```

注意：r 调用中的参数被转换为字符串类型（使用单引号）。

这三种方法在任何 R 函数中都适用。例如，可以使用 R 函数 seq()在 Python 中生成向量：

```
>>> y = r.seq(1, 10)            #using the dot syntax
>>> print y
[1] 1 2 3 4 5 6 7 8 9 10
>>> s = r['seq']               #dictionary-like
>>> print s(1,10)
[1] 1 2 3 4 5 6 7 8 9 10
>>> print r('seq(1,10)')       #function-like
[1] 1 2 3 4 5 6 7 8 9 10
```

问答：在这三种方法中，应该使用哪种来读取 R 对象？

这里的建议是：越简单越好，但在很大程度上取决于自己的偏好。甚至可以混用不同的方法来获取 Python 程序中的 R 对象。例如，r.pi 看起来比 r('pi')略简单一些，但你可能更喜欢后者。在所有情况下，必须记住：在 Python 中检索 R 对象的结果总是一个 R 向量。因此，必须使用索引来具体读取其元素。

13.3.4　创建矩阵

在 R 中可以用如下方式创建矩阵：

```
> y = seq(1,10)
> matrix(y, ncol = 5)
       [,1]   [,2]   [,3]   [,4]   [,5]
[1,]    1      3      5      7      9
[2,]    2      4      6      8      10
>
```

在 Python 中，必须使用 robjects.r 将 R 函数 seq()和 matrix()转化成 Python 对象。使用方法与 13.3.3 节中的三种方法相同。

使用点语法作为 robjects.r 的属性访问 R 函数

```
>>> import rpy2.robjects as robjects
>>> r = robjects.r
>>> y = r.seq(1,10)
>>> print r.matrix(y, ncol = 5)
       [,1]   [,2]   [,3]   [,4]   [,5]
[1,]    1      3      5      7      9
[2,]    2      4      6      8      10
```

```
>>> print r.matrix(y, nrow = 5)
      [,1]   [,2]
[1,]     1      6
[2,]     2      7
[3,]     3      8
[4,]     4      9
[5,]     5     10
```

注意：也可以将函数重新分配给一个变量，然后再使用：

```
>>> import rpy2.robjects as robjects
>>> r = robjects.r
>>> y = r.seq(1,10)
>>> m = r.matrix
>>> print m(y, nrow = 5)
      [,1]   [,2]
[1,]     1      6
[2,]     2      7
[3,]     3      8
[4,]     4      9
[5,]     5     10
```

对 robjects.r 使用如在字典中所用的操作符 [] 访问 R 函数

```
>>> import rpy2.robjects as robjects
>>> r = robjects.r
>>> y = r['seq'](1,10)
>>> print r['matrix'](y, ncol = 5)
      [,1]   [,2]   [,3]   [,4]   [,5]
[1,]     1      3      5      7      9
[2,]     2      4      6      8     10
```

在这种情况下，也可以将函数重新分配给一个变量，然后再使用：

```
>>> import rpy2.robjects as robjects
>>> r = robjects.r
>>> y = r['seq'](1,10)
>>> m = r['matrix']
>>> print m(y, ncol = 5)
      [,1]   [,2]   [,3]   [,4]   [,5]
[1,]     1      3      5      7      9
[2,]     2      4      6      8     10
```

像调用函数一样调用 robjects.r，将 R 对象作为参数传递

```
>>> import rpy2.robjects as robjects
>>> r = robjects.r
>>> y = r('seq(1,10)')
>>> print r('matrix('+y.r_repr()+', ncol = 5)')
      [,1]   [,2]   [,3]   [,4]   [,5]
[1,]     1      3      5      7      9
[2,]     2      4      6      8     10
```

注意：参数以字符串形式传递给 r 对象。以下命令将返回一个错误消息：

```
>>> y = r('seq(1, 10)')
>>> print r('matrix(y, ncol = 5)')
```

因为 y 不是字符串（而是数字向量），在 Python 中不能混用不同的数据类型。因此，必须首

先将 y 转换成字符串，然后将它与'matrix()'连接起来。可以使用 r_repr()方法很好地完成字符串转换，该方法适用于所有 R 对象，返回一个字符串表示，并且可直接按 R 代码求值：

```
>>> y = r.seq(1, 10)
    y.r_repr()
'1:10'
```

一般情况下，这适用于任何 R 命令：

```
> f = read.table("RandomDistribution.tsv", sep = "\t")
```

可以将它们写成字符串，然后在调用时将其作为参数传递给 robjects.r。例如，在 Python 中，如上 R 命令可编写为

```
>>> import rpy2.robjects as robjects
>>> r = robjects.r
>>> f = r("read.table('RandomDistribution.tsv', sep = '\t')")
```

13.3.5　将 Python 对象转换成 R 对象

前面的例子展示了如何在 Python 中以 robjects.r 属性、字典键或函数参数的形式使用 R 函数来创建 R 对象。生成对象的内容既可以像 Python 数组一样（通过操作符[]如 y[0] 等）被访问，也可以在 R 函数（如 matrix()中的 y）中重复使用。然而，在许多情况下，将 Python 对象（如列表或元组）转换成 R 对象非常有用，R 对象可在 R 函数中使用。这里，假设从文件中读取图 13.1 中的表格并将其内容保存为 Python 列表的列表（如使用 readline()）。如果想用 R 计算表格第一列各值的均值，应该怎么做？为达到此目的，可以使用 robjects 的 FloatVector()方法，将浮点数（或包含浮点数的字符串）的列表或元组转化成浮点数的 R 数组。

```
>>> F = open('RandomDistribution.tsv')
>>> lines = F.readlines()
>>> l = []
>>> for line in lines:
...     l.append(float(line.split()[0]))
>>> R_vector = robjects.FloatVector(l)
>>> print r.mean(R_vector)
[1] 6127.931
```

robjects 的 StrVector()和 IntVector()方法可分别将 Python 列表（或元组）转化成字符串和整数的 R 数组（即可由 R 函数读取）：

```
>>> float_vector = robjects.FloatVector([3.66, 2.16, 7.34])
>>> print float_vector
[1] 3.66 2.16 7.34
>>> float_vector = robjects.FloatVector(['3.66', '2.16', '7.34'])
>>> print float_vector.r_repr()
c(3.66, 2.16, 7.34)
>>> string_vector = robjects.StrVector(['atg', 'aat'])
>>> print string_vector
[1] "atg" "aat"
>>> print string_vector.r_repr()
c("atg", "aat")
>>> int_vector = robjects.IntVector(['1', '2', '3'])
>>> print int_vector
```

```
[1] 1 2 3
>>> int_vector = robjects.IntVector([1, 2, 3])
>>> print int_vector.r_repr()
1:3
```

最后，必须指出：类似向量的 R 对象可用委托符 rx 访问，rx 代表 R 操作符"["①：

```
>>> print float_vector.rx()
[1] 3.66 2.16 7.34
>>> print string_vector.rx()
[1] "atg" "aat"
>>> print string_vector.rx(1)
[1] "atg"
>>> print int_vector.rx()
[1] 1 2 3
```

13.3.6　如何处理包含点的函数参数

如果想用 R 计算图 13.1 中表格第一列各值的均值，则可以编写如下代码：

```
> f = read.table("RandomDistribution.tsv", sep = "\t")
> f_matrix = matrix(f, ncol = 7)
> mean_first_col = mean(f[,1])
> mean_first_col
[1] 6127.931
```

翻译成 Python 如下：

```
>>> import rpy2.robjects as robjects
>>> r = robjects.r
>>> f = r("read.table('RandomDistribution.tsv', sep = '\t')")
>>> f_matrix = r.matrix(f, ncol = 7)
>>> mean_first_col = r.mean(f_matrix[0])
[1] 6127.931
```

但是，如果想处理输入表中的缺失值呢？在 R 中，只需将 R 的 mean() 函数的 na.rm 参数设置为 FALSE 即可。但是在 Python 中，点具有一个明确的功能，用于不同的目的会导致程序出现错误或中止运行。换句话说，Python 中与 R 函数参数相关的一切都会正常运行，除非其中一个参数名称包含一个点（如 na.rm）。

在这种情况下，标准的做法是将点转化成参数名称中的"_"。

```
> f = read.table('RandomDistribution.tsv', sep = '\t')
> m = mean(f[,7], trim = 0, na.rm = FALSE)
```

转换为 Python 如下：

```
>>> f = r("read.table('RandomDistribution.tsv', sep = '\t')")
>>> r.mean(f[3], trim = 0, na_rm = 'FALSE')
<FloatVector - Python:0x106c82cb0/R:0x7fb41f887c08>
[38.252747]
```

例 13.3 提供了更多信息。

---

① R 中的"[["的委托符是 rx2，用法类似。——译者注

13.4　示例

例 13.1　运行 Chi² 检验

下面的脚本测试了两个基因的表达是相互关联还是彼此独立的。图 13.2 给出了一个输入文件（Chi-square_input.txt）。第一列表示样本号，第二列表示样本中两个基因（GENE1 GENE2）的表达水平（H 为高，N 为正常）。

注意，可以选择一个短名字来导入模块，例如可以写为

```
import rpy2.robjects as ro
```

在这个例子中用一个短名字来代表 rpy2.robjeccts。

SAMPLE	GENE1	GENE2
1	H	H
2	H	H
3	N	N
4	H	N
5	N	N
6	N	N
7	N	N
8	H	H
9	N	N
10	H	N
11	H	H
12	N	N
13	N	N
14	N	N
15	N	N
16	H	H
17	H	H
18	H	H
19	N	H
20	H	H
21	N	N

图 13.2　例 13.1 中使用的 Chi-square_input.txt 文件的内容

R 会话

```
> h = read.table("Chi-square_input.txt",header = TRUE,sep \
    = "\t")
> names(h)
[1] "SAMPLE" "GENE1" "GENE2"
> chisq.test(table(h$GENE1,h$GENE2))

    Pearson's Chi-squared test with Yates' continuity \
        correction

data: table(h$GENE1, h$GENE2)
X-squared = 5.8599, df = 1, p-value = 0.01549

Warning message:
In chisq.test(table(h$GENE1, h$GENE2)) :
Chi-squared approximation may be incorrect
```

对应 Python 会话

```
import rpy2.robjects as ro
r = ro.r
table = r("read.table('Chi-square_input.txt', header=TRUE,\
    sep='\t')")
print r.names(table)
cont_table = r.table(table[1], table[2])
chitest = r['chisq.test']
print chitest(table[1], table[2])
```

Chi² 检验的结果如下：

```
    Pearson's Chi-squared test with Yates' continuity \
        correction
...
X-squared = 5.8599, df = 1, p-value = 0.01549
```

注意，如下代码基本上是相同的：

```
import rpy2.robjects as ro

r = ro.r
table = r("read.table('Chi-square_input.txt', header=TRUE,\
    sep='\t')")
contingency_table = r.table(table[1], table[2])
chitest = r['chisq.test']
print chitest(contingency_table)
```

例 13.2　计算一组数的平均值、标准差、z 值和 p 值

R 会话

```
> f = read.table("RandomDistribution.tsv", sep = "\t")
> m = mean(f[,3], trim = 0, na.rm = FALSE)
> sdev = sd(f[,3], na.rm = FALSE)
> value = 0.01844
> zscore = (m -value)/sdev
> pvalue = pnorm(-abs(zscore))
> pvalue
[1] 0.3841792
```

对应的 Python 会话

```
import rpy2.robjects as ro
r = ro.r
table = r("read.table('RandomDistribution.tsv',sep = '\t')")
m = r.mean(table[2], trim = 0, na_rm = 'FALSE')
sdev = r.sd(table[2], na_rm = 'FALSE')
value = 0.01844
zscore = (m[0] - value) / sdev[0]
print zscore
x = r.abs(zscore)
pvalue = r.pnorm(-x[0])
print pvalue[0]
```

注意，要从输入文件中提取列，在 Python 中需要从零开始计数，这意味着 R 中的 f[3] 列对应着 Python 中的 f[2]。另外，robjects.r 返回的 R 对象是向量，需要用[]操作符进行提取。例如，在此例中，z 值不能直接用 R 中的方法计算，如

```
zscore = (m - value) / sdev
```

因为 m 和 sdev 是向量。

例 13.3　创建交互式绘图

用 R 绘图可以也可无须采用交互式。这里给出了怎样用类似 plot()的函数或 hist()创建交互式绘图。

R 会话

```
plot(rnorm(100), xlab = "x", ylab = "y")
```

对应的 Python 会话

```
import rpy2.robjects as ro
r = ro.r
r.plot(r.pnorm(100), xlab = "y", ylab = "y")
```

另一个例子：

R 会话

```
f = read.table("RandomDistribution.tsv", sep = "\t")
plot(f[,2], f[,3], xlab = "x", ylab = "y")
hist(f[,4], xlab = 'x', main = 'Distribution of values')
```

对应的 Python 会话

```
import rpy2.robjects as robjects
r = robjects.r
table = r("read.table('RandomDistribution.tsv',sep = '\t')")
r.plot(table[1], table[2], xlab = "x", ylab = "y")
r.hist(table[4], xlab = 'x', main = 'Distribution of values')
```

运行这个例子可能会有挫败感，因为绘图会出现，然后又由于程序执行完毕而立即从屏幕上消失。让它们在屏幕上每次暂停，比如 5 s 的一种方法是：用定时模块中的 sleep()方法让程序在执行每个绘图命令后暂停 5 s：

```
import rpy2.robjects as ro
import time

r = ro.r
r.plot(r.rnorm(100), xlab = "y", ylab = "y")
time.sleep(5)

table = r("read.table('RandomDistribution.tsv',sep = '\t')")
r.plot(table[1], table[2], xlab = "x", ylab = "y")
time.sleep(5)

r.hist(table[4], xlab = 'x', main = 'Distribution of values')
time.sleep(5)
```

例 13.4　将绘图保存至文件中

若要在 R 文件中绘图，则必须设置 png 或 pdf 的图形设备。在 Python 中，需要导入 importr，这是 rpy2. robjects. packages 模块的方法之一。importr 使得检索 grDevices 对象成为可能，其属性是 grDevices.png 或读者可能需要的其他设备。绘图完成后，必须使用 R 命令 dev. off()关闭图形设备。这里给出了与例 13.3 相同的例子，但绘图保存在.png 文件中：

```
import rpy2.robjects as ro
from rpy2.robjects.packages import importr
r = ro.r
grdevices = importr('grDevices')
grdevices.png(file = "RandomPlot.png", width = 512, \
    height = 512)
r.plot(r.rnorm(100), ylab = "random")
grdevices.dev_off()
```

RandomPlot.png 如图 13.3 所示，下面是第二个例子：

```
import rpy2.robjects as ro
from rpy2.robjects.packages import importr
r = ro.r
table = r("read.table('RandomDistribution.tsv',sep = '\t')")
grdevices = importr('grDevices')
grdevices.png(file = "Plot.png", width = 512, height = 512)
r.plot(table[1], table[2], xlab = "x", ylab = "y")
grdevices.dev_off()
grdevices.png(file = "Histogram.png", width = 512, height = 512)
r.hist(table[4], xlab = 'x', main = 'Distribution of values')
grdevices.dev_off()
```

Plot.png 和 Histogram.png 如图 13.4 所示。

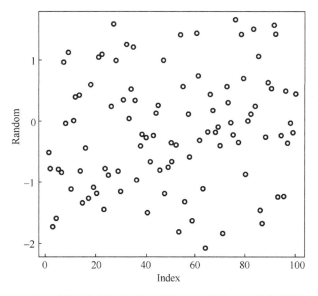

图 13.3　通过 RPy2 工具生成的随机图。注意：从例 13.4 的第一部分获得该图（RandomPlot.png）

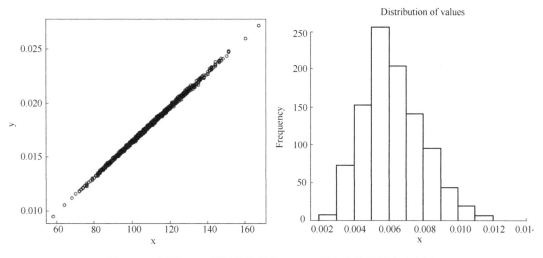

图 13.4　用图 13.1 所示的数据和 RPy2 工具生成的绘图和直方图

13.5 自测题

13.1 统计计算

计算从实验中获得的一组值的平均值、标准差、z 得分和 p 值。

13.2 吸烟者、非吸烟者和肺癌卡方检验

进行卡方检验，检测两个变量 x 和 y 是否相互独立，x = yes/no(如果样本中的患者是吸烟者，则为 yes)，y = yes/no(如果样本中的患者死于肺癌，则为 yes)。既可以从互联网上获取患者样本，也可以自己设计样本。

13.3 绘一幅直方图(Histogram)并将其保存至.pdf 文件中

从文件中读取数据列表，在 Python 中使用 R 来用这些数据绘一幅柱状图，并将图保存至.pdf 文件中。

13.4 绘制一幅箱线图

根据自己所选图表的第 2 列、第 4 列、第 5 列绘制一幅箱线图。标上橙色，贴上 x、y 标签并绘出标题。交互完成并将绘图保存至文件中。

提示：r.boxplot(f[1], f[3], f[5], col = "orange", xlab = "x", main = "Boxplot", ylab = "y")

13.5 为两组数据绘制一幅热图(heatmap)。

第 14 章　构建程序流程

学习目标: 可以通过设置程序中的参数来用 Python 运行其他程序。

14.1　本章知识点

- 如何使多个程序共同运行
- 如何用 Python 运行其他程序
- 如何将参数传递到 Python 程序中
- 如何用 Python 对文件目录进行浏览

14.2　案例:构建 NGS 流程

14.2.1　问题描述

对于很多研究来说,一个程序是不足以解决问题的,读者经常需要让两个或者更多的程序共同协作才行。下一代测序(next-generation sequencing, NGS)数据的分析就是一个十分典型的例子。现今,NGS 技术广泛应用于差异表达基因研究、非编码 RNA、突变等领域。所有 NGS 平台都能对 cDNA 或 DNA 分子进行大规模并行测序,并且与机器配置和化学方法无关。特别的,可以用"全转录组鸟枪法测序"或 RNA-seq 方法,通过高通量 cDNA 测序来收集样本中关于 RNA 包含的信息。

RNA-seq 实验的输出结果包含小 cDNA 测序片段(称为"读长"、"reads")的文件,这些读长必须回贴至参考基因组,并进行拼装,以获得全部的样本基因序列。近些年已出现了一些针对典型 NGS 数据分析流程的可用的计算工具,如图 14.1 为一个流程实例,其主要思想如下:首先用程序(TopHat)读取读长,这些读长由 Illumina(或其他 NGS)平台生成并存储在文本文件(如 sample.fastq)中;读取后将其回贴至参考基因组,参考基因组需从网络下载并存储于特定路径,后面将会提到;TopHat 的输出(accepted_hits.bam)会被传递到下一个程序(如 Cufflinks 包中的 Cufflinks 程序)中进行转录本的拼接,生成格式为 transcripts.gtf 的转录组文件,以便之后所用。

对于不同的样本,例如野生型和癌症细胞,或者同一细胞型的重复实验(详见图 6.1),从中获得的转录组文件(transcripts.gtf)可以先进行筛选(详见 6.2 节),然后进行相互比较,按照唯一的参考转录组进行拼接,这一步骤可以使用 Cufflink 工具包中的 Cuffcompare 程序(详见第 6 章)。

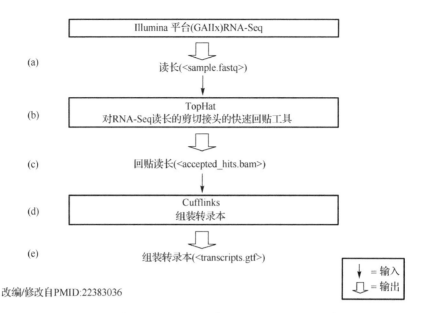

改编/修改自PMID:22383036

图 14.1　这是一个 NGS 数据分析流程的示例。(a)由 Illumina 平台(GAIIX)产生的
　　　　RNA-seq 读长存储于名为 sample. fastq 的文本文件中。(b)sampple. fastq
　　　　作为 TopHat 程序(http://tophat.cbcb.umd.edu/)的输入文件，TopHat 可以
　　　　作为 RNA-seq 数据的剪切接头回贴工具，它可以将 RNA-seq 读长比对至哺
　　　　乳动物数量级的基因组中，参考基因组必须保存在本地以便于 TopHat 访
　　　　问。然后分析回贴结果，找到外显子之间的剪切接头。(c)TopHat 的输出
　　　　是比对读长的列表，存储在. bam 文件中(accepted_hits.bam)。(d)accepted
　　　　_hits. bam 是 Cufflinks 包中的 Cufflinks 程序的输入文件(http://cufflinks.
　　　　cbcb. umd. edu/)，Cufflinks 由三个程序集合而成：转录本装配(Cufflinks)、
　　　　转录组比较(Cuffcompare)、检测调控和表达差异(Cuffdiff)。(e)Cufflinks
　　　　的输出文件是一个组装好的转录组(transcripts. gtf 文件)，可以用 Cuff-
　　　　compare 程序与其他(如来自其他细胞样本的)转录组进行比较(详见图 6.1)

14.2.2　Python 会话示例

```
import os

tophat_output_dir = '/home/RNA-seq/tophat'
tophat_output_file = 'accepted_hits.bam'
bowtie_index_dir = '/home/RNA-seq/index'
cufflinks_output_dir = '/home/RNA-seq/cufflinks'
cufflinks_output_file = 'transcripts.gtf'
illumina_output_file = 'sample.fastq'

tophat_command = 'tophat -o %s %s %s' %\
    (tophat_output_dir, bowtie_index_dir,\
    illumina_output_file)
os.system(tophat_command)

cufflinks_command = 'cufflinks -o %s %s%s%s' %\
    (cufflinks_output_dir, tophat_output_dir, os.sep,\
    tophat_output_file)
os.system(cufflinks_command)
```

14.3　命令的含义

第一行中导入了 os 模块，os 是使用操作系统的模块，例如在 Python 程序中运行 UNIX 或 Windows 命令。在 14.2.2 节中，os 包中的方法 os.system 用于运行 tophat 和 cufflinks 程序，要在 UNIX 命令行中运行这些程序，则需要输入如下（详见附录 D）命令：

```
tophat -o/home/RNA-seq/tophat/home/RNA-seq/index \
    sample.fastq cufflinks -o/home/RNA-seq/cufflinks \
    /home/RNAseq/tophat/accepted_hits.bam
```

"Python 程序需要将这两条指令转换为字符串并执行它们"——如果理解了这句话，程序的其余部分就很容易理解了：导入行之后的 6 行是在进行变量赋值；在第 8 行和第 10 行，定义两条 UNIX 命令并将其作为字符串存储在变量名中（分别为 tophat_command 和 cufflinks_command）；在第 9 行和第 11 行，os 模块中的 system() 函数分别用来运行 tophat 和 cufflinks 程序。需要注意的是：(1) os.system() 的参数是一个单一字符串，包含需要在程序中运行的 UNIX shell 命令；(2) 澄清一点，这些字符串中的一部分是与之前定义的一些变量相联系的（在第 2 行至第 7 行）；(3) cufflinks 将 tophat 的输出作为输入。第 11 行 os.sep 变量的值是用来连接路径和文件名的字符（在 UNIX 和 Mac 中用"/"，在 Windows 中用"\"）。

读者可以用 os.system() 来测试你的程序，这非常容易，将 os.system() 中的字符串参数复制粘贴到 UNIX shell 命令窗中，会得到与用这一参数在程序中运行 os.system() 相同的结果。os 模块提供了一个可以对系统进行操作的 Python 接口，然后 os.system 会执行一个"系统命令"，它可以让操作系统执行用函数参数设定的命令。

问答：我刚开始接触 UNIX，学习两种不同的命令行终端使我很困惑，如何判断自己应该使用 UNIX 命令还是 Python 命令？

首先，确保读者知道自己所处的环境。如果打开一个终端窗口然后看到类似于"home/yourname> "的命令，就是在 UNIX shell 中，如果看见">>> "，就是在 Python 中。学习 Python 并不需要太多 UNIX 的知识，在本书大多数例子中，需要改变路径（用 cd 命令）并运行 Python（用 python 或 python <程序名> 命令），剩下的一切都可以在 Python 内执行。

让人感到最麻烦的部分可能是如何正确地书写路径，因为如果习惯于双击打开文件夹，路径的概念可能会比较陌生。如果遇到如下情况：(1) 程序无法启动；(2) 程序找不到文件；(3) 出现不清楚原因的错误，第一件事是检查路径，在 UNIX shell 中输入 pwd 和 ls 可以查看当前所在路径以及路径所含文件，用以下命令可以在 Python 中起到同样的效果：

```
import os
print os.getcwd()
print os.listdir('.')
```

查看 D.3.4 节可了解如何正确书写绝对及相对路径，熟练地对文件和路径进行操作可能会提高工作效率。1 小时的在线教程会是不错的选择，读者将学到的不只是 Python 编程，还有很多生物信息学相关的应用程序。

14.3.1 如何使用 TopHat 和 Cufflinks

TopHat 的命令行用法如下：

```
tophat -o <tophat dir> <index dir> <input file>
```

其中，tophat 是程序名，-o 是用来设定输出路径（<tophat dir>）的选项；<index dir> 是用来存储索引基因组的文件的路径，这一基因组将作为读长回贴时的参考序列；<input file> 是 Illumina 的输出文件名，它必须在运行 tophat 时所在的路径下。

Cufflinks 的命令行用法如下（关于程序名、选项、参数等不再详细叙述）：

```
cufflinks -o <cufflinks dir> <tophat dir>/accepted_hits.bam
```

当然，TopHat 和 Cufflinks 还有更复杂的用法，根据用户需要可以设定多个参数（见 http://tophat.cbcb.umd.edu/manual.html 和 http://cufflinks.cbcb.umd.edu/manual.html）。这里我们更推荐使用精简版（简而精，能够完美运行），对于解释什么是程序流程（pipeline），上述精简的代码就是一个简洁而现实的例子。

14.3.2 什么是程序流程

程序流程是用来连接各个程序的脚本。假设有两个程序，如 tophat 和 cufflinks，想用第一个程序的输出文件（如 accepted_hits.bam）作为第二个程序的输入，详见图 14.1(b)至图 14.1(d)，你可以手工完成这一切（见附录 D），但是如果想实现这一流程的自动化并用不同的输入文件多次重复同样的操作，就需要一个可以运行两个外部程序的程序，也就是说需要构建一个程序流程。

这里给出以前的一个例子，反复调用几个样本，然后调用 os.system() 来运行 cuffcompare（见第 6 章）：

```
import os
input_string = ''
for s in ('WT1', 'WT2', 'WT3', 'T1', 'T2', 'T3'):
    os.system('tophat -o ' + tophat_dir + s + ' ' +\
        index_dir + ' sample' + s + '.fastq')
    os.system('cufflinks -o ' + cufflinks_dir + s + ' ' +\
        tophat_dir + s + '/accepted_hits.bam')
    input_string = input_string + cufflinks_dir + s\
        + '/transcripts.gtf '
os.system('cuffcompare ' + input_string)
```

在这个例子中，tophat 中与各个不同输入文件（sampleWT1.fastq,..., sampleT1.fastq, ...）的输出结果存储在不同文件夹（例如/home/RNA-seq/tophatW1 等）中的同名文件里（accepted_hits.bam），这样用户就可以直接更改路径而不用修改文件名了。

类似地，针对不同的输入文件（/home/RNA-seq/tophatW1/accepted_hits.bam），cufflinks 的运行输出也存储在不同路径下（/home/RNA-seq/cufflinksWT1 等）的同名文件中（transcripts.gtf）。

可以运行其他程序的程序还可以称为**包装器**（wrapper）。

在 Python 中，可以通过两种方法调用其他人编写的程序。第一种，如果这是一个 Python

程序，则可以导入程序的模块并调用其中的函数；第二种，可以用 Python 像在 UNIX 中一样启动程序。这一程序必须在计算机中安装并可以顺利运行，在包装器中需要调用的函数是 os.system()。在前述例子中，Tophat、Cufflinks 和 Cuffcompare 程序必须已能在计算机中运行；参考基因组必须存储在索引目录文件夹下；sampleWT1.fastq,...,sampleWT3.fastq 等文件必须可以调用；所有输出文件路径必须已经存在。

14.3.3　在程序中交换文件名和数据

连接几个相互调用的程序时，它们需要交换数据，第二个程序需要知道第一个程序的输出文件名。下面是程序间传递信息的 4 种方法。

1. 用 raw_input()输入文件名。每次程序运行时都会要求输入文件名或参数，该方法是最易于实现的，用户对于程序的运行保有完全的控制权。对于初学者，在流程的每一步手工输入会对你有所帮助。但使用过程序若干次后，重复快速输入相同的东西是很烦人的。

2. 使用 Python 变量。可以将代码中的文件名、参数甚至数据直接存储为字符串。这个方法的好处在于，所有的赋值和声明都在同一块区域，但是每次想将流程应用于不同的文件时，都必须修改这个程序。

3. 将文件名存储在另一个文件中。可以将文件名写在一个独立的文件中，用程序打开并读取它。那么每次使用不同的文件名时需要打开、修改、保存和关闭这个文件。如果程序庞大，这种方法就会使代码更易于模块化。

4. 使用命令行参数。命令行参数是一些写在 UNIX 命令中的短小的选项或文件名（例如在 ls -l data/命令中有两个参数：-l 是开启长输出模式的选项标志；data/是目录名称），可以用这种方法给 Python 程序传递字符串参数，Python 程序参数会被自动存储在名为 sys.argv 的列表变量中，以下两行可以输出用于 UNIX 命令行中运行程序的参数列表（见 14.3.6 节）：

```
import sys
print sys.argv
```

14.3.4　编写程序包装器

14.2.2 节中的 Python 代码段及 14.3.1 节中的代码是简单的 NGS 流程示例，可以通过几种方法进一步的提高。例如，用 if 语句可以在将路径传递至系统前验证其是否真实存在：

```
tophat_dir = '/home/RNA-seq/tophat'
index_dir = '/home/RNA-seq/index'
if os.path.exists(tophat_dir) and os.path.exists(index_dir):
    os.system('tophat -o ' + tophat_dir + ' ' + index_dir + \
        sample.fastq')
else:
    print 'You have to create tophat and/or index\
        directories before running your wrapper'
```

如果路径真实存在，则 os.path.exists()方法将返回 True。

也可以把所有路径变量赋值放在一个单独的模块里，名为 pathvariables.py，这是一个很不错的尝试，我们也推荐这么做。的确，这确保了当更改文件名或路径时，不必去找遍整个程序和包装器，以更改路径变量的内容。最常见的运行时错误发生在文件位置和目录更改时，忘记重新给路径变量赋值。要使用路径变量，必须在需要时将这个模块导入程序。根据以上的建议，这是对之前示例的重新阐述：

```
from pathvariables import tophat_dir, index_dir
if os.path.exists(tophat_dir) and os.path.exists(index_dir):
    os.system('tophat -o ' + tophat_dir + ' ' + index_dir +\
        sample.fastq')
else:
    print 'You have to create tophat and/or index\
        directories before running your wrapper'
```

其中，pathvariables.py 需要的内容是：

```
tophat_dir = '/home/RNA-seq/tophat'
index_dir = '/home/RNA-seq/index'
cufflinks_dir = '/home/RNA-seq/cufflinks'
```

如果 pathvariables.py 模块和包装器在相同的目录中，用户可以直接导入它，但如果你想将其导入多个不同位置的程序呢？最简单的办法是将 pathvariables.py 存储在已知目录下，然后将其路径添加到每个需要引用这一模块程序的 sys.path 列表变量中：

```
import sys
import os
sys.path.append('/home/RNA-seq/')
from pathvariables import tophat_dir, index_dir
if os.path.exists(tophat_dir) and os.path.exists(index_dir):
    os.system('tophat -o ' + tophat_dir + ' ' + index_dir +\
        'sample.fastq')
else:
    print '''You have to create tophat and/or index\
        directories before running your wrapper'''
```

14.3.5　关闭文件时的延迟

通常，使用流程的一个问题就是，当一个程序需要调用两个或更多的外部程序时，应在第一个程序运行完毕后再调用第二个程序，尤其是如果第二个文件的输入是第一个文件的输出，一般情况下都应该这么做。事实上，os.system() 以及其他援引子过程的方法如 os.popen() 或 subprocess.call() 都是等待命令运行完成，返回与程序退出状态所对应的值（如果运行成功，则 os.system() 将返回 0，否则返回 256），但有时可能会出现一些问题。比如书写输出文件时出现了延迟，此时虽然下一步调用的输入文件还未写好，程序也会开始下一个子过程。

这里有个小技巧可以避免这种不便：可以在之后的调用前插入一个动作来确保上一步系统调用的完成。例如，可以打开一个傀儡(dummy)文件，写点东西进去，然后关掉，然后用 os.path.exists() 来检查傀儡文件是否被创建：

```
import sys
import os
sys.path.append('/home/RNA-seq/')
```

```
from pathvariables import tophat_dir, index_dir, cufflinks_dir
# the tophat program creates an output file
os.system('tophat -o ' + tophat_dir + ' ' + index_dir\
    + 'sample.fastq')
# here we don't know whether the tophat output file is
# completed and available
# we open and close a dummy file, so the operating
# system catches up
lag_file = open('dummy.txt', 'w')
lag_file.write('tophat completed')
lag_file.close()
# read the output file
if os.path.exists('/home/RNA-seq/dummy.txt'):
    os.system('cufflinks -o ' + cufflinks_dir + ' '\
        + tophat_dir + '/accepted_hits.bam')
```

14.3.6　使用命令行参数

从 UNIX 命令行向 Python 程序传递参数，可以使程序用起来更简便灵活。可以在 UNIX 终端里用多种多样的的命令行启动程序，不必改变程序或修改文件：

```
python ngs_pipeline.py dataset_one.fastq
python ngs_pipeline.py dataset_two.fastq
```

文件名 dataset_one.fastq 和 dataset_two.fastq 是如何传递到 Python 程序中的？参数会被自动存储在名为 sys.argv 的列表变量中，想要知道它是如何工作的，可以试试下面的代码(建立一个 arguments.py 脚本，它无法在 Python 终端中运行)：

```
import sys
print sys.argv
```

现在试着在 UNIX 终端中用不同的参数调用这个脚本：

```
python arguments.py
python arguments.py Hello
python arguments.py 1 2 3
python arguments.py -o sample.fastq
```

读者应该可以看到，UNIX 命令行输入的一切都变成了普通的字符串，它就在可用 Python 函数调用的 Python 列表中。一种常见的做法是将命令行参数之一作为文件名称。列表中第一个元素总是所调用程序的名称，所以第一个参数应该是 sys.argv[1]。使用 sys.argv 列表中存储的信息，就能将命令行参数传递至程序中，如果程序需要很多不同的命令行选项，考虑导入 optparse 模块(见 http://docs.python.org/2/library/optparse.html)。

14.3.7　测试模块：if __name__ == '__main__'

Python 模块是对象，因此拥有可以通过内置函数 dir() 显示的属性和方法。有些属性是模块所特有的(例如 localtime 就是 time 模块所特有的属性)，然而大体上模块都具有三个属性：__file__、__doc__ 和 __name__。

__file__ 属性返回模块所在的路径；__doc__ 属性，如果有，则会返回模块的文档；__name__ 返回被引用的模块除去".py"后缀的名称，或者如果模块已经被执行，则返回

"__main__"。希望根据是否已经执行或导入模块，进行不同的操作时，这些属性很有用处。事实上，如果在程序中输入如下判断语句：

```
if __name__ == '__main__':
        <statements>
```

则只有在通过命令行执行，而非通过导入方法调用时，< statement> 才会被执行。当希望把模块整合到大的脚本中，提前进行调试时；或者希望模块变得既可执行又可导入时，这个小技巧会特别有用。例如，定义一个或者多个函数并将其放在"if__name__== '__main__':"部分，函数就只有在通过命令行调用时才会被执行，因为在这种情况下__name__等于"__main__"；另一方面，如果通过其他程序调用这一模块，__name__就会等于模块名称，函数就会被导入而不会被执行。

14.3.8　处理文件和路径

在流程中操作文件通常需要涉及一些管理任务：从路径中读取所有文件，创建临时文件，检查文件是否真实存在等等。Python 的 os 模块在与系统进行交互时十分有用，而且它还有很多使处理文件变得得心应手的函数。事实上它是 os 和 os.path 两个模块的结合，在使用前需要将其激活：

```
import os
import os.path
```

对 os 进行调用会自动激活 os.path，因此即便只导入 os，os.path 也就可以工作。os.path 的一个十分有用的特点就是其可以对文件路径进行操作，最经常使用的函数可能就是 os.path 了。split(filename)可以将文件名从路径中分离出来。如果一个程序需要使用文件名，而用户希望在调用文件前确定文件是否真实存在，那么 os.path.exists(filename)函数就可以返回 True 或 False。

从路径中读取文件

最经常使用的操作应该是 os.listdir(directory)函数，它可以将路径下的所有文件读取至一个列表中。当用户想让程序自动调用给定文件夹内的所有文件时，这个函数十分有用：

```
import os
for filename in os.listdir('data/'):
        os.system('<my_program>%s'%(filename))
```

改变路径

有些第三方程序要求在特定的文件夹下启动。在 UNIX shell 下，启动程序前使用 cd 可以到指定文件夹，在 Python 中 os.chdir()也可起到相同的作用：

```
os.chdir('../data/')
```

将当前路径向上升再向下定位至 data/文件夹下。

可以用 os.getcwd()得到当前路径：

```
print os.getcwd()
```

新建或移除文件夹

os 中用来新建和移除文件夹的函数分别为 os.mkdir()和 os.rmdir()。

移除文件

如果需要删除一个文件，则可以使用 os.remove(filename)。当很多程序相互连接时会创建很多文件：准备好的输入文件、中间数据、记录文件，还有一些用户自己也不知有何存在意义的文件，这些文件会很快堆积在一起，把文件夹弄得一团糟，最好能及时摆脱它们。可以这样使用 os.remove() 函数：

```
os.remove('log.txt')
```

当然，只有文件存在时才能被删除，所以需要先检查一下：

```
if os.path.exists('log.txt'):
        os.remove('log.txt')
```

创建临时文件

当用户为存储中间数据而使用临时文件时，使用后文件会自动删除。tempfile 模块可以用来创建临时文件。

问答： 如果流程中间的一部分中断了怎么办？

大体上说，读者需要有所准备。相互连接的程序越多，总体的结构就越脆弱。你需要确保自己知道发生了什么。检测包装器在调用所需的第一个程序时表现得如何，并检查输出文件（如果有，是否和预想的一样，然后再调用第二个程序，以此类推。通过输出一些默认的语句或书写日志文件，可以让包装器报告自己正在执行什么。中间文件对于诊断同样有用。当流程崩溃时，可以查看最后生成的中间文件是否存在异常。也可以设计一些可以检查文件是否已经存在并避免重复计算的流程。在一个包含了很多程序的流程中，不一定是你的代码产生的问题。你可以手工操作，逐个调用程序来检查错误是否存在于某个外部程序中。

14.4　示例

例 14.1　运行 T-COFFEE

下面的代码是一个多序列比对（multiple sequence alignment，MSA）T-COFFEE[1] 算法的包装器，其中的步骤原则上与其他 MSA 算法是相同的，如 ClustalW。在编写包装器之前，需要通过程序的网页（www.tcoffee.org/Projects/tcoffee/）学习如何用命令行执行程序，哪些是必需参数，期望可以得到哪些输出文件等等。然后，下载程序，安装，并检查能否在命令行中按预想的顺利执行。有时候还要将程序所在路径添加到 shell 的 PATH 变量中（见 D.3.5 节），通常用户指南都会提供这些信息。一旦程序的命令行已经准备就绪，就可以将其作为 os.system() 函数的参数了：

```
import sys
import os
sys.path.append('pathmodules/')
```

---

[1]　C. Notredame, D. G. Higgins, and J. Heringa. "T-Coffee：A Novel Method for Fast and Accurate Multiple Sequence Alignment," *Journal of Molecular Biology* 302(2000)：205-217.

```
from tcoffeevariables import tcoffeeout
cmd = 't_coffee -in="file.fasta" -run_name="' + \
    tcoffeeout + 'tcoffe.aln" -output=clustalw')
os.system(cmd)
```

这个 Python 包装器中，变量在 tcoffee-variable.py 中指定，存储在 pathmodules 文件夹（这是包装器文件夹下的子文件夹）下。-in 是输入文件选项，-run_name 是给输出文件指定名字的选项，-output 是用来设定输出格式的选项（在这个例子中是 clustalw）。

例 14.2　编写一个包装器，使用 bl2seq 比对两条序列，UniProt AC 作为命令行参数

用两个 UniProt AC 作为参数运行包装器的 UNIX 命令行如下：

```
python Bl2seqWrapper.py F1B2B3 E2CXB4
```

计算机必须安装并能顺利运行 BLAST+ 包（详见编程秘笈 11）。以下程序定义了两个函数：run_blastp()和 get_seq()。前面这个函数，包含系统调用 blastp（带有程序所需参数、输入文件和输出文件）。后面这个函数，可以通过 UniProt 网站下载作为输入序列的 FASTA 文件，仅当用户计算机没有提供序列（在 input_seq 文件夹下）时才会调用它。路径变量存储在 pathmodules/文件夹的 blastvariables.py 模块中。if__name__ == '__main__'使得包装器可以被其他程序引用并单独调用其中的函数，还可以控制是否执行 if__name__ == '__main__'条件下的代码。

```
import sys
import os
import urllib2

sys.path.append('pathmodules/')
from blastvariables import *

def run_blastp(seq1, seq2):
    os.system("blastp -query " + input_seq + seq1 +
            ".fasta -subject " + input_seq + seq2 +
            ".fasta -out " + seq1 + "-" + seq2 + ".aln")

def get_seq(seq1, seq2):
    for seq in (seq1, seq2):
        url = 'http://www.uniprot.org/uniprot/' + seq + '.fasta'
        handler = urllib2.urlopen(url)
        fasta = handler.read()
        out = open(input_seq + seq + '.fasta', 'w')
        out.write(fasta)
        out.close()
if __name__ == '__main__':
    try:
        seq1 = sys.argv[1]
        seq2 = sys.argv[2]
    except:
        print 'usage: BlastpWrapper.py seq1-UniprotAC \
            seq2-UniprotAC'
        raise SystemExit
    else:
        if os.path.exists(input_seq + seq1 + '.fasta') \
and os.path.exists(input_seq + seq2 + '.fasta'):
            run_blastp(seq1, seq2)
        else:
            get_seq(seq1, seq2)
            run_blastp(seq1, seq2)
```

14.5　自测题

14.1　分别执行两个程序

编写一个 Python 程序，名为 first.py，将一个数字写入文本文件。再编写一个 Python 程序，名为 second.py，从文本文件读取数字，输出其平方值。手工从命令行运行这两个程序。

14.2　将两个程序连接到一个流程中

编写名为 pipeline.py 的 Python 程序，用 os.system() 先调用 first.py 再调用 second.py。

14.3　使用命令行参数

扩展流程，使得 first.py 和 second.py 通过命令行参数的方式得到输入文件名。这需要更改全部三个程序并使用 sys.argv。

14.4　读取文件夹

编写一个程序，使其能统计在用户主文件夹（在 UNIX 中是 /home/username）下文件的数量。使用 os.listdir() 函数。

14.5　运行 BLAST 并将输出转化为 FASTA 文件

编写一个程序，执行本地 BLAST 查询并将输出写入一个 XML 文件，再编一个程序读取 XML，将各个 HSP 的比对写入单独的 FASTA 文件。构建一个程序流程，使得一个命令就能以任意给定输入序列执行 BLAST 查询，并解析查询的输出。关于如何使用命令运行 BLAST 以及解析其 XML 输出，可以分别参阅编程秘笈 11 和编程秘笈 9。

第 15 章　编写良好的程序

学习目标： 应用一些软件工程技术编出更好的程序。

15.1　本章知识点

- 如何将项目分成小任务
- 如何将程序分成函数和类
- 如何使用 pylint 完善程序代码
- 如何使用 Mercurial 追踪程序版本
- 如何与他人分享程序
- 如何递进地完善程序
- 如何创建自己的模块和包

15.2　问题描述：不确定性

15.2.1　程序编写存在不确定性

到目前为止，读者可能已经编出了自己的第一个程序。也明白编程是科研人员强有力的工具。随着技能提升，程序越来越复杂，目标会被各种不确定性掩盖。一开始，你明确知道自己的程序应该做哪些事。但在编写代码时，最终会发现真正需要的是其他东西，因此会对程序进行修改。这样做时，目标便发生了变化。由此可见，编写大程序是一个逐步优化的过程，而不是一条直线。提前计划一切事情有风险且很少成功。不确定性是几乎所有软件项目的特征。相比之下，变化才是不变的：主管、评论者甚至自己的想法都会发生改变。如何在充满不确定性和变化的情况下创建良好的程序呢？本章介绍了一些有助于创建可靠、可行软件的工程实例。

许多编程项目都是以如 15.2.2 节所示的电子邮件开始的。

15.2.2　程序项目实例

×××，你好！

在上星期的会议上，我有了一个好主意，稍后来跟你说说。我曾用不同物种的苯丙氨酸 tRNA 合成酶(PheRS)的一些序列做过一些 BLAST 查询，但是结果需要进行一些清理。

我把序列保存在同一目录下的一系列 FASTA 格式的文件中。每个文件包含如下格式的多条序列：

```
> gi|sequence name|species name
AMINQACIDSEQUENCE
```

氨酰 tRNA 合成酶家族的序列多样性非常高，因此在结果中有许多其他 aaRS 的蛋白质。所以我们需要过滤掉那些具有不正确特征的序列（正确的蛋白质应该具有 Phenylalanine，Phe 等类似的名字）。哦，在文件中可能还有重复出现的 HIT，也需要去除。

我认为这些结果对你的项目非常适用。你能找出所有苯丙氨酸的序列，并把它们放在一个单独的 FASTA 文件中吗？我们可以稍后把结果提交给一个比对程序。你的新的编程技巧可能会在此时派上用场。

祝好！

×××

另外：如果程序可行，我们也可能对其他 19 个氨基酸做同样的事情。

15.3　软件工程

有一门完整的学科称为软件工程，其重点在于如何编写好的程序。软件工程通常涉及由成千上万甚至数百万行代码组成的程序。对于读者将编写的较小程序，可归结为三个基本步骤，Donald Knuth 称之为《编程的准则》（*Dogma of Programming*）：

- 首先，正确完成程序。
- 其次，完善简化程序。
- 最后，仅在确有必要时提高程序运行速度。

上述章节已经介绍了编写可行程序的一组工具。本章将阐述一些方法来实现第二步：编写清晰易懂的程序。这些方法包括将程序任务分解成小步骤，格式化源代码，使用注释，自动跟踪更改，与同行科技人员分享程序以及递进完善程序。为了实现第三点：提高程序的运行速度，需要深层次地了解**算法学**。当认为自己的程序运行不错，组织有序，只是运行缓慢时，可以阅读更多的书或者向有经验的程序员询问建议。

15.3.1　将编程项目分成小任务

在开始编写程序之前，程序员需要回答这样一个问题：这个程序应该做什么？在开始编写代码之前考虑这一问题是值得的，因为这不是技术问题。更准确地说，问题是：这个程序需要做些什么才能有价值？必须事先确定自己在提升工作效率，在推进你的研究或改善他人生活的某些方面，对程序有怎样的期待。因为程序是精确的机器，所以重要的是有一个精确的目标，最好将其写下来。开始时用简单的非技术词语制定目标。你往往不会两手空空地开始，而是从计划书、会议记录、电子邮件中获取文本描述，通常还包括获取一些数据。可以从 15.2.2 节的某主管的电子邮件中提取如下程序目标：

清理 aaRS 蛋白质序列的 FASTA 文件，以便使用其建立序列比对。

虽然邮件并没有明确说明项目的总体目标（"稍后来跟你说说"），但你知道之后要使用哪些数据。如果没有这些信息，目标便会不充分、不完整，比如可以用不同的方式解释"清理包含 aaRS 蛋白质序列的 FASTA 文件"。如果这时目标仍不清楚，所问的每个问题将节省大量编程时间。

得知总体目标后，可以开始更正式地考虑程序任务，尤其必须明确以下三个问题的答案。

何谓输入

程序需要读取哪种数据？哪些选项是必须的？用户应该提供额外参数吗？应该有一些界面，还是只需将文件名写入代码即可？在 aaRS 项目中，输入是显而易见的：

程序读取了一个目录，该目录涉及很多包含蛋白质序列的 FASTA 文件。文件中序列条目的格式为

```
> gi|sequence name|species name
AMINQACIDSEQUENCE
```

有了这些信息后，就可以开始编写读取文件的函数了。但别急着开始！

何谓输出

程序会生成怎样的文件呢？屏幕上有输出吗？程序需要编写详细的日志文件吗？程序需要打开窗口或创建图形吗？如果输入数据或参数出错会怎样？

在 aaRS 项目中，输出也显而易见：

程序写入带有 aaRS 序列的单个 FASTA 文件。

可以在这一点上做出推测。首先，FASTA 文件格式应该与输入中的格式相同。其次，输出中的序列顺序并不重要。再次，所描述的 FASTA 输出格式必须可由创建序列比对的程序读取。可以写下、核查并与项目相关者讨论这些推测。最后，他们会澄清并提出你先前没有考虑到的重要细节。

输入和输出之间会发生什么

很明显，这就是程序的工作之所在。起初，可以用程序用户理解的语言描述程序应该执行哪些任务。他们应该明确指出其价值。通常，程序执行的任务可以分为几个部分。例如，aaRS 程序需要执行以下操作：

删除命名中不包含 Phenylalanine 或 Phe 名字的所有序列。

删除所有重复序列条目（相同的序列）。

第二点也包含了一个推测："重复条目"到底指什么？这是否意味着序列是相同的，或者描述是相同的？还是两者都相同？虽然生物科学家可能就他们使用的很多术语达成了隐式共识，但当需要将术语转换为精确语言时，他们可能会产生分歧。如有疑问，先提问，再编程。

用日常语言写下程序应该做的事情称为**搜集需求**。用户角度的单个需求称为**用户故事**。单个需求或故事应该足够短（两至三句话），可以记录在纸片上。前面我们强调的四句话就是需求或用户故事。明确书写的需求有助于与需求者（包括自己）、建议提供者进行项目交流，也有助于追踪已经完成的部分。这样的文档应该简洁；纸片上的 5 到 10 组需求足以对应一个星期的编程工作。明确需求将节省大量编程时间。

15.3.2　将程序分为函数和类

在编写小程序时可以马上开始编码。在处理大程序时，首先创建基础框架，设计函数和/或类，即可避免后续麻烦。为输入、输出和两者之间的工作定义单独的函数是一个不错的方法。前面提供的需求提供了原材料。在如 aaRS 项目规模的程序中，可能需要为每个需求定义一个函数。程序的基础框架可能是这样的：

```
def read_fasta_files(directory):
    '''
    Reads a directory with many FASTA files containing
    protein sequences.
    '''
    pass

def filter_phe(sequences):
    '''
    Removes all sequences that do not have
    Phenylalanine or Phe in their name.
    '''
    pass

def remove_duplicates(sequences):
    '''
    Removes all sequence records, having an identical
    sequence.
    '''
    pass

def write_fasta(sequences, filename):
    '''
    Writes a single FASTA file with aaRS sequences.
    '''
    pass

if __name__ == '__main__':
    INPUT_DIR = 'aars/'
    OUTPUT_FILE = 'phe_filtered.fasta'
    seq = read_fasta_files(INPUT_DIR)
    filter_phe(seq)
    remove_duplicates(seq)
    write_fasta(seq, OUTPUT_FILE)
```

注意：需求文本可以作为各个函数的注释。pass 语句不执行任何工作。在这种情况下，它仅确保函数体不是空的。if __name__ == '__main__': 部分只有在运行程序时才会被执行，在导入时不会被执行。这是如何在 Python 中编写程序主体部分的一个约定（见 14.3.7 节）。

这个程序可以执行。当然，它没有执行任何工作，但看到它在运行使你能更好地决定程序到底应该如何工作。例如，需要考虑函数到底应该如何交换数据。如果发现自己误解了任务，进行修改而不损失原有工作仍然很容易。

定义单独函数的一大优势是可以独立分析和测试各个函数。在大而复杂的程序中，很难发现错误。另一方面，如果程序的函数不超过 10 行，则可以很容易地逐行浏览并分析各个函数的代码。可以添加 print 语句或者用样本数据单独运行函数来进行测试。函数越小，越容易做。因此，将程序分解成函数会使调试简单得多(见专题 15.1)。

专题 15.1　编写较小的程序

有人说："今天我编程很成功：我删除了 300 行代码"(Lorenzo Catucci)。好的编程是编写容易发现错误的程序。从这层意义上讲，最好的程序是怎样的呢？是用所掌握的最复杂的代码编写？还是简单地粘贴几行，剩下的工作交给库处理？

Python 理念给出的回答是：越简单越好。如果不用函数便可实现目标，那就不用。如果不用复杂的数据结构便可完成一项任务，那就不用。如果将程序规模削减一半仍可正常运行，那就削减。最终，能用一行可读性强的代码完成任务的程序就是最好的程序(也可参见 www. catb. org/esr/writings/unix-koans/ten-thousand. html)。

如果能通过编写三个小程序而不是一个大程序完成任务，并用如下命令运行：

```
> python program1.py
> python program2.py
> python program3.py
```

只要有效，就没什么错。如果稍后明白需要一个更大的程序来实现自动化，那么可以稍后尝试。如果这三个程序不带任何参数，则可以通过另一个程序用如下命令执行：

```
import program1
import program2
import program3
```

如果有界定明确组件的小程序，那么这三行都是你所需要的。

将程序分成小函数是一门艺术。分成类更是如此。不要指望第一次尝试就会顺利。通常，函数和类需要进一步分解、合并和重组。根据每个需求创建单独的函数，是创建程序第一个工作版本的起点。

15.3.3　编写格式良好的代码

格式混乱的代码很难阅读。那么清晰的代码应该是怎样的呢？在 Python 中，有一个规定代码格式的规范化约定称为 PEP8。例如，PEP8 约定有如下要求：

- 应该在逗号和算术运算符后面添加一个空格。
- 函数中的变量名应该小写。
- 模块中的常量名应该大写。
- 每个函数后面应该空两行。
- 每个函数都应该有文档注释字符串。

虽然遵守这些指导原则似乎过于严格，但编码规范从整体上而言是有意义的。规范的程序代码可以便于其他程序员(如提供给帮助者，或留给长时间休息之后回来继续编程的自己)阅读和理解。

可以通过程序 pylint 看出 Python 代码是如何遵守 PEP8 准则的规定的。下载(http://www.pylint.org/)并安装 pylint 后可以通过

```
pylint aars_filter.py
```

在 UNIX 命令行上的任何 Python 文件上运行。

　　pylint 分析代码并打印出总分和建议列表。接下来可以编辑程序代码，看看得分是如何提高的。没有必要在所有 Python 文件中都争取最大得分 10.0。通常，经过适当的努力，便可以编写出得分为 7.0~9.0 的可读性强的代码。

文档字符串

　　文档字符串(docstrings)是格式化约定的重要组成部分。在 Python 中，应该在位于函数或类定义之后的那一行，给每个函数和类提供一个三重引号的注释。注释应该简要解释该函数或类在做些什么。

```
class AARSFilter(object):
    '''
    Reads a set of FASTA files and removes duplicate
    sequence entries.
    '''
    pass
```

描述应该简短，不需要太详细，因为注释可能很快就会过时。

注释

　　使用注释(位于 # 之后的文本，解释器会忽略这些文本)来描述一行或一段代码，就能增强程序的可读性。注释应该既简短又提供必要信息，修改程序时应更新注释，否则只会事与愿违，增加困惑。

15.3.4　使用存储库控制程序版本

　　编写程序时需要逐渐发展，会随着时间的推移逐渐进行很多修改。其中大多数修改都是好的，但一些被证明是错误的。有时需要更改程序，但不确定这是否为最后一次修改或是否将返回至原始版本。直观的解决方案是创建程序代码副本。在实践中，这些副本往往会随着时间累积：

```
my_program.py
my_program2.py
my_program3.py
my_program3_optimized.py
my_program_new_version.py
```

　　哪些程序是最近期的？这些程序有哪些区别？产生奇怪的导入问题和其他令人讨厌的漏洞的一个常见原因是：在不同的地方运行程序的多个副本。这样很容易把事情搞砸。最好是先不要这样做。使用**代码存储库**可以完全解决这种问题。存储库相当于程序员的实验室日志。它们会用简短的话语记录一段时间内对程序的修改。任何时候都可以返回到存储在库中的旧版本或在不同的版本之间来回切换。可以将程序代码和数据都放入存储库中。有很多程序都允许控制程序代码版本。人们最熟悉的是：Mercurial(http://mercurial.selenic.com/wiki/Mercurial)、GIT(http://git-scm.com)、Bazaar(http://bazaar.canonical.com/en/)和 SVN(http://subversion.apache.org)。我们在此介绍了 Mercurial 的基本用法。在下载并安装 Mercurial 后，进入程序代码和类型所在的目录(用命令行 shell)：

```
hg init
```

Mercurial 会据此了解到用户希望追踪目录中的文件。现在，可以将各个文件添加到版本控制系统中：

```
hg add aars_filter.py
hg add phe_sequences.py
```

现在 Mercurial 知道用户想追踪这两个文件并会记住其变化。Mercurial 将忽略所有其他文件。现在可以继续正常运行文件。工作一段时间（通常是在一天结束时）后，可以在完成编辑时使用 commit 命令记录更改：

```
hg ci
```

Mercurial 会提示简述已经做出的更改。通常一行描述就足够了。在输入 hg ci 命令后，Mercurial 记住了所有文件的当前内容。即使改变、删除或替换它们，也能够恢复其内容，就好像有备份一样。

使用如下命令即可返回先前的版本：

```
hg log aars_filter.py
```

该命令会打印出先前提交的所有版本的日志消息。可以在列表中寻找想要返回的版本号，然后将所有文件更新至那个版本号（如 23）：

```
hg up -r 23
```

输入该命令后，所有文件都将包含用户提交版本 23 时的内容。如果想与他人分享源代码或在服务器上备份，可以在 bitbucket（https://bitbucket.org）或 sourceforge（http://sourceforge.net）网站上创建一个存储库。首先，通过网站，而不是使用 hg init 创建一个存储库。需要输入用户名和密码。该网站将显示一个命令，可以将其复制并粘贴至命令 shell 中：

```
hg clone https://bitbucket.org/myproject/
```

在命令 shell 中运行该命令时，计算机将创建一个空的存储库。然后可以按照先前的描述添加文件并进行修改。

如果想在服务器上创建存储库副本，可以通过如下命令将文件发送到服务器：

```
hg push
```

接下来，可以将服务器上的改动更新至用户计算机：

```
hg pull
hg up
```

输入这两个命令后，文件将包含来自服务器或本地副本的最新版本。注意：免费账户上的代码对任何人都是可见的。如果要存储未发表的研究成果，请确保已征得合作者和/或主管的同意。一种自然的解决办法是在线存储程序代码，而不是数据。关于 Mercurial 的介绍详见 http://mercurial.selenic.com/wiki/Tutorial。

15.3.5　如何将自己的程序分发给其他人

当确定自己的程序足够好，可以分发给其他人时，应该怎样发布呢？可以创建一个称为

release 的稳定版本分发程序。创建 release 版本需要完成三件事。首先，设置一个版本号。在与合作者交流时，通过这一数字，在没有查看电子邮件、甚至没有比较代码的情况下就能知道其是否在使用最新版本。可按 0.1 或 1.0 开始记录版本号或使用日期作为版本号，只要连续使用递增的数字就行。其次，编写一个简短的 README.TXT 文件，即包含以下要点的简短文本文件：

- 程序名称是什么？
- 作者的姓名以及联系方式是什么？
- 版本号是多少？
- 程序好在哪里？用 50～100 词描述。
- 如何使用程序？给出简单的命令行示例是一个不错的方法。
- 在哪些条件下可以分发程序？例如，如果写"版权所有"，则表明每个人都必须明确征求许可。如果写"在 Python 授权条件下发布"，则表明免费分发和商业应用都是允许的。有很多现成的软件协议。可以在不聘请律师的情况下找到并使用适合自己的软件协议。

最后，在程序目录之外创建一个 zip 文件，包括 README.TXT 文件。以自己和合作者认为方便的任何方式分享该文件。不需要在一开始就建立一个大型网页。

更高级的版本创建方法包括：

- 运用 Python distutils 库自动生成安装脚本。
- 利用 py2exe 程序为 Windows 创建不需要用户安装 Python 的可执行文件。
- 管理 sourceforge（http://sourceforge.net）或 github（https://github.com）账户上的发布。

若想更详细地了解该主题，读者可以访问网址 http://docs.python.org/2/distutils/introduction.html。

如果某个程序只有少数人在使用，则不需要采用这些方法。但是如果认为编写小的程序可在更广泛的受众中产生作用（但还不足以单独发布），可以考虑为项目做广告或与同行交流。

15.3.6　软件开发的周期

在某一时刻，利益相关者会询问程序什么时候会结束。但从工程角度来看，一个好的程序永远不会结束。总有更多想法要实现，更多细节要补充。关键问题不在于程序是否完成，而在于是否有可以为科学所证明的影响。开发有益于科学目的软件的方法不仅需要认识论（如 Thomas Kuhn）[1]，还需要创业理论[2]。在后者中，可用不断循环的三个阶段，即计划、编程和证明来描述开发（见图 15.1）。

---

[1]　T. S. Kuhn, *The Structure of Scientific Revolutions*(Chicago: University of Chicago Press, 1962.)

[2]　Eric Ries, *The Lean Startup: How Today's Entrepreneurs Use Continuous Innovation to Create Radically Successful Businesses*(New York: Crown Publishing, 2011),103.

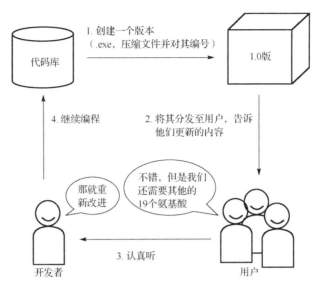

图 15.1　软件的开发周期

　　计划。首先需要粗略地了解自己的程序应该做些什么。将主要目标细分成更小的任务，细分完后即可开始编程(见 15.3.1 节)。

　　编程。接下来需要执行计划。创建可以实现最初想法的函数、类和模块。一开始不需要在数据中涵盖所有情形。从长远来看，概念验证会给出更多信息并节省大量编程时间。进行一些初始测试，确保程序不包含 SyntaxError，不会在简单的数据集上发生崩溃(见专题 15.2)。

　　验证。将程序置于真实的情况中。它在按预想的方式运行吗？输出为研究提供了附加价值吗？其他人认为这对他们有用吗，或者他们只是出于礼貌在回答？程序应该做些什么来实现研究目标？记录自己的观察，询问合作者的反馈。如果可能的话，搜集确凿证据(数据、统计)来验证程序的实用性。

专题 15.2　小数据文件测试

　　在使用长数据文件进行计算时，输出也同样长，这将用较长时间证明程序能否正确运行。相比之下，如果输入和输出数据文件都占据半个屏幕页面，则可快速检查输出是否符合预期。

　　现在读者可能会说，"但我的程序包含大数据文件。"当然包含。这就是为什么首先想使用计算机的原因。关键在于先将**人工输入测试数据**应用于程序，然后再将其用于真正的项目数据。例如，在对树突长度排序的程序中(见 12.2.2 节)，可以打开文本编辑器并创建以下输入文件(见 12.2.1 节)：

```
Primary      16.385
Primary      139.907
Primary      441.462
Secondary    29.031
Secondary    40.932
Secondary    202.075
Secondary    142.301
Secondary    346.009
Secondary    300.001
```

该文件包含 3 个主要神经元和 6 个二级神经元，而且这三个规格(小于 100、100~300 和 300 以上)包含三个条目。这些数字应该涵盖程序中许多可能的情况。它们会生成以下输出：

```
category      <100    100-300    >300
Primary:       1         1         1
Secondary:     2         2         2
```

在输出中可以立即看到总计数是否为 9。与查看代码相比，这有助于更快地发现问题。在确定程序可以在小输入文件正常运行以后，就能尝试大文件了。

然后回到计划阶段重新开始。程序员的工作是加速这一循环。从最小的程序开始。不必为可选特性费心。先创建一个 release 版本；在实践中尝试；搜集意见和反馈；然后进行小小的改进。开发更好软件的最好办法就是让程序更快地逐步演变。快速开发周期以天、小时，有时甚至是分钟来衡量。为了开发不错的程序，科学同行评审太慢了。只有先创建许多糟糕的程序才有可能创建好的程序。

这种计划-编程-证明循环是一种现代软件开发理念"敏捷"的本质(http://agilemanifes-to.org/；见图 15.2)。敏捷策略是一些专业开发团队所倡导使用的软件开发方法，如 Scrum (www. scrum. org)、eXtreme Programming(www. extremeprogramming. org)和 Crystal (www.agilekiwi.com/other/agile/crystal-clear-methodology/)。对于科研小组而言，大多数敏捷方法都过度繁重了。但有许多最佳实践是可采用的[1]。有个工具箱对于生物信息学研究的各种软件工程技术，如自动化测试、代码评审、用户故事都有描述[2]。

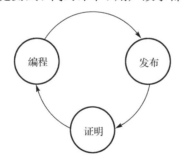

图 15.2　敏捷迭代开发。注意："敏捷软件开发宣言"可总结为四点：
(1)个体和互动高于流程和工具；(2)工作软件高于详尽文档；(3)客户合作高于合同谈判；(4)响应变化高于遵循计划

15.4　示例

例 15.1　创建自己的模块

长的 Python 文件很难阅读。将代码分成几个文件后再导入是处理大程序的一种更好方法。这些模块易于重复使用。在实践中，模块是正常的 Python 文件，但它主要定义了变量和函数。例如，可以通过如下操作用模块整理程序：

---

① 见 www.seapine.com/exploreagile/，这是一个工业化最佳实践指南。
② Kristian Rother et al., A toolbox for developing bioinformatics software, *Briefings in Bioinformatics* 13:2(2012)，244-257.

- 将所有文件解析函数搜集到一个模块中。
- 将所有创建输出函数搜集到一个模块中。
- 为文件名、参数等常量创建一个模块。当以大写字母为常量命名时，就会时刻意识到自己在处理常量。
- 将数据文件路径名分配到单独模块(比如 my_paths)的变量名中，并将其保存在给定的目录中(比如 my_modules/)。在需要访问数据文件的程序中，可以导入 sys 模块并将 my_modules/路径添加至 sys.path 变量，最后导入 my_paths 模块。

```
import sys
sys.path.append('/Users/kate/my_modules/')
import my_paths
```

如此一来，当改变数据文件的位置时，无须记住在哪些程序中使用了它们或逐个修改所有程序中的路径，只需改变 my_paths 模块中的路径。

使用 import 和点语法可以从程序其余部分的模块中单独访问各个数据项。

当然，也可以把相同的数据放在列表、字典或类中。但是，如果想从不同的地方访问相同的数据，导入一个模块就会更容易一些，尤其是当数据变化时，否则必须在几个地方更新。

例 15.2　创建自己的包

Python 中的包是含有 Python 模块的文件夹。将模块存储在同一个地方，就可以将模块集合成包。为了让包可以导入，还需要添加文件__init__.py，该文件可以是空的。可以用 import 使用单一模块或整个包。例如，如果有包含三个 Python 文件的目录 neuroimaging/

```
neuron_count.py
shrink_images.py
__init__.py
```

那么以下所有导入语句就能正常使用：

```
import neuroimaging
from neuroimaging import neuron_count
from neuroimaging.shrink_images import *
```

__init__.py 文件由三个命令自动导入。Python 有一个用于查找模块和包的默认目录列表，它包括当前目录和 site-packages/文件夹(位置取决于操作系统和安装)。如前所述，可以使用 sys.path 查看并修改模块和包的完整目录列表：

```
import sys
print sys.path
```

或者，可以将 Python 目录添加到 PYTHONPATH 环境变量中(见 D3.5 节)。

问答：如果模块以循环的方式相互导入，那么 PYTHON 会做些什么？

Python 可以处理简单的循环导入(A 导入 B，B 导入 C，C 再导入 A)。然而，更复杂的导入会引发问题。进行调试时，将模块安排成层次清晰的非循环图会更容易一些。若要以一种巧妙的方式思考如何安排模块，则应该阅读设计模式方面的内容(Design Pattern，网址 http://sourcemaking.com/)。

15.5　自测题

15.1　数据类型

在 aaRS 项目的骨架程序中，如果是你，会为变量 seq、directory、filename 和 sequences 采用什么数据类型？

15.2　跨膜螺旋预测

写下如下项目描述的**需求**：有一个包含跨膜螺旋氨基酸相对频率的表。一般来说，非极性氨基酸出现的频率高于极性氨基酸。基于数据为跨膜螺旋预测开发一个简单工具。程序应该从 FASTA 文件读取蛋白质序列并在序列上运行滑动窗口（见第 2 章）。通过表对每个长度为 N 的序列的频率求和。如果总数高于给定阈值，则程序应该打印出发现的跨膜螺旋的信息以及序列、位置。使用噬菌调理素（bacteriorhodopsin）和溶菌酶（lysozyme）的蛋白质序列测试程序。确定一个两种蛋白质都能清晰分辨的阈值参数。

15.3　创建基架

执行跨膜螺旋预测器的项目基础框架。写下在编写完整代码前必须询问的关于项目的三个最重要的问题。

15.4　执行程序

实现跨膜螺旋预测器。

15.5　运行 pylint

在其中一个程序上运行 pylint。完善格式，使得分至少为 9.0 分。

第三部分小结

在第三部分，读者学习了模块化编程的所有方面。现在，读者知道了如何书写自己的函数和使用它的几个优点。第10章学习了如何调用函数、如何传递函数参数和如何从函数中返回结果。第11章介绍了类，它是灵活的对象，可以使结构化程序和代码复用成为可能。虽然类比较抽象，初用时比较难，但是把数据和方法分组在同一地方有助于用户对复杂的任务进行管理。第12章学习了如何处理编程错误。如你所知，错误在编程中是正常的，但是如果读者的程序结构足够好，就可以在出现错误但还没有到程序经常崩溃时，找到并管理错误。Python提供了try...except：块，可以用来监视代码，发现出现的错误，让程序做指定的响应。第13章的目的是阐明使用一个Python的外部模块。这一章描述的外部模块是Rpy2，Python到R的外部接口，它是使用最频繁的统计计算和绘图的软件。一旦读者学会一个外部模块背后的使用原理，就可以使用任何外部模块了，只要花一些时间阅读它的文档。在任何情况下，R本身就是生物数据分析的非常有用的工具。读者将在第四部分和第五部分遇到更多的外部模块。第14章展示了如何构建程序流程，也就是如何互相连接程序，如何把读者运行程序用的UNIX命令行参数传递给它。程序流程在一个程序的输入是另一个程序的输出时非常有用。读者可以书写一个程序流程，在Python脚本中包含运行外部程序的命令行，以替代手工逐一运行程序。最后，第15章给出几个最好的实践，以书写结构优质的好程序。好的程序不仅是为了审美的目的，更使容易发现错误成为可能；可以更好地分享、维护和扩展；并总是显示出更高的性能。

第四部分　数据可视化

引言

对好的科学而言，将数据进行强有力的视觉展现与书写良好的文档一样重要。这就是本书第四部分所关注的。用 Python 创建科学图像在技术上并不难。与第三部分不同，在那里读者学习了更复杂的编程技术，而第四部分的复杂性会降低。在这里，读者将学习如何使用三个大软件包，它们可以极大地帮助你。第 13 章讨论了如何使用 R 的 Python 接口来交互式地和非交互式地创建图，第四部分将更详细地讨论这方面的内容。

图片在表达着信息。在第 16 章中，读者将学习如何使用 matplotlib 将数据转化为图。这个库使用屈指可数的命令来创建柱状图、线图、散点图、饼图等，还将讲解缩放和导出图的函数，以及标注、误差条和图例框。在第 17 章中，读者将学习如何用 PyMOL 创建三维分子图像。PyMOL 包含一个强大的脚本界面，可以创建自定义的可重复分子图像；能够高分辨率地呈现蛋白质、DNA 和 RNA 的结构。第 18 章展示了如何直接处理图像文件。读者将学习如何使用 Python 图像库，将线、框、圆形和文本组装为图像。将学习如何将多张图片合并成一个，以及如何将一个大图片变小。至于读者应用这些技能是向图片中添加小标题还是减少装满照片的磁盘的大小，这都取决于你。学习了第四部分，读者将推开通向熟练图像大师之门。

第 16 章　创建科学图表

学习目标：可以使用 matplotlib 产生高分辨率图。

16.1　本章知识点

- 如何创建一个柱状图
- 如何创建一个散点图
- 如何创建一个线图
- 如何创建一个饼图
- 如何画误差条
- 如何画直方图

16.2　案例：核糖体的核苷酸频率

2009 年，诺贝尔化学奖授予了 Venkatraman Ramakrishnan、Thomas Steitz 和 Ada Yonath，以表彰他们对核糖体结构和功能的研究。核糖体是已知最大的分子机器之一，由三种 RNA 组分（在原核生物中是 23S、16S 和 5S rRNA）和许多蛋白质组成。RNA 的构成包括四种基本的核糖核苷酸和一些起微调核糖体功能作用的修饰核苷酸。

16.2.1　问题描述

表 16.1 包含了核糖体 23S 亚基的核苷酸数目。对应由 Ramakrishnan 等解析的 Thermus thermophilus 的核糖体，表 16.1 中还包括了 Escherichia coli 的相关数据。本章将会讨论如何以更吸引人的方式显示这些数据。

表 16.1　23S 核糖体亚基的核酸数目

物　　　种	A	C	G	U
T. thermophiles	606	759	1024	398
E. coli	762	639	912	591

下面的程序使用 matplotlib 库创建一个柱状图。首先，将 y 值和柱的标注放入列表变量中。第二，用 figure() 函数创建一个空图。第三，用多种 matplotlib 函数，如 bar()，绘制图的组分。最后，用 savefig() 将图保存为 .png 文件。

16.2.2 Python 会话示例

```
from pylab import figure, title, xlabel, ylabel,\
    xticks, bar, legend, axis, savefig
nucleotides = ["A", "G", "C", "U"]
counts = [
    [606, 1024, 759, 398],
    [762, 912, 639, 591],
    ]
figure()
title('RNA nucleotides in the ribosome')
xlabel('RNA')
ylabel('base count')

x1 = [2.0, 4.0, 6.0, 8.0]
x2 = [x - 0.5 for x in x1]

xticks(x1, nucleotides)

bar(x1, counts[1], width=0.5, color="#cccccc", label="E.coli 23S")
bar(x2, counts[0], width=0.5, color="#808080", label="T. \
    thermophilus 23S")

legend()
axis([1.0, 9.0, 0, 1200])
savefig('barplot.png')
```

16.3 命令的含义

16.3.1 matplotlib 库

这个程序使用了 matplotlib，它是一个针对科学图表的 Python 库，包含了许多基于数据画图的函数，其中的一些有大量选项。与详尽讲解每一个选项不同，我们关注于从简单的数据，如 x 和 y 值，创建标准的图表。本章为读者提供了针对不同类型图的现成脚本，可以之后进行修改。

问答： 如何执行这个例子？

要使用 matplotlib，需要独立于 Python 来安装它。在所有系统上，这可以通过一条终端命令来完成：

```
easy_install matplotlib
```

之前需要安装 easy_install 程序。

在 Ubuntu Linux 中，用户也可以使用：

```
sudo apt-get install python-matplotlib
```

对于 Mac OS X 10.6 或更高版本，由 .dmg 文件提供。在 Windows 中，需要首先下载并安装 Scientific Python(http://scipy.org/)。

16.2.2 节的程序在 Python 脚本执行的同一目录下创建了名为 barplot.png 的文件(见图 16.1)。

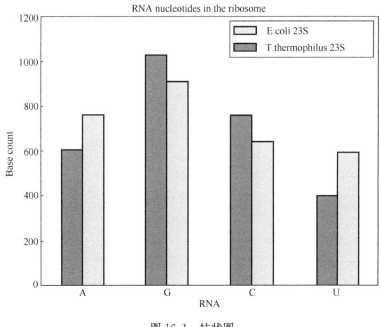

图 16.1 柱状图

可以使用 matplotlib 仅通过四步来创建一个图：

```
from pylab import figure, plot, savefig
xdata = [1, 2, 3, 4]
ydata = [1.25, 2.5, 5.0, 10.0]
figure()
plot(xdata, ydata)
savefig('figure1.png')
```

首先，导入这个库。第二，启动一个新的图。第三，绘制一些数据。第四，将图保存为.png
文件。这样就得到了一个图，可以立即进行数据分析。下面将展示用来创建高质量图的更
多选项。

问答：可以在一个程序中创建多个图吗？

每次调用 figure()函数时，背景会被清除，并启动创建一个新的图。尽管 matplotlib
能够创建多面板图，但仍有充分的理由来创建单独的图。首先，单独的图比一个多面板图
更容易适用于不同的目的(海报、演讲稿、出版物)。第二，可能想在一个独立的程序中自
定义或标注图的局部。最后，单独的图更容易分析。应该在稿件准备阶段创建多面板图，
那时候你的所有结果已经完成了分析和确认。

16.3.2 绘制竖的柱状图

bar()函数可以简单地画柱状图。在最简单的版本中，它将两个列表作为参数：一个是
x 轴的值，一个是柱的高度：

```
bar([1, 2, 3], [20, 50, 100])
```

第一个列表[1，2，3]表示柱在 x 轴应该起始的位置；第二个列表[20，50，100]表示每个柱应该有多高。

类似地，可以通过 barh()函数创建横的柱状图：

```
barh([1, 2, 3], [20, 50, 100])
```

16.2.2 节的示例程序绘制了 4 个组，每组有两个柱（见图 16.1）。如果想很好地将柱与它们的标注水平对齐，则需要认真准备 x 值。在程序中有两个 x 位置的列表：x1 用于每组中右侧柱的标注，x2 用于每组中左侧柱的标注（相对于 x1 向左偏移 0.5）。最后 bar()命令有三个额外的参数分别针对柱的宽度、颜色和图例框中出现的标注：

```
bar(x1, counts[1], width = 0.5, color = "#cccccc", \
    label = "E.coli 23S")
```

16.3.3　为 *x* 轴和 *y* 轴添加标注

每个包含 x 轴和 y 轴的科学图表都需要在各个轴上有简要的描述，包括所使用的单位。xlabel()和 ylabel()函数为各自的轴绘制文本：

```
xlabel('protein concentration [mM]')
```

有可能在标注中使用数学符号、下标和上标：

```
xlabel('protein concentration [$\muM$]')
```

符号的完整列表可以在 http://en.wikipedia.org/wiki/Help:Formula 找到。

16.3.4　添加刻度

与标注轴同样重要的是在轴上添加数值或文本标记。matplotlib 可以自己增加数字，但有时结果不是你想要的。xticks()和 yticks()函数可以绘制自定义的刻度：

```
xticks(xpos, bases)
```

将字符串列表 bases 的每一个元素写到 x 轴的位置 xpos 上。yticks 函数的工作方式类似。

16.3.5　添加一个图例框

legend()函数收集到目前为止绘制的所有数据集的标注，并将其按出现顺序写入一个图例框。它不需要任何参数：

```
legend()
```

16.3.6　添加图的标题

title()函数简单地在图的顶部添加文本，如 16.2.2 节示例程序所示：

```
title('RNA bases in the ribosome')
```

16.3.7　设置图表的边界

matplotlib 自动选择图表的数据范围，可以让所有的数据都可见。然而，有时候这不是你想要的。例如，如果有一个大数据集，并且希望放大较低的 10%，则可以使用 axis()函数：

```
axis([lower_x, upper_x, lower_y, upper_y])
```

axis()的参数是一个包含四个值的列表：x 轴和 y 轴的下边界和上边界。在柱状图程序中，axis()用于调节左侧、右侧的边距以及画布的顶部，以达到图表的视觉平衡：

```
axis([1.0, 9.0, 0, 1200])
```

16.3.8　以低分辨率和高分辨率导出一个图像文件

savefig()函数将整个图表写入一个.png 格式的图像文件：

```
savefig('barplot.png')
```

默认条件下会创建一个 600×600 像素的分辨率为 100 dpi 的图像。用户可以通过添加一个精确的 dpi 值创建更高分辨率的图像：

```
savefig('barplot.png', dpi = 300)
```

也可以直接导出.tif 和.eps 格式的文件：

```
savefig('barplot.tif', dpi = 300)
```

16.4　示例

例 16.1　如何画一个函数

matplotlib 可以基于 x/y 数据创建线图。plot()函数需要具有相同长度的两个列表的值。下面的例子画出了正弦函数（见图 16.2）：

```
from pylab import figure, plot, text, axis, savefig
import math

figure()

xdata = [0.1 * i for i in range(100)]
ydata = [math.sin(j) for j in xdata]

plot(xdata, ydata, 'kd', linewidth=1)
text(4.8, 0, "$y = sin(x)$",\
    horizontalalignment='center', fontsize=20)
axis([0, 3 * math.pi, -1.2, 1.2])

savefig('sinfunc.png')
```

首先，该程序使用 range()函数和列表推导式（在第 4 章中讲解）创建了一个等距 x 值的列表。y 值是通过列表推导式创建的，针对每个 x 值计算 sin(x)。plot 函数的第三个参数 'kd' 表明线的颜色和样式。第一个字符代表颜色（k：黑色，r：红色，g：绿色，b：蓝色；也有其他选择）。第二个字符代表绘制的符号（o：圆形，s：正方形，v 和ˆ：三角形，d：菱形，＋：十字形，—：线，::：虚线，.：点）。text()函数使用数学 TeX 表示法（见 http://en.wikipedia.org/wiki/Help:Formula)在给定的 x/y 位置添加由 $ 符号包含的所标记的文本。在 axis()函数中将 x 轴的右侧边界限定为 3 * math.pi 时，y＝sin(x)函数的开始和结束在相同的高度（纯粹出于审美的原因）。

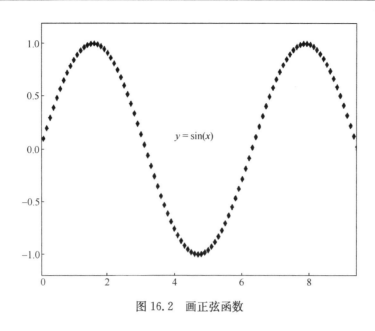

图 16.2　画正弦函数

问答：使用 plot() 函数时，我看到图例框中有两种符号。怎样才能只得到一个？

对于线图或散点图，如果在代码中添加 legend() 函数，就会在图例框中看到两种用于绘制的符号（在这个示例中是菱形）。有可能在 matplotlib 中解决这个问题，但很复杂。我们的建议是不加图例或保持现状，当完成所有的图之后，在一个图形程序中手工编辑图例框。

例 16.2　绘制一个饼图

类似图 16.3 的饼图可以用 pie() 函数绘制：

```
from pylab import figure, title, pie, savefig
nucleotides = 'G', 'C', 'A', 'U'
count = [1024, 759, 606, 398]
explode = [0.0, 0.0, 0.05, 0.05]

colors = ["#f0f0f0", "#dddddd", "#bbbbbb", "#999999"]
def get_percent(value):
 '''Formats float values in pie slices to percent.'''
    return "%4.1f%%" % (value)

figure(1)
title('nucleotides in 23S RNA from T.thermophilus')
pie(count, explode=explode, labels=nucleotides, \
    shadow=True, colors=colors, autopct=get_percent)
savefig('piechart.png', dpi=150)
```

如果想强调 T. thermophilus 的核糖体中 G 和 C 的数量超过全部核苷酸的一半，则可以使用饼图。在 matplotlib 中，pie() 函数的工作方式与 bar() 或 plot() 类似：需要以列表的形式提供数字、标注和颜色。基于 explode 列表中的值，可以使扇形离开中心（0.0 意味着与其他扇形相连）。除了标注，也可以在每个扇形中写文本。autopct 参数是一个函数（这里函数名的用法类似于变量，因此不需要括号），用于得到一个扇形的大小比例（从 0.0 到

1.0)并返回一个字符串。get_percent 函数将数字转换为字符串并添加百分号(关于字符串格式化见第 3 章)。

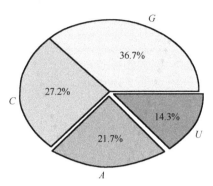

图 16.3　饼图：T. thermophilus 23S RNA 的碱基

问答： 为什么 get_percent 函数中有四个百分号？

get_percent() 函数中的四个百分号都是必需的，但它们的含义不同：

```
return "%4.1f%%" % (value)
```

在字符串格式化时，一个单独的百分号被解释为一个格式化字符的开始(%s 为一个字符串，%i 为一个整数，%f 为浮点数)。第一个符号 %4.1f 是字符串内浮点数的占位符。双百分号(%%)是一个正常百分号的占位符，因为单个百分号将被解释为另一个格式化字符。最后，第四个百分号将格式化字符串与将被插入值的元组进行关联。

例 16.3　添加误差条

误差条可以被添加到散点图和柱状图中(见图 16.4)。在这两种情况下，都需要反映误差条大小的第三个数字列表。errorbar() 函数用于创建有误差条的散点图(工作原理非常类似于 plot())，而对于柱状图而言，需要在 bar() 函数中添加参数 yerr 和 ecolor。

```
from pylab import *
figure()
from pylab import figure, errorbar, bar, savefig
figure()

# scatterplot with error bars
x1 = [0.1, 0.3, 0.5, 0.6, 0.7]
y1 = [1, 5, 5, 10, 20]
err1 = [3, 3, 3, 10, 12]
errorbar(x1, y1, err1 , fmt='ro')

# barplot with error bars
x2 = [1.1, 1.2, 1.3, 1.4, 1.5]
y2 = [10, 15, 10, 15, 17]
err2 = (2, 3, 4, 1, 2)
width = 0.05
bar(x2, y2, width, color='r', yerr=err2, ecolor="black")

savefig('errorbars.png')
```

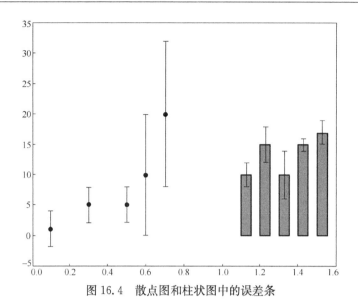

图 16.4 散点图和柱状图中的误差条

例 16.4 绘制一个直方图

下面的代码读入一个整数列表，并绘制它们在五个组中的绝对频率（见图 16.5）：

```python
from pylab import figure, title, xlabel, ylabel, \
    hist, axis, grid, savefig
data = [1, 1, 9, 1, 3, 5, 8, 2, 1, 5, 11, 8, 3, 4, 2, 5]
n_bins = 5

figure()
num, bins, patches = hist(data, n_bins, normed=1.0, \
    histtype='bar', facecolor='green', alpha=0.75)
title('Histogram')
xlabel('value')
ylabel('frequency')
axis()
grid(True)
savefig('histogram.png')
```

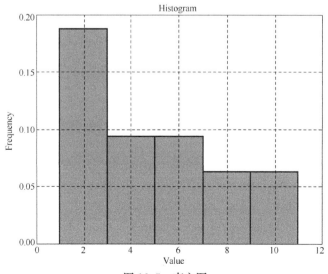

图 16.5 直方图

hist()函数首先将数据分组到给定数目的组中，然后创建一个柱状图。grid()函数在这个图的背景上添加坐标方格。

问答：哪里可以找到辅助绘制的更多图表类型？

找到 matplotlib 解决方案的最快方式是从示例中借鉴。读者可以查看 matplotlib 画廊网页（http://matplotlib.org/gallery.html），从中找到最接近想要的示例图表。然后复制这个示例的源代码并开始调整它（见自测题 16.4）。

16.5　自测题

16.1　创建一个柱状图

将第 3 章中的神经元长度展示为横的柱状图。

16.2　创建一个散点图

绘制表 16.1 中 T. thermophilus 的碱基数目相对于 E. coli 的碱基数目的散点图。

16.3　绘制一个直方图

读入一个有多条序列的 FASTA 文件。绘制序列长度的直方图。

16.4　使用 matplotlib 画廊

使用 matplotlib 画廊了解如何创建箱线图（box and whister plot）。将例子复制并粘贴到一个 Python 文件中并执行它。

16.5　创建一系列图

写一个程序来解析含多条序列的 FASTA 文件，计算每条序列中 20 个氨基酸的频率，并为每条序列创建一个单独的饼图，在图中显示最高的 5 个频率，其余的归纳为"other"。

第 17 章　使用 PyMOL 创建分子图像

学习目标：可以创建分子的高品质图像。

17.1　本章知识点

- 如何用七个步骤来展示一个分子
- 如何创建分子的具有可供发表品质的图像
- 如何使用 PyMOL 的命令行

17.2　示例：锌指

锌指是蛋白质结合 DNA 最常用的三维模体之一。一个锌指包含两个螺旋，它们通过一个锌原子形成特殊的构象，导致一个螺旋与 DNA 的大沟匹配。如果读者想给其他人解释锌指蛋白是如何结合 DNA 的，以及锌原子的角色是什么，可能很快就会遇到语言无法表述的情况。讨论分子结构迫切需要图像展示。那么，我们该如何创建好的（例如，可供发表品质的）分子图像呢？

在摄影时，摄影师不会简单地瞄准一个漂亮的人，按下相机的快门，然后就期望有了一张登上《时尚》杂志封面的照片。模特的着装、化妆、灯光的调整和图像的后期处理都需要大量的工作。情况同样适用于生物分子的三维（3D）模型。

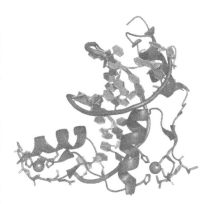

幸运的是，用户可以使用 PyMOL 这个程序完成绝大部分任务。在开始之前，需要考虑这个图像应该传递什么信息？信息可以是这样的："这个图像展示了一个锌指蛋白的锌离子是如何与 DNA 和蛋白质组分关联的，从而可以解释锌指蛋白的功能。"输出结果可以和图 17.1 中的类似。在本章，读者将学习使用 PyMOL 软件创建这样的图像。

图 17.1　一个结合 DNA 的锌指蛋白

17.2.1　什么是 PyMOL

PyMOL 是一个分子的图像机器（www.pymol.org）。它可以用来创建高分辨率三维图像，用于发表论文、做报告和网页展示。PyMOL 有可视化结构坐标及分析其化学属性的函数。用户可以通过图形界面、脚本语言或两者的结合来使用 PyMOL 的所有函数。使用图形界面通常会更方便地快速创建一个快照；但另一方面，仅使用图形界面会让创建高品质图像变得更复杂。脚本界面允许用户将图像的创建变为完全可重复的，这样当发现自己想修改少数细节时无须从头开始。总而言之，图形和脚本方法彼此互补。

PyMOL 由已故的 Warren L. DeLano 用 Python 编写，其中耗时的部分用 C 语言来编写代码。它在 Windows、Linux 和 Mac OS 系统上都可以很好地运行。PyMOL 提供免费版和商业版。免费版在使用上没有限制，所有的函数都完全可用。商业版目前由薛定谔公司(Schrödinger Company)维护，提供额外的特性，例如改进的渲染以及与 PowerPoint 软件的整合。读者可以在网页 http://sourceforge.net/projects/pymol/ 的"Files"→"Legacy"目录中找到所有操作系统的二进制版本。

下面的 PyMOL 脚本基于一个蛋白质的结构文件创建完整的锌指图像。下面的锌指脚本中的命令不是 Python 的，而是 PyMOL 特有的命令。不过使用它们的方法类似于使用 Python 操作系统外壳：在 PyMOL 的文本控制台输入命令，或者将它们写入一个脚本文件。无论是用户想为基于图形界面的工作提供支持，还是想以命令行作为操作 PyMOL 的主要手段，或者想简单试一试程序的函数，命令行都是有用的。专题 17.1 和专题 17.2 提供了图形界面的基本概述和帮助功能。

专题 17.1　图形用户界面(GUI)

PyMOL 图形用户界面包括两个窗口，一个大窗口和一个中等窗口(见图 17.2)。下面列出了最重要的一些功能。

- 三维屏幕(3D screen；位于大窗口的中心)。分子的三维模型出现在这里。作为另一种选择，可以通过按 Esc 键来切换和关闭一个文本控制台。
- 对象列表(Object list；位于大窗口的右上方)。加载分子和用户定义的选择项出现在这里。其中的每一项都可以通过点击它的名字来切换和关闭。此外，每个对象的单个展示模式可以通过 S(展示)、H(隐藏)、L(标记)和 C(着色)按键来选择。

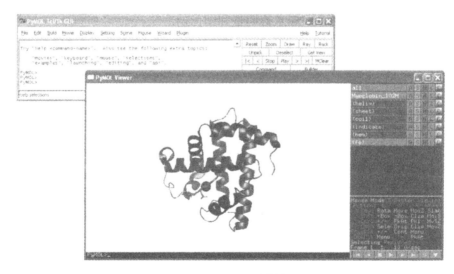

图 17.2　PyMOL 图形界面。
注意：前面的图像显示的是大窗口；后面的图像展示的是中等窗口

- 命令行(Command line；位于大窗口和中等窗口的底部)。这里可以输入文本命令。拼写不完全的命令可以通过按 Tab 键补全。通过按向上的箭头可以看到之前输入的命令。就像在 UNIX 或 Windows 操作系统外壳中一样，在 PyMOL 的命令行中可以使用 cd、dir、ls 和 pwd 命令来浏览目录。在 Windows 中，cd 命令特别重要，这是因为 PyMOL 启动时默认在它自己的目录，而不是"桌面"或"我的文档"文件夹。
- 鼠标控制(Mouse controls；位于大窗口的右下方)。鼠标按键与键盘组合的功能总结在这里。在这个控制框中点击会在选择和可视化原子两种模式之间切换。
- 展示菜单(Display menu；位于中等窗口的上方)。这个菜单微调当前场景的质量。
- 设置菜单(Settings menu；位于中等窗口的上方)。这里可以调整展示模式的颜色和细节。
- 向导和插件菜单(Wizard and Plugin menu；位于中等窗口的上方)。这个菜单包括高级工具和一些示例展示。

专题 17.2 获得帮助

PyMOL 有优秀的内置文档。它提供一个列表，包括所有可用命令以及对每一个命令的描述。用户可以输入如下命令来进入主帮助页面：

```
help
```

这样会在主窗口展示可用的帮助主题。通过按 Esc 键可以回到图形屏幕。用户可以输入如下命令来获得对一个特定命令(例如 orient)的帮助：

```
help orient
```

另外，还有少数特定的帮助主题。关于选择的帮助主题特别有用：

```
help selections
```

17.2.2 PyMOL 会话示例

```
delete *
load 1aay.pdb

hide everything
bg_color white

# protein
select zinc_finger, chain a
show cartoon, zinc_finger
color blue, zinc_finger

# DNA
select dna, chain b or chain c
select dna_backbone, elem P
show cartoon, dna
set cartoon_ring_mode, 3
color green, dna
color forest, dna_backbone

# zinc
select zinc, resn zn
show spheres, zinc
color gray, zinc
```

```
# binding residues
select atoms_pocket, zinc around 5.0 and not zinc
select pocket, byres atoms_pocket
show sticks, pocket
set valence, 1
color marine, pocket

set_view (\
      0.385022461,     -0.910319746,      -0.151902989,\
     -0.748979092,     -0.212032005,      -0.627752066,\
      0.539247334,      0.355471820,      -0.763447404,\
      0.000005471,      0.000029832,    -134.466125488,\
      1.499966264,     12.841400146,      50.074134827,\
    100.975906372,    167.958770752,       0.000000000 )

ray 800,600
png zinc_finger.png
```

问答：如何运行这个脚本？

首先，将这些命令行复制到一个文本文件（例如，zinc_finger.pml）。接着，启动 PyMOL。最后，将目录更改到放置 zinc_finger.pml 文件的位置，选择 File－>Run 选项，并选中脚本文件。在 Windows 中，也许双击这个文件就可以了。在 Linux 中，可以使用 PyMOL 的文本控制台，在其中输入@/home/your_login/Desktop/zinc_finger.pml（由于文件夹名字长而且复杂，这个方法在 Windows 中使用不方便）。在 Mac OS X 中，可以在放置这个文件的目录中输入@zinc_finger.pml。

17.3　用七个步骤来创建高分辨率的图像

这个脚本创建了图 17.1 中的锌指图像。读者可以沿用七个步骤的模式来创建类似的脚本：

1. 创建一个 PyMOL 脚本文件。
2. 加载分子。
3. 选取原子和残基。
4. 为每个选取选择展现形式。
5. 为分子和背景着色。
6. 设置摄影位置。
7. 导出高分辨率图像。

所有的七个步骤都可以通过使用 PyMOL 的图形界面完成（见图 17.2 和专题 17.1）。然而，在本章中将解释脚本界面，这是因为脚本界面允许用户来重复、定制及改进一个已创建的精彩图像。

17.3.1　创建一个 PyMOL 脚本文件

PyMOL 文本控制台理解的命令都可以写入脚本文件。PyMOL 脚本是纯文本文件，每一行就是一个命令。通常这些文本文件以 . pml 为后缀。一个脚本可以从 PyMOL 的"File"菜单调用，或者通过在@后跟着文件名来调用：

```
@zinc_finger.pml
```

PyMOL 脚本应该总以 . pml 为扩展名。

使用脚本的优势是图像是完全可重复的。甚至几个月或几年之后，用户仍可以很容易地修改一个脚本来完成其他任务。如果要创建一系列图像，以一个如本章开始的示例的脚本作为出发点，对这个脚本进行修改，就能节省时间。作为使用 PyMOL 的第一步，用户可以简单地复制这个锌指脚本，并针对该分子调整成你需要的版本。

17.3.2　加载和保存分子

加载分子

首先，用户需要一个分子的 3D 结构文件，例如，一个从 PDB（www.pdb.org）或 Pub-Chem（http：//pubchem.ncbi.nlm.nih.gov/）数据库下载的文件。可以使用在 load 命令后跟着结构文件名来加载一个分子文件：

```
load 1aay.pdb
```

这个分子名出现在右上角的面板：对象列表（见图 17.2）。这个位置是 PyMOL 展示所有加载或者在任意时刻定义的对象的地方。可以用下列命令来为加载的分子命名：

```
load 1aay.pdb, zinc_finger
```

PyMOL 可以读取常用于分子结构的多种文件格式，包括 . ent、. pdb、. mol、. mol2、. xplor、. mmod、. ccp4、. r3d、. trj 和 . pse。

问答：我的分子没有被加载。什么地方出错了？

最有可能的是 PyMOL 在错误的目录中查找。当用户在 PyMOL 命令行中输入 pwd，PyMOL 会打印出当前所在目录（按 Esc 键查看结果）。使用 cd ＜目录名＞命令来改变到另一个目录，最后用 ls 命令来列出目录中的所有文件。如果在正确的目录而且文件在那里，命令 load ＜文件名＞应该加载这个结构。如果仍然有错，试另一个文件或者用文本编辑器打开文件来检查它是否真的包含三维坐标。

保存分子

采用同样的方法，可以用文件来保存分子。PyMOL 通过文件的后缀来识别文件类型。对蛋白质、DNA 和 RNA 结构而言，. pdb 格式是最常用的，这是因为许多其他软件（以及读者可能寻求帮助的大多数人）都可以读取这种格式。PyMOL 默认通过在 save 命令后跟着一个文件名来保存当前加载的所有分子，文件以 . pdb 为后缀：

```
save everything.pdb
```

也可以只保存右上角列表中的一个对象：

```
save my_molecule.pdb, zinc_finger
```

如果使用以 . pse 为扩展名的文件，则 PyMOL 允许将整个 PyMOL 会话保存到一个文件中，包括颜色和摄影视角。

```
save my_session.pse
```

加载了一个.pse 会话以后，之前已经加载的所有内容都会被删除。这样就不可能将两个会话进行组合。在这种情况下脚本更有用。PyMOL 会话可以被脚本加载和使用。不要将脚本文件的后缀.pml 和 PyMOL 会话的后缀.pse 混淆。

问答：可以用 PyMOL 会话来保存我的进展吗？

是的，在你针对一个结构进行工作时，通常可以用不同的文件名来保存会话。对于让你的进展免于因电源故障或其他意外而丢失来说，这样做是好的。然而，当你试图在一个旧一些或新一些的 PyMOL 版本上加载会话文件时，它们可能不兼容，或者展示可能变形。写脚本可以克服这个问题，因为可以完全控制代码中的内容。

17.3.3　选取分子的局部

为了创建分子的一张合适的图像，读者会发现值得最初就将想使用的所有部分进行整齐的规划。对锌指蛋白，这意味着将蛋白质、DNA、锌原子和结合残基定义为不同的对象。在 PyMOL 中，这些分子局部被称为选取（selection）。选取出现在右上角的对象列表中。可以使用序列尺或者 select 命令来定义选取。

使用序列尺

图形界面有一个框，允许用户选择一些氨基酸或核苷酸。当按右下角小的 s 按钮（见图 17.2）时，一个包含分子序列的选择框会出现在展示区的上方。无论单击序列中的哪些残基，它们都将作为一个被标记的条目（sele）立即展示在对象列表中。如果想保存选取的残基供以后使用，在文本控制台中用下列命令会帮助将选取复制为不同的名称：

```
select my_copy, sele
```

也可以简单地通过在结构上点击单个原子来创建残基选取。选取将被标示为紫色方块，并作为一个被标记的条目（sele）展示在对象列表中。从那里，可以用如前所述一样的方法存储选取。如果想让紫色方块消失，则可以输入：

```
indicate none
```

或者：

```
disable sele
```

select 命令

在 PyMOL 中，select 命令是最强大（也是最复杂）的命令。学习 PyMOL 的大部分时间可能花在这个命令上。为了将这部分时间缩短一点，可以从这里给出的例子开始。输入 help selections 可以得到关于选取运算的概述。

select 命令总是遵循如下的模式：

```
select <selection>,<expression>
```

<selection> 是用户想要定义的子集的名称（较容易）；<expression> 是一个规则，用来描述想要选取什么（较困难）。每当选取某个部分时，它会作为选取出现在右上角的对象列表

中。选取是分子中原子的一个子集,可以对其进行单独操作。例如,17.2.2 节的锌指脚本中使用了四次 select 命令来选取链、残基和单个原子。对于选取可以有许多不同的表达式。

选取链

```
select zinc_finger, chain a
```

这个命令从结构文件中选取了整个 A 链。在对象面板会出现额外的一行:zinc_finger。

```
select dna, chain b or chain c
```

DNA 包括两条链,在这个结构中被标记为 B 和 C 链(除了一些例外,PyMOL 是不区分大小写的)。两条链通过逻辑 or 被包含在同一个选取中。

选取残基

```
select zinc, resn zn
```

最后,三个单独的锌原子作为整个残基被选中,成为一个选取(zinc)。类似地,可以用 ala、cys、val 等来替换 zn 从而选取氨基酸残基。由于锌残基由单个原子组成,也可以不用选取残基,而是通过如下命令来选取锌原子(原子名 ZN 必须要大写):

```
select zinc, elem ZN
```

选取原子

```
select dna_backbone, elem P
```

在 DNA 骨架上的磷酸根是唯一存在于结构中的磷酸根。这个命令简单地选中它们全部,并将它们放入一个名为 dna_backbone 的选取。更多 select 命令的例子在表 17.1 中。

表 17.1　PyMOL 中的选取命令

选　取	命　令
选取一个对象或选取	select sel1, 1aay
复制一个对象或选取	create clone1, 1aay
选取一个链	select dna, chain A
通过名称选取残基	select aromatic, resn phe + tyr + trp
通过编号选取残基	select sel2, resi 1 – 100
通过名称选取原子	select calpha, name CA
通过元素选取原子	select oxygen, elem O
通过蛋白二级结构(螺旋或折叠)进行选取	select helix, ss h select sheet, ss s
通过"or"进行组合选取	select sel3, resi 1 – 100 or resi 201 – 300
通过"and"进行组合选取	select sel4, resn trp and name ca
选取链 A 中所有的氧原子,但不包括水分子	select sel5, elem O and chain A and not resn HOH
选取一个配体周围直径 5.0 Å 内的原子	select sel6, resn HEM around 5.0
选取一个配体周围直径 5.0 Å 内的整个残基	select sel7, br. resn HEM around 5.0

问答:我如何知道分子中含有哪些链、残基或者原子?

有三种方法来实现这一目标。第一,在文本编辑器中打开 PDB 文件(如果你不熟悉这种格式,这种办法可能是不方便的)。第二,在 www.pdb.org 中查看结构的概要(因为结构是从那里得到的)。第三,用鼠标左键点击你想要选取的链上的一个原子。在菜单栏下方的文本窗口中,

PyMOL 会显示类似下面的一行：

```
You clicked/1aay//C/DC'56/O4'
```

这意味着你点击了分子 1aay 的 C 链中 56 号残基上的 O4′原子，这是一个脱氧胞苷（简称为 DC）。或者，你可以用鼠标右键点击想要选取的原子，这样会出现一个包含选项的弹出窗口。

条件组合

用户可以使用多个条件，将它们通过 and、or 或者 not 以及括号等关键字的组合来创建选取。这种方式与在 Python 的 if 条件语句中使用布尔运算符 and、or 以及 not 是类似的（见 4.3.1 节）。

```
select sel02, resi 1-100 or resi 201-300
select sel03, resn trp and name ca
select sel04, ss h and not (resn ile+val+leu)
```

可以使用这些运算符基于其他选取来创建选取。

```
select aa, resi 1-100
select bb, resi 201-300
select cc, aa or bb
```

这些表达式可以写为一行：

```
select cc, resi 1-100 or resi 201-300
```

选取与对象

这两个概念需要进一步澄清。一个**对象**是 PyMOL 内存中分子的基本表现形式（包括所有原子、键、颜色和显示模式）。一个**选取**是在一个或多个对象中定义的一组原子的指针。它遵循着每个原子可以属于多于一个的选取，但只属于一个对象。在 PyMOL 的对象列表（在图形窗口的右上角）中，选取的名称显示在括号中。实际上，它们之间最大的区别是，点击一个对象的名称会完全隐藏或显示它！有一个默认的选取，命名为"(all)"，包含加载入 PyMOL 的所有原子。下列的例子展示了选取与对象之间的差异：

```
load lysozyme.ent, lysozyme
select calpha_sel, lysozyme and name ca
create calpha_obj, lysozyme and name ca
```

第一行命令将新的原子加载入内存，创建了一个名为 lysozyme 的对象。第二行定义了一个名为 calpha_sel 的选取，包含 lysozyme 中所有 α 碳原子的**指针**。第三行命令创建了一个名为 calpha_obj 的对象，包含这些 α 碳原子的**坐标**。实际上，create 命令在内存中复制了这些原子。例如，当改变 lysozyme 和 calpha_sel 的颜色时，这些变化将互相影响。相反，因为有自己的原子，所以 calpha_obj 不受影响。当删除 lysozyme 时，选取 calpha_sel 也将消失，但复制的对象 calpha_obj 会保留。

17.3.4 为每个选取选择展现形式

对分子的每个部分，需要决定想要的样子。可以通过点击对象列表中的 S（显示）按钮挑选显示模式（见图 17.2）。蛋白质和核酸通常用卡通（cartoon）展现最佳，而小分子和细节用棒(sticks)或球和棒展示更好。沟和静电势可以通过球(spheres)和表面(surface)展示进行可视化。

在命令行中，show 和 hide 命令设置一个给定选取或对象的显示模式。可用的模式包括 lines、sticks、cartoon、spheres 和 surface。show 和 hide 命令的典型例子如下：

```
hide all
```

这个命令禁用所有展现形式。加载的分子消失。

```
show cartoon
```

这个命令在 cartoon 模式下显示所有分子(蛋白质和核酸；对单个原子和小分子，没有 cartoon 模式)。

```
show cartoon, zinc_finger
```

这个命令与前一个命令做同样的事情，但只是针对 zinc_finger 选取。

```
hide cartoon, zinc_finger
```

这个命令关闭对锌指的卡通展现。

有一些技巧来帮助更好地显示蛋白质、核酸、小分子和单个原子。

展示蛋白质卡通

对于蛋白质卡通，可以通过 cartoon 命令来改变卡通的类型，例如：

```
cartoon arrow
```

除了 arrow，可以使用 loop、rect、oval、tube 和 dumbbell 类型。cartoon 模式可以为特定二级结构元件特别设置：

```
cartoon tube, ss h
cartoon rect, ss s or ss l
```

最后，可以为卡通调整很多细节的设置，例如：

```
set cartoon_loop_radius, 2.0
```

在"Setting"→"Edit All ..."菜单中得到所有可用的设置。它们没有文档，但可以通过试错法来理解。

展示 DNA 和 RNA 卡通

与蛋白质类似，核酸可以显示为卡通。对 DNA 和 RNA 最典型的模式设置如下：

```
show cartoon, dna
set cartoon_ring_mode, 3
```

cartoon_ring_mode 数的取值范围是从 1 到 6。不同的 cartoon_ring_mode 值对应于不同的展现。

展示小分子

对于小分子(或大分子残基的侧链)，最常见的显示模式是"棒"(sticks)。有一点要记住的是，单价和双价键需要正确显示。对锌结合口袋，这是通过以下命令实现的：

```
show sticks, pocket
set valence, 1
```

展示离子和其他单个原子

在锌指中,锌原子被显示为简单的球:

```
show spheres, zinc
```

同样的命令可以适用于经常出现在 PDB 文件的水分子。如果不需要水分子,则可以隐藏它们:

```
hide nonbonded
```

或者可以将它们一起删除:

```
remove resn hoh
```

17.3.5　设置颜色

颜色可以传递很多支持图像的信息。在开始想特定的颜色之前,值得考虑一些基本的约束:想用什么样的背景?是在为一个引人注目的演讲还是在为平面媒体做准备?将要打印彩色还是黑白图像?事先决定这些事情可为日后减少许多麻烦。如果想推迟做决定,有一个场景的 PyMOL 的脚本会让你灵活选择。在为你的场景着色时,请记住男性人口的 9% 有绿色盲,可能难以区分红色和绿色。然而,当用普通黑白打印机来打印研究论文时,无法区分红色和绿色的研究人员的比例会增长到 100%。

设置背景颜色

背景颜色决定了其他所有颜色。在现场演讲中,黑色背景经常更容易把握深度。对于打印的页面,白色背景通常看起来更好(并且打印更便宜),除非打印在昂贵的光面纸上。可以将背景改为白色:

```
bg_color white
```

设置分子颜色

color 命令更改了整个对象或给定选取的颜色:

```
color red
color red, zinc_finger
```

PyMOL 有一组预定义的颜色,如 firebrick、forest、teal、salmon、marine 和 slate,可以很容易地通过 color 命令使用它们。可以通过"Setting"菜单或对象列表中的 C(颜色)按钮(在图形面板右上角的最后一列;见图 17.2)得到颜色列表。

给元素上色

如果想要为一个分子着色,并为元素分配不同的颜色,则可以使用一个特殊的函数:

```
util.cbag('zinc_finger')
```

这个函数将碳原子设置为绿色。类似的函数会给碳原子分配不同的颜色:util.cbab(蓝色)、util.cbac(青色)、util.cbak(浅品红色)、util.cbam(品红色)、util.cbao(橙色)、util.cbap(深品红色)、util.cbas(浅橙色)、util.cbaw(白色)和 util.cbay(黄色)。

定义自己的颜色

可以使用 set_color 命令来自定义颜色:

```
set_color leaves, [0.2, 0.8, 0.0]
color leaves, dna
```

列表中的三个数字分别对应于红、绿和蓝。每个颜色数字的取值范围在 0.0 和 1.0 之间，可以调整它们来获得自己喜欢的颜色。例如：

```
set_color leaves, [0.1, 0.0, 0.0]
color leaves, dna
```

将 dna 着色为红色。

问答："RGB"和"CMYK"代表了什么？

有两种配色方案：用于屏幕显示的 RGB(红色-绿色-蓝色)和用于打印的 CMYK(青色-品红色-黄色-黑色)。有些 RGB 颜色在打印时看起来很糟，但 PyMOL 有一个内置的 CMYK 翻译，在创建打印图像时应该启用它。可以在"Display"→"Color Space"菜单中找到它。CMYK 颜色的实际外观在一定程度上依赖于设备。PyMOL 中的大多数默认颜色对 CMYK 是保险的。

17.3.6　设置摄影位置

找到一个好的摄影位置并不总是很容易。结构的一部分经常会遮挡你想要展示的部分；或者当展示多个位点时，很难将它们都同时置于视野中。定位相机可能涉及到权衡。一个实际的解决办法是尝试一系列位置，之后再挑选最佳的图像(摄影师做同样的事!)。为了在 PyMOL 脚本中得到摄影位置，首先需要使用鼠标来定位分子。一旦找到了一个好的方向，就可以通过输入下列命令将摄影位置转换到脚本中：

```
get_view
```

这个命令打印出在括号中包含许多数字的 set_view()命令。这些数字代表了精确的摄影位置、缩放、深度等。在实际中，不需要担心这些数字的含义。可以简单地把整个命令复制到 PyMOL 脚本。

问答：怎样从 PyMOL 窗口中复制文本？

你可以用鼠标在 PyMOL 窗口顶部小菜单栏的文本字段中选择文本，并用 Ctrl-C 复制它。

将分子居中

如果移动分子时滑出视线之外，或者转动中心很奇怪，则可以通过输入下列命令将分子(或它的局部)居中：

```
orient
orient dna
```

17.3.7　导出高分辨率图像

PyMOL 具有可用于创建高品质灯光效果的内置光线跟踪功能。锌指蛋白的最终图像由这些命令产生：

```
indicate none
set fog, 0
ray 800, 600
png zinc_finger.png
```

第一个命令隐藏了指示被选取原子的紫色小方块。第二个命令将雾化效果（更远处的原子有点模糊）关闭。在"Setting"→"Rendering"菜单中，可以调整一些相关的选项，如画质、图形保真和阴影。ray 命令生成高品质图像。可以简单地输入：

```
ray
```

来显示一个与 PyMOL 图形窗口大小一致的图像。此外，就像前面的例子一样，可以明确地给出像素大小（见专题 17.3）。执行 ray 命令需要一些时间，这取决于图像的复杂性和大小。最后，png 命令产生一个 .png 格式的图像文件。计算出的图像随着场景的改变会丢失，所以应该立即用 png 命令存储。

专题 17.3　产生 300DPI 的图像需要多少像素？

当用户针对一个杂志导出图像时，知道最终打印出来的图像将有多大是很重要的。例如，如果你在准备 7 英寸宽的 300 dpi 的彩图，需要一个 7×300＝2100 像素宽的图像。如果想给标注或边距留下空间，则可以创建一个略小的图像并将它粘贴到 Photoshop 或 GIMP 的空白画布。但是，**在任何情况下**，不要将准备提交给杂志的图像缩小或放大，这样的话，其质量几乎不可避免地会降低。

标注

当添加文本标注和符号（圆圈、箭头等）后，图像才会成为一个杰作。PyMOL 可以显示原子、残基等的标注，但是对于发表而言，它们几乎没有帮助。因此，最好使用外部程序（如 Photoshop、GIMP 或 PowerPoint）来添加图形元素。

最后的建议

在摄影时，为了产生好的照片，摄影师需要拍摄许多照片。这同样适用于分子。通常获得图像的最好方式是，将光线跟踪的场景按几种展示形式、不同颜色和多个摄影角度连续存储，之后再选出最佳的图像。从专题 17.4 给出的资源中可以找到更多关于 PyMOL 的信息。

专题 17.4　PyMOL 的网站

一些有经验的 PyMOL 用户在他们的个人网站上提供自己写的 PyMOL 插件（如果这些插件还不在 PyMOL 的维基网站）：

● 网站 www.pymol.org 包含 PyMOL 的手册（超过 150 页）。它详细解释了鼠标导航和菜单，并包含了所有命令的参考手册。

● PyMOL 的维基网站（www.pymolwiki.org）包含了用户提供的文档。这个维基网站高质量地涵盖了大多数中级到高级主题，并且优势在于经常会提供示例脚本。通过点主页上的"Top level of contents"可获得主索引。

● Robert Campbell 的结晶学工具（http://adelie.biochem.queensu.ca/~rlc/work/pymol/）。

● 由 Gareth Stockwell 撰写的教程解答了许多这里没有解答的事情（www.ebi.ac.uk/~gareth/pymol/）。

17.4　示例

例 17.1　创建球棒展现形式

PyMOL 没有直接的球棒展现形式。不过，它可以通过组合球和棒来模拟：

```
show sticks, pocket
show spheres, pocket
set stick_radius, 0.1, pocket
set sphere_scale, 0.25, pocket
color marine, pocket
```

这两个 set 命令只针对 pocket 选取改变棒的大小和球的大小，其结果是产生由棒连接的小球。

问答：有哪些其他设置？

查看主菜单中的"Setting"和"Edit all"，看看可以改变哪些其他参数。

例 17.2　透明的表面

隐藏分子的一部分通常会对图像有益且会引人注目。PyMOL 可以使表面部分透明：

```
hide all
show surface
show cartoon
set transparency, 0.5
```

如果想用不同的表面方式遮蔽卡通方式，可以加载同一分子两次：

```
load 1aay.pdb, zf_surface
load 1aay.pdb, zf_cartoon
hide all
show cartoon, zf_cartoon
show surface, zf_surface
set transparency, 0.5
```

通过这种方式，将创建同一结构的两个拷贝，但它们看起来不同。通过对结构的局部使用分立的文件，可以创建单独的表面，例如，蛋白质及其配体。

珠光效果

可以使用透明度产生珠光般的效果。将原子复制，一个显示为固体球，另一个为稍大的、半透明球（光晕）：

```
create zinc2, zinc
set sphere_transparency, 0.4, zinc2
set sphere_scale, 1.05, zinc2
ray
```

create 命令从给定的选取产生额外的原子。分子或其局部的复制对于实现更加复杂的效果有时是有益的。

例 17.3　突出显示原子之间的距离

使用 distance 命令可以显示连接原子的细线和相应的距离。它需要两个原子作为参数，原子可以由完整的标识符来指定，如下面的例子所示，或由各含有一个原子的两个单独的选取来指定。

```
distance dist = (/1aay//C/DA' 58/OP2),(/1aay//B/DG' 10/OP2)
color black, dist
```

17.5　自测题

17.1　创建一个高分辨率图像

创建一个血红蛋白分子的高分辨率图像，展示血红素基团中的铁原子如何由两个组氨酸残基保持定位(见图 17.3)。可以使用 PDB 代码为 2DN2 的结构。

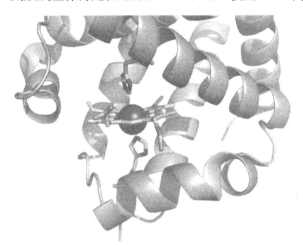

注：血红蛋白血红素基团中的铁
原子由两个组氨酸残基保持定位

图 17.3　血红蛋白分子的高分辨率图像

17.2　选取一个异质性基团

写一个 PyMOL 命令，从血红蛋白结构中选取整个血红素基团，但不包括其他部分。

17.3　选取指定残基

写一个或多个 PyMOL 命令，选取与血红素基团相连的两个组氨酸，但不包括其他部分。

17.4　绘制球棒模型

写一个 PyMOL 脚本，将血红素基团用球棒模型展示，但棒的颜色与球的颜色不同。

提示： 需要使用不同的名称来加载分子两次。

17.5　创建一段影像

使用 PyMOL 产生一段分子影像来突出显示血红蛋白结构的特征：折叠、血红素结合位点和功能性氨基酸。读者可以使用 emovie.py 插件(www.weizmann.ac.il/ISPC/eMovie.html)或自己编写。不管怎样，需要产生一长串 .png 图像用以组装成影像。在 Windows 中，可以使用 MEncoder 将它们组装为一段影像。在存放所有 .png 文件的目录下运行 MEncoder 的命令是：

```
mencoder "mf://*.png" -mf fps = 25 -o output.avi -ovc
lavc -lavcopts vcodec = mpeg4
```

第18章 处理图像

学习目标：可以从几何图形和文本出发构建图像。

18.1 本章知识点

- 如何用 Python 图像库绘制图像
- 如何绘制质粒的示意图
- 如何绘制几何形状
- 如何将文本添加到图像
- 如何将几张图片组合成单独的图像
- 如何调整图像大小
- 如何将彩色图像转换为黑白图像

18.2 案例：画一个质粒

1977 年 Francisco Bolivar 和 Raymond Rodriguez 构建了最早的人工质粒。它包含了 4361 个 DNA 碱基对、一个复制起点、一个氨苄青霉素抗性基因和一个四环素抗性基因。该质粒含有许多限制性位点，从而成为构建遗传载体的基础。

18.2.1 问题描述

示意图是可视化科学内容的核心。想象一下这样的场景：看不见树的系统发生树，没有反应箭头的代谢途径，以及没有绘制细胞却要讲解它。同样的场景也适用于基因和蛋白质的结构。

本章将绘制 pBR322 质粒。质粒的图像将其显示为一个环状结构。复制起点和两个抗性基因区域需要用不同颜色进行标记。一个示例性的切割位点需要被标示，并且应该添加文本标注。当然，每一项都必须绘制在与正确核苷酸位置相对应的位置。

使用 Photoshop 或 GIMP 难以手工获得正确的比例。绘制矢量图形的软件，如 Inkscape 或 CorelDraw，是更好的选择，但涉及大量手工工作。网络上有许多质粒绘图软件，都有优点和缺点。由于这些解决方案都不完美，用户需要建立自己的方案。使用 Python，可以完全控制所要绘制的图像。这里将使用 Python 图像库（PIL）绘制精确的 pBR322 质粒示意图（见专题 18.1）。PIL 包含了处理图像的有力工具，从移动和旋转图形元素的局部，到使用复杂的过滤器改变整个图像。PIL 是最流行的 Python 库之一；例如，欧元硬币的图像就是使用 PIL 创建的。下面的示例从 PIL 导入两个模块，给变量名赋值一些常量，激活绘图工具，然后定义和调用函数来实际绘制质粒。

专题 18.1　如何安装 Python 图像库

在 Linux 中，可以输入下列命令来安装 PIL：

```
sudo apt-get install python-imaging
```

在 Windows 中，需要从 www.pythonware.com/products/pil/下载二进制发行版并通过双击来安装它。这两种情况下，在安装之后当打开一个 Python 操作系统外壳，输入下列命令可以成功导入：

```
>>> import PIL
```

18.2.2　Python 会话示例

```python
from PIL import Image, ImageDraw
import math

PLASMID_LENGTH = 4361
SIZE = (500, 500)
CENTER = (250, 250)

pBR322 = Image.new('RGB', SIZE, 'white')
DRAW = ImageDraw.Draw(pBR322)

def get_angle(bp, length=PLASMID_LENGTH):
    """Converts base position into an angle."""
    return bp * 360 / length

def coord(angle, center, radius):
    """Return (x,y) coordinates of a point in a circle."""
    rad = math.radians(90 - angle)
    x = int(center[0] + math.sin(rad) * radius)
    y = int(center[1] + math.cos(rad) * radius)
    return x, y

def draw_arrow_tip(start, direction, color):
    """Draws a triangle at the given start angle."""
    p1 = coord(start + direction, CENTER, 185)
    p2 = coord(start, CENTER, 160)
    p3 = coord(start, CENTER, 210)
    DRAW.polygon((p1, p2, p3), fill=color)

TET_START, TET_END = get_angle(88), get_angle(1276)
AMP_START, AMP_END = get_angle(3293), get_angle(4153)
ORI_START, ORI_END = get_angle(2519), get_angle(3133)

# drawing the plasmid
BOX = (50, 50, 450, 450)
DRAW.pieslice(BOX, 0, 360, fill='gray')
DRAW.pieslice(BOX, TET_START, TET_END, fill='blue')
DRAW.pieslice(BOX, AMP_START, AMP_END, fill='orange')
DRAW.pieslice(BOX, ORI_START, ORI_END, fill='darkmagenta')

DRAW.pieslice((80, 80, 420, 420), 0, 360, fill='white')
draw_arrow_tip(TET_END, 10, 'blue')
draw_arrow_tip(AMP_START, -10, 'orange')
draw_arrow_tip(ORI_START, -10, 'darkmagenta')

pBR322.save('plasmid_pBR322.png')
```

18.3　命令的含义

如前所述，18.2.2 节使用了 PIL(见专题 18.1)。PIL 最重要的部分由下列命令导入：

```
from PIL import Image, ImageDraw
```

PIL 的核心是 Image 模块。几乎所有可以对图像进行的操作都使用这个模块。例如，当从文件中读取图片时，会得到一个 Image 对象。当绘制图形元素时，写文本时，等等，它们被绘制于 Image 对象。当 ImageDraw 模块是在图像上进行绘制的工具集合。

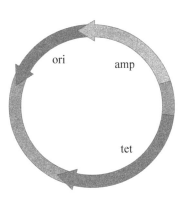

图 18.1 中的质粒示意图由一个大的灰色圆圈与三个标记的彩色扇形区域构成。在绘制质粒的这四个部分之后，再在中心画一个较小的白色圆圈，这样就裁剪出质粒的中心部分。之后只需添加箭头。

图 18.1　一个质粒示意图

这个程序的步骤包括创建一个空的图像，绘制各种几何形状和线条，添加文本，最后将图像保存为 .png 文件。这个程序还定义了三个辅助函数：angle()、coord()和 draw_arrow_tip()。angle()函数帮助基于碱基对数字计算出角度，这样就可以在质粒的所有区域定义常量：

```
TET_START, TET_END = angle(88), angle(1276)
```

这里，88 和 1276 是碱基位置，angle()函数将其转换为角度。其他两个函数在下文讲解。

18.3.1　创建一个图像

通过 Image.new()可以创建一个空的 Image 对象，该函数有三个参数：

```
pBR322 = Image.new('RGB', SIZE, 'white')
```

字符串'RGB'表示该图像采用红绿蓝配色方案，这适用于大多数图像。元组 SIZE 取值为(500, 500)，表示图像的 x 和 y 的尺寸为多少像素。最后，字符串'white'设置背景颜色为白色。

ImageDraw.Draw 激活用于质粒图像的绘图工具(直线、圆、文本等)。通过将 Image 对象 pBR322 作为参数传递给 ImageDraw.Draw()函数，绘图工具在该对象上激活。结果被赋值到 DRAW 变量：

```
DRAW = ImageDraw.Draw(pBR322)
```

这个 DRAW 变量在之后的整个脚本中使用。

18.3.2　读和写图像

PIL 库可以读和写几乎所有的图像格式(见专题 18.2)。可以像 18.2.2 节中脚本的最后一行一样，将图像写入到一个文件：

```
image.save('plasmid_pBR322.png')
```

可以之后读取同一个图像文件：

```
image = Image.open('plasmid_pBR322.png, 'r')
```

并且进行操作，例如创建一个新的 ImageDraw.Draw 工具集：

```
d1 = ImageDraw.Draw(image)
```

专题 18.2　常用的图像格式有什么不同

如果图像作为一个颜色值的简单表存储于计算机，那么文件会超级大。这就是为什么发明了压缩程序。大多数图像格式间的区别在于其压缩信息的方式及是否允许质量损失。

- BMP：这种格式实际上是像素的简单表。这就是文件非常大的原因。
- PNG：这种格式保留了每个像素的颜色。当图像转换为 PNG 格式时，可以确保不会丢失任何信息。PNG 图像可以是部分透明的。
- GIF：GIF 类似于 PNG，但是更早。GIF 图像可以是动态的（这曾经在网络发展的早期流行，但已经过时）。
- JPG：这种强力压缩的格式通过将相邻像素的颜色模糊一些的方式来节省空间。这对照片是很好的，但会破坏线条图像的精确性。
- TIF：TIF 有一个准确的像素格式，使得文件比 PNG 大得多。LZW 压缩方式很流行。这种格式常用于设计工作和其他平面媒体。

18.3.3　坐标

每当你想在图像的某个特定位置进行改动时，需要指定坐标。在本章的例子中使用了两种坐标：点和矩形。首先，点被写为元组(x, y)。例如，

```
point = (100, 100)
```

是距左侧边框 100 像素、距顶部 100 像素的一个点。左上角的坐标为$(0, 0)$。第二，矩形写为四个值的元组(x, y, x', y')，描述了其左上角(x, y)和右下角(x', y')的位置。例如，

```
box = (100, 100, 150, 150)
```

定义了距顶部和左侧边框各 100 像素的 50 像素宽的一个方形框。150，150 是框右下角的坐标(x', y')。

18.2.2 节的脚本中的 coord() 函数创建了点坐标的元组，这些点位于给定角度及中心点的圆上。

18.3.4　绘制几何形状

如前所述，ImageDraw.Draw 命令激活绘图工具。对于任何图像，需要用它来绘制任何内容。以一个 Image 对象为参数调用 ImageDraw.Draw() 函数，并将结果赋值给一个变量。然后，在这个变量上使用点语法调用 ImageDraw.Draw 的方法来绘制对象。这里只涉及最常用的方法，并展示如何绘制圆形、矩形、多边形和线。在所有的例子中，我们对工具对象使用变量 DRAW。

绘制圆形

d.pieslice() 函数绘制圆形及其局部。最简单的变化方式是绘制一个完整的圆：

```
BOX = (50, 50, 450, 450)
DRAW.pieslice(BOX, 0, 360, fill = 'grey')
```

BOX 是一个包含四个数字的元组，数字是围绕这个圆的框的左上角和右下角的坐标。或者，可以在命令中直接写元组：

```
DRAW.pieslice((50, 50, 450, 450), 0, 360, fill = 'grey')
```

圆的局部可以通过给定的以度为单位的两个角度值来绘制，它们指定了扇形的起始和终止角度：

```
DRAW.pieslice(BOX, TET_START, TET_END, fill = 'blue')
```

或者，更明确地：

```
DRAW.pieslice(BOX, 7, 105, fill = 'blue')
```

这将绘制圆的一个填充的扇形，它的起始为 $7°$，终止为 $105°$，$0°$ 角在时钟的 3:00 位置。可以通过额外的 outline 选项来添加细边框：

```
DRAW.pieslice(BOX, 0, 360, fill = 'white', outline = 'black')
```

如果想画一个圆的轮廓（不填充颜色），则可以使用 arc 函数：

```
DRAW.arc(BOX, 0, 360, fill = 'black')
```

绘制矩形

长方形和正方形是很容易绘制的。坐标和颜色以与圆形同样的方式绘制，只是不需要给出角度：

```
DRAW.rectangle(BOX, fill = 'lightblue', outline = 'black')
```

为了绘制边不平行于 x 轴或 y 轴的矩形，需要绘制一个多边形，接下来会讲解。

绘制多边形

质粒图中的箭头是通过 polygon() 方法绘制三角形来得到的。与框不同，第一个参数是一个 (x, y) 点的元组或列表：

```
DRAW.polygon((point1, point2, point3), fill = 'lightblue',
outline = 'blue')
```

18.2.2 节中定义的 draw_arrow_tip() 函数首先使用 coord() 函数计算三个点（point1，point2，point3）的坐标，然后将坐标传递到 DRAW.polygon() 函数。coord(angle, center, radius) 计算圆上的点。第一个参数是角度，第二个参数是圆的中心，第三个参数是半径。draw_arrow_tip() 的 direction 参数确定箭头的指向，color 指定它的颜色：

```
def draw_arrow_tip(start, direction, color):
    """Draws a triangle at the given start angle."""
    p1 = coord(start + direction, CENTER, 185)
    p2 = coord(start, CENTER, 160)
    p3 = coord(start, CENTER, 210)
    DRAW.polygon((p1, p2, p3), fill=color)
```

polygon() 函数还可以将 outline 选项作为参数。例如，要画一个角落里的正方形，可以输入下列命令：

```
DRAW.polygon([(100, 50), (50, 100), (100, 150), (150, 100)],
fill = 'blue', outline = 'black')
```

绘制线

与多边形类似，线可以为点的列表绘制。例如，可以在质粒脚本中添加一行，以标记 EcoRI 酶切位点，如下所示：

```
ECOR1 = angle(4359)
p1 = coord(ECOR1, CENTER, 160)
p2 = coord(ECOR1, CENTER, 210)
DRAW.line((p1, p2), fill = 'black', width = 3)
```

注意，当画一条包含超过两个点的线时，两个端点不会自动连接。因此，为了绘制一个与前面的多边形相同位置的正方形，需要将起点再添加为 DRAW.line 的第一个参数的最后一项：

```
DRAW.line([(100, 50), (50, 100), (100, 150), (150, 100),
(100, 50)], fill = 'black', width = 3)
```

18.3.5　旋转图像

可以使用 rotate()方法将图像进行任何角度的旋转：

```
pBR322 = pBR322.rotate(45)
```

这个方法返回一个新的图像对象，需要将其赋值给一个变量。通常，用不是 90°的倍数来旋转，会将图像的精细结构变模糊一些。因此，如果可能，仅在旋转之后添加文字。

18.3.6　添加文本标记

文本可以被添加到图像的任何位置，以标注图像的局部。

```
DRAW.text((370, 240), "EcoR1", fill = "black")
DRAW.text((320, 370), "TET", fill = "black")
DRAW.text((330, 130), "AMP", fill = "black")
DRAW.text((150, 130), "ORI", fill = "black")
```

这里，(370, 240)是文本的开始位置(x, y)，而且通过指定 fill 来设置文本的颜色。坐标通过试错法来确定。尽管自动确定文本元素的一些坐标并不困难，但这种方式很难让图像看起来很好。PIL 的默认字体偏小，而且不是很美观。好在 PIL 可以处理 Truetype 字体文件(TTF)中的任何字体(这包括计算机上几乎所有的字体，可以在硬盘或网络上搜索 .ttf)。要在 PIL 中使用一个 TTF 文件，需要先加载它：

```
from PIL import ImageFont
arial16 = ImageFont.truetype('arial.ttf',16)
DRAW.text((370, 240), "EcoR1", fill = 'black',font = arial16)
```

代码的输出在图 18.1 中可见。

警告：要在 Windows 上使用 TTF 文件，需要一个额外的库，这个库难以安装。在 Windows 中，我们建议使用绘图程序添加标注，或坚持使用默认字体。

18.3.7 颜色

PIL 中有 140 种颜色，可以写为字符串（'red'、'lightred'、'magenta'等）。另外，可以指定精确的红绿蓝（RGB）值，其取值范围从 0 到 255。在 RGB 中，红色是(255，0，0)，绿色是(0，255，0)，蓝色是(0，0，255)。可以使用十进制或十六进制值：'white'可以写为(255，255，255)或'#ffffff'，'black'可以写为(0，0，0)或'#000000'。

问答：哪里可以找到所有可用的颜色名称？

PIL 中 140 个命名的颜色称为 **X11 颜色名称**（http://en.wikipedia.org/wiki/X11_color_names）。注意，有些颜色名称含有空格，这在 Python 中不被允许；也就是说，在程序中使用 Peach Puff 颜色时，需要写为"peachpuff"或"PeachPuff"。

表 18.1 总结了操作图像和相应处理的 Python 命令。

表 18.1 绘制和处理图像的 Python 命令

命 令	目 的
from Image import Image, ImageDraw	导入 PIL 库
i = Image.new(mode, size, bg_color)	创建一个空白图像
i = Image.read(filename)	从一个文件中读取图像
i.write(filename)	将一个图像写入文件
d = ImageDraw.Draw(i)	针对一个图像激活绘图工具
d.pieslice(box, angle1, angle2, fill)	绘制一个圆或其局部
d.arc(box, angle1, angle2, fill)	绘制一个圆的轮廓
d.rectangle(box, fill)	绘制一个矩形
d.polygon(points, fill)	基于一个点的列表绘制一个多边形
d.line((p1, p2), fill, width)	在两点之间绘制一条线
i2 = i.rotate(angle)	旋转整个图像
d.text(pos, text, fill, font)	写入文本
from PIL import ImageFont f = ImageFont.truetype(ttf,size) d.text(pos, text, fill, font)	使用自定义的 TrueType 字体写入文本（仅限 Linux 和 Mac OS）
i2 = i.resize(new_size)	创建一个缩小或放大的图像
i.size	含有图像的 x/y 大小的元组

18.3.8 辅助变量

在脚本开始绘制任何内容之前，把一些值存储在变量中：

```
PLASMID_LENGTH = 4361
SIZE = (500, 500)
CENTER = (250, 250)
```

首先，PLASMID_LENGTH 是整个质粒中的碱基对总数。这个数字帮助计算圆形结构的角度。第二，SIZE 是整个图像的大小，存储为$(x，y)$坐标的元组。第三，CENTER 是质粒圈的中心点，位于图像的中心。定义这些常量的目的在于使程序代码更易读和编辑。

18.4 示例

例 18.1 将几张图片组合成一个单独的图像

试想有一系列的众多图像，用户想给它们全都添加相同的元素，比如一个比色刻度尺或图例。下面的脚本将一个小标签添加到一个更大的图像中：

```
from PIL import Image
image = Image.open('color.png', 'r')
label = Image.open('label.png', 'r')
image.paste(label, (40, 460))
image.save('combined.png')
```

image.paste()函数将被粘贴的第二个图像作为一个参数，并指定第二个图像左上角为被粘贴位置的坐标。当粘贴图像时，它们的大小保持不变。所以，如果这个示例中的 color图像太小，无法容纳 label 图像，那么 label 将在边框被裁剪。可以使用 image.paste()函数利用几个图表来创建多面板图。首先，加载每个单独的图表。然后创建一个更大的空图像。使用 paste 函数将每个图表复制到这个更大的图像。最后，在合并的图像上添加文本，并用一个新的文件名来保存它。

例 18.2 缩小图像的大小

使用 PIL 很容易改变图像的大小。例如，可以从一个更大的图像创建一个 100×100 像素的图像：

```
import Image
image = Image.open('big.png')
small = image.resize((100, 100))
small.save('small.png')
```

然而，通常需要缩小不止一个，而是一系列图像。例如，可能有一系列照片，想把它们变得更小，从而占据更少的磁盘空间，则可以使用 os.listdir()(见第 14 章)得到一个目录中的所有文件，并对它们运行一个 for 循环。如果图像大小不同，并且想保留它们之间的比例，那么在缩小它们之前，需要得到原始图像的确切大小。下面的脚本将当前目录中所有.png 格式的图像以像素为单位缩小为它们大小的一半：

```
import Image
import os
for filename in os.listdir('.'):
    if filename.endswith('.png'):
        im = Image.open(filename)
        x = im.size[0] / 2
        y = im.size[1] / 2
        small = im.resize((x, y))
        small.save('small_'+filename)
```

警告：缩小含有原始实验数据的图像是危险的。例如，当缩小的图像包含 western 印迹、凝胶图、扫描的照片等时，可能会导致模糊的区域出现或消失，从而可以意味着一个不同的解释。当有必要为了演讲或发表来更改图像大小时，显然应该保存原始图像文件的副本，以遵循良好的科学行为。

例 18.3 将一个彩色图像变为黑白图像

创建黑白或者彩色图像的一个通常原因是你想检查图片打印出来的样子。一个简单的方法是在 PIL 中将所有颜色去饱和并保存黑白图像：

```python
from PIL import Image
image = Image.open('color.png', 'r')
bw_image = Image.new('LA', image.size, (255, 255))
bw_image.paste(image, (0, 0))
bw_image.save('black_white.png')
```

首先，读入一个彩色图像。然后，创建一个空的黑白图像("LA"表示单色模式)。当彩色图像粘贴到这个黑白图像时，颜色会自动转换为灰度。在很多图像程序中有更复杂的过程来优化对比度(例如在照片中)。然而，对于技术制图和图表，这个过程是足够的。

18.5　自测题

18.1　绘制另一个质粒

质粒 pUC19 是 pBR322 的继任者，它在实验室中比较容易处理。它包含 2686 个碱基对，有位于 2486～1626 的 Amp 基因、位于 469～146 的 LacZ 域、位于 1466～852 的复制起始区域。绘制这个质粒的图像。

18.2　绘制一个模拟时钟

写一个脚本来绘制一个模拟时钟的图像，用两个指针来指示小时和分钟。

提示：可以从 time 库得到当前时间。

```python
import time
local = time.localtime()
hour = local.tm_hour
minutes = local.tm_min
```

提示：可以将时钟的指针绘制为从中心到圆上的一个 x-y 位置的线。为了计算出准确的坐标，可以改写质粒脚本中的 coord() 函数。

18.3　缩小照片

进入一个含有数码相机图像的文件夹。为了节省磁盘空间，将该文件夹中所有图像的宽度减少 50%。首先在一个备份的副本上测试程序。

18.4　组装一个多面板图

写一个脚本创建一个多面板图，包含在第 16 章中创建的四个图表，并将它们标注为 A、B、C 和 D。

提示：该脚本应该创建一个大的空图像，将四个面板作为单独的图像加载，并将它们粘贴到大的图像。在添加文本标注后，保存大的图像。

图 18.2　蛋白质结构域的示意图

18.5　绘制蛋白质结构域

写一个程序来创建蛋白质结构域沿着序列的示意图(见图 18.2 的示例)。该程序应该将几个结构域的开始和结束位置作为变量。给图像添加标注。

提示：可以在 InterPro 数据库(www.ebi.ac.uk/interpro)找到蛋白质结构域架构的示例。

提示：搜索一个包含 SH3 结构域的蛋白质，并且从 InterPro 或 UniProt 的序列数据项中获得结构域的边界。

第四部分小结

在第四部分，读者学习了如何可视化数据。不同类型的数据需要用不同的方法来可视化。如果想展示两组点之间的相关性，则可以绘制散点图；如果想比较频率，则直方图与要求更符合。但是，如果要为文章准备一个图来展示胰蛋白酶催化三联体的三维结构，或者为幻灯片演示绘制带有限制位点的质粒，就必须使用完全不同的可视化工具。第 16 章是关于科学图表的。讨论了如何绘制一个柱状图、散点图、线图、饼图和直方图，以及如何在图中添加误差条、x 轴和 y 轴的标注、刻度、图例框和图的标题。第 17 章讨论了如何使用 PyMOL 创建一个分子的三维图像。可以使用 PyMOL 的图形界面，并且在 PyMOL 的文本控制台中输入命令，但是如果想创建复杂的可重复的图像，或者定制和改进现有的图像，则应该将 PyMOL 命令写入一个 PyMOL 的脚本文件，它是以 .pml 为扩展名的文本文件。PyMOL 的脚本可以通过 PyMOL 的图形界面很容易地运行。最后，第 18 章讨论了如何使用Python 图像库（PIL）来处理图像。PIL 是最流行的 Python 库之一，包含了移动、旋转及修改图像的工具。使用这个库可以创建一个 Image 对象，并且提供了大量的方法来处理它。读者看到了如何绘制不同类型的几何形状，例如圆形、多边形和线，以及如何旋转、添加文本标注和颜色以及缩小一个图像。还学习了如何将几幅照片组合成一个图像，以及如何将一个彩色图像变为黑白图像。

到了这个阶段，读者已经获得了创建和处理几乎任何类型的图像所需的知识。拥有了这个背景，将能很容易地创建更复杂的图像。

第五部分　Biopython

引言：用一个大的编程库

Biopython(http://biopython.org/wiki/Main_Page)是一个计算分子生物学模块的集合，用它可以实现许多生物信息学项目中需要的基本任务。

用 Biopython 可以实现的最常用的任务包括：

- 解析(也就是说提取信息)文件格式，这些信息包含如基因和蛋白质序列、蛋白质结构、PubMed 记录等；
- 从资源库下载文件，这些资源库包括 NCBI，ExPASy 等；
- 运行(本地或远程)常用生物信息算法，如 BLAST，ClustalW 等；
- 运行 Biopython 实现的算法，进行聚类、机器学习、数据分析和可视化。

这个包也提供了用户能用来处理数据(如序列)的类和操作它们的方法(如翻译、互补等)。Biopython Tutorial and Cookbook(http://biopython.org/DIST/docs/tutorial/Tutorial.html)是用来掌握 Biopython 可以为用户做什么的好的起点。更多的高级教程可以从特别的包中获得：(如 The Biopython Structural Bioinformatics FAQ，http://biopython.org/DIST/docs/cookbook/biopdb_faq.pdf)。

可以通过几种方式使用 Biopython

Biopython 不止是一个程序本身，它是一个收集生物信息学编程的 Python 工具的集合。用户可以仅用 Biopython 建立一个研究流程；也可以为特定的任务写新的代码，而让 Biopython 进行更多的标准操作；还可以修改 Biopython 的开源代码以更好地适应用户自己的需要。

在下面的情况下，书写自己的代码：

- 感兴趣算法的实现和编码；
- Biopython 的数据结构映射对用户的任务太复杂了；
- Biopython 没有提供用户的特定任务的工具；
- 用户需要精细控制自己的代码。

如下情况，则可以使用 Biopython：

- 它的模块和/或方法适合用户需要；
- 任务没有挑战性或者比较烦琐(如，你为什么要浪费时间？别"重复发明轮子"除非这是你在学习中做练习)；

● 任务可能花费用户很多书写的力气。

在下面情况下，扩展 Biopython(也就是修改 Biopython 的源代码)：

● Biopython 的模块和/或方法总是做你需要的事情，却不能完全满足你的需要；

● 必须说明的是，这对初学者来说是一个挑战，阅读和理解别人的代码是困难的。

记住以下几点：

● 当管理生物数据时，首先要想到 Biopython，看看它有没有可用的工具；

● 浏览文档，开始熟悉它们的功能；

● 用 help()，type()，dir()和其他的内置特性来浏览 Biopython 模块。

安装 Biopython

Biopython 不是 Python 官方分发包的一部分，因此必须下载(从 http://biopython.org/wiki/Download)并独立安装。Biopython 的安装条件是安装 NumPy 包(从 http://numpy.scipy.org 下载)。

Biopython 的安装通常是没有问题的，只需按照 http://biopython.org/DIST/docs/install/Installation.html 的指示即可。NumPy 的安装则更可能遇到问题，特别是在 MAC 系统中，有特别准备的安装包(http://stronginference.com/scipy-superpack)。注意 Biopython 要和 NumPy 的版本兼容，也就是特定的 Biopython 版本要安装特定版本的 NumPy。

其他的附加包是被选择性地安装的，以允许 Biopython 完成附加的任务(主要是图形化输出和绘制各种图)。

其他类似资源

Biopython 是一个大国际化合作努力的结果，是现在用 Python 书写的生物计算类软件中用得最多的资源。但是我们需要指出，它不是进行生物数据和资源管理的唯一可用项目。PyCogent(http://pycogent.org)是另一个对基因生物学有价值的软件包。它的很多性能都类似于 Biopython，虽然它更致力于 RNA 和系统发生学。虽然本书中没有完整描述 PyCogent，但是使用它作为工具的一些脚本在书中进行了描述(见编程秘笈 1)。

让我们开始

开始用 Biopython 时，用户必须告诉计算机哪里安装了这个包。如果没有把 Biopython 路径放入 PATH 环境变量中，就必须把它加入 sys.path 的 Python 变量中(这个问题将在下面的例子中解决)。然后用户必须导入 Bio 模块，这是 Biopython 的主模块，其他的(子)模块将从 Bio 导入：

```
>>> import sys
>>> sys.path.append("/Users/home/kate/source/biopython-1.57")
>>> import Bio
>>> dir(Bio)
['BiopythonDeprecationWarning',
'MissingExternalDependencyError',
```

```
'MissingPythonDependencyError', '__builtins__',
'__doc__', '__file__', '__name__', '__package__',
'__path__', '__version__']
>>> Bio.__version__
'1.60'
>>> help(Bio)
NAME
    Bio - Collection of modules for dealing with biological
data in Python.

FILE
    /Users/home/kate/source/biopython-1.57/Bio/__init__.py

DESCRIPTION
    The Biopython Project is an international association of
developers
    of freely available Python tools for computational
molecular biology.

    http://biopython.org

PACKAGE CONTENTS
PACKAGE CONTENTS
    Affy (package)
    Align (package)
    AlignIO (package)
    Alphabet (package)
    Application (package)
    Blast (package)
    ...
```

所有的其他模块将从 Bio 导入，如下所示：

```
>>> from Bio import Seq
>>> from Bio.Alphabet import IUPAC
>>> from Bio.Data import CodonTable
```

第 19 章描述了如何用核酸和蛋白质序列工作。读者将看到如何读取序列和创建具有操纵它们的多个特征和方法的序列对象。读者将学到如何把序列用特定的格式（FASTA，GenBank）写入文件，如何用设计好的函数解析不同种类的序列记录。第 20 章中，读者可以学习从网络资源如 NCBI 中，检索记录的基本方法。这一章不仅可以处理核酸和蛋白质序列记录，还包括用如关键词等来搜索 PubMed 记录和描述。最后，第 21 章揭示了一个功能强大的 Biopython 模块，使得用 PDB 的蛋白质三维结构工作成为可能。在第 10 章，读者已经看到了使用 PDB 文件格式多么困难；在第 21 章，将看到用 Biopython 结构可以多么轻松地提取 PDB 文件中的信息。

第 19 章　使用序列数据

学习目标: 用 Biopython 操纵 DNA、RNA 和蛋白质序列。

19.1　本章知识点

- 如何创建序列对象
- 如何反向互补和转录 DNA 序列
- 如何将 RNA 序列翻译成蛋白质序列
- 如何创建序列记录
- 如何读取不同格式中的序列文件
- 如何写入格式化的序列文件

19.2　案例: 如何将一条 DNA 编码序列翻译成对应的蛋白质序列, 并把它写入 FASTA 文件

19.2.1　问题描述

在第 4 章, 读者已经学习了如何用基本的字符串操作来解析序列文件。比如, 已经学到 ">"符号出现在 FASTA 格式文件的记录标头起始行的第一个位置, 这一行包括序列的 ID 和其他详细注释。读者还学到可以用替换 T 为 U 来转录一条 DNA 序列, 或是通过一个遗传 密码表的字典来翻译它(见 5.3.1 节)。本章中可以通过 Biopython 的模块和方法完成这些操 作及其他操作。Biopython 提供了快捷地完成这些任务中操控序列和序列文件的工具, 因而 使利用不同文件格式、注释序列记录和把它们写入文件等变得非常简单。下面的 Python 会 话将使用 4 个从 Bio 包导入的模块: Seq 用来创建序列对象; IUPAC 用来定义一个序列对象 用的生物字符集(如 DNA 或蛋白质); SeqRecord 允许创建一个包含 ID、注释、描述等的序 列记录对象; SeqIO 提供了方法来读写格式化的序列文件。

19.2.2　Python 会话示例

```
from Bio import Seq
from Bio.Alphabet import IUPAC
from Bio.SeqRecord import SeqRecord
from Bio import SeqIO
# read the input sequence
dna = open("hemoglobin-gene.txt").read().strip()
dna = Seq.Seq(dna, IUPAC.unambiguous_dna)
```

```
# transcribe and translate
mrna = dna.transcribe()
protein = mrna.translate()
# write the protein sequence to a file
protein_record = SeqRecord(protein,\
    id='sp|P69905.2|HBA_HUMAN',\
    description="Hemoglobin subunit alpha, human")
outfile = open("HBA_HUMAN.fasta", "w")
SeqIO.write(protein_record, outfile,"fasta")
outfile.close()
```

19.3　命令的含义

上节中，血红蛋白 α 亚基的 DNA 编码序列从一个简单文本(hemoglobin-gene.txt，这个序列和附录 C 的序列相同，见 C.2 节"FASTA 格式下的单核苷酸序列文件")中读取。然后，它被转录成 mRNA 序列，翻译成肽段序列，然后写入 HBA_HUMAN.fasta 输出文件。让我们逐步分析导入 Python 会话中的对象们。

19.3.1　Seq 对象

首先导入的对象名为 Seq，它是 Bio 库中的一个模块。Seq.Seq 类创建了一个**序列**对象，也就是与一种对象中存储的特定序列字符集的属性相关联的序列。用户创建 Seq 对象时可以指定(或不指定)其字符集：

```
>>> from Bio import Seq
>>> my_seq = Seq.Seq("AGCATCGTAGCATGCAC")
>>> my_seq
Seq('AGCATCGTAGCATGCAC', Alphabet())
```

Biopython 包含了一个预编译好的字符集，覆盖了所有生物序列类型。最频繁使用的是 IUPAC 定义的字符集(http://www.chem.qmw.ac.uk/iupac)。如果用户需要使用字符集，就必须从 Bio.Alphabet 模块(见 19.2.2 节)导入 IUPAC 模块。它包括字符集 IUPACUnamiguousDNA(基本的 ACTG 字母)，IUPACAmbiguousDNA(包含二义字母)，ExtendedIUPACDNA(包含修饰的碱基)，IUPACUnamiguousRNA，IUPACAmbiguousRNA，ExtendedIUPACRNA，IUPACProtein(IUPAC 标准氨基酸)和 ExtendedIUPACProtein(包括硒代半胱氨酸，X 等)。19.2.2 节定义的 dna 变量是一个以 IUPAC.unambiguous_dna 字符集为特征的序列对象。

转录和翻译序列

Seq 对象的方法是为生物序列特别设计的。比如，可以用 transcribe 方法得到一条 DNA 序列的转录本，如 19.2.2 节所示：

```
>>> my_seq.transcribe()
Seq('AGCAUCGUAGCAUGCAC', RNAAlphabet())
```

transcribe 方法只是把所有 T 替换成 U，同时把字符集设置成 RNA。它假定输入 DNA 序列是编码链。如果用户拥有一条模板链，而要完成转录，就需要首先得到一个反向互补链，然后再转录：

```
>>> dna = Seq.Seq("AGCATCGTAGCATGCAC", IUPAC.unambiguous_dna)
>>> cdna = dna.reverse_complement()
>>> cdna
Seq('GTGCATGCTACGATGCT', IUPACUnambiguousDNA())
>>> mrna = codingStrand.transcribe()
>>> mrna
Seq('GUGCAUGCUACGAUGCU', IUPACUnambiguousRNA())
```

或者用一行单个的命令：

```
>>> dna.reverse_complement().transcribe()
Seq('GUGCAUGCUACGAUGCU', IUPACUnambiguousRNA())
```

这些方法对蛋白质字符集的序列也是可用的，但它们的执行会抛出错误。

一条 DNA 或 RNA 序列对象也能翻译成蛋白质序列。要完成这个目的，需要利用 Bio.Data 模块的 CodonTable 模块中一些遗传密码：

```
>>> from Bio.Data import CodonTable
```

可以通过字典访问这个 CodonTable 模块（备选字典的列表可以用 dir()函数显示）。比如 unambiguous_dna_by_name 字典可以用名字（如"Standard"，"Vertebrate Mitochondrial"等）来访问一个 DNA 编码表的集合：

```
>>> from Bio.Data import CodonTable
>>> standard_table = \
... CodonTable.unambiguous_dna_by_name["Standard"]
```

相应地，unambiguous_dna_by_id 用一个数字标示（1 对应"Standard"编码表，2 对应"Vertebrate Mitochondrial"等）。所有的 NCBI 定义的字符集都可用，其标示采用 NCBI 表的标记（见 www.ncbi.nlm.nih.gov/Taxonomy/Utils/wprintgc.cgi）。默认情况下，Biopython 翻译将用标准遗传密码表（对应 NCBI 表的 ID 1）。

如果打印这个 standard_table 变量，将得到图 19.1 所示的编码表。

```
      |  T       |  C       |  A       |  G       |
    --+----------+----------+----------+----------+--
    T |  TTT F   |  TCT S   |  TAT Y   |  TGT C   |  T
    T |  TTC F   |  TCC S   |  TAC Y   |  TGC C   |  C
    T |  TTA L   |  TCA S   |  TAA Stop|  TGA Stop|  A
    T |  TTG L(s)|  TCG S   |  TAG Stop|  TGG W   |  G
    --+----------+----------+----------+----------+--
    C |  CTT L   |  CCT P   |  CAT H   |  CGT R   |  T
    C |  CTC L   |  CCC P   |  CAC H   |  CGC R   |  C
    C |  CTA L   |  CCA P   |  CAA Q   |  CGA R   |  A
    C |  CTG L(s)|  CCG P   |  CAG Q   |  CGG R   |  G
    --+----------+----------+----------+----------+--
    A |  ATT I   |  ACT T   |  AAT N   |  AGT S   |  T
    A |  ATC I   |  ACC T   |  AAC N   |  AGC S   |  C
    A |  ATA I   |  ACA T   |  AAA K   |  AGA R   |  A
    A |  ATG M(s)|  ACG T   |  AAG K   |  AGG R   |  G
    --+----------+----------+----------+----------+--
    G |  GTT V   |  GCT A   |  GAT D   |  GGT G   |  T
    G |  GTC V   |  GCC A   |  GAC D   |  GGC G   |  C
    G |  GTA V   |  GCA A   |  GAA E   |  GGA G   |  A
    G |  GTG V   |  GCG A   |  GAG E   |  GGG G   |  G
    --+----------+----------+----------+----------+--
```

图 19.1　单义 DNA 编码表

编码表对象还有其他有用的属性，如起始和终止密码子：

```
>>> standard_table.start_codons
['TTG', 'CTG', 'ATG']
>>> standard_table.stop_codons
['TAA', 'TAG', 'TGA']
>>> mito_table = \
... CodonTable.unambiguous_dna_by_name["Vertebrate Mitochondrial"]
>>> mito_table.start_codons
['ATT', 'ATC', 'ATA', 'ATG', 'GTG']
>>> mito_table.stop_codons
['TAA', 'TAG', 'AGA', 'AGG']
```

translate 方法可以翻译 RNA 或 DNA 序列并返回一个 Seq 对象，其遗传密码表可以是默认或特别定义的，而它的字符集包含了附加的信息。下面的例子中，输出字符集包含了翻译后序列出现终止密码子的信息：

```
>>> mrna = \
... Seq.Seq('AUGGCCAUUGUA AUGGGCCGCUGAA AGGGAUAG',\
... IUPAC.unambiguous_rna)
>>> mrna.translate(table = "Standard")
Seq('MAIVMGR*KG*', HasStopCodon(IUPACProtein(), '*'))
>>> mrna.translate(table = "Vertebrate Mitochondrial")
Seq('MAIVMGRWKG*', HasStopCodon(IUPACProtein(), '*'))
```

默认情况下，在核酸序列翻译过程中的所有终止密码子被返回（"＊"）。注意，在用标准编码表(table= "Standard")的这个 mRNA 序列中有两个终止密码子(UGA 和 UAG)，而在脊椎动物线粒体编码表(table= "Vertebrate Mitochondrial")中只有一个终止密码子。事实上，UGA 密码子在线粒体中被识别为色氨酸(W)。用户也可以强制翻译在遇到第一个终止密码子处结束：

```
>>> mrna.translate(to_stop = True, table = 1)
Seq('MAIVMGR', IUPACProtein())
>>> mrna.translate(to_stop = True, table = 2)
Seq('MAIVMGRWKG', IUPACProtein())
```

19.3.2　把序列当成字符串工作

在 Biopython 中，可以像字符串一样操控序列对象。例如，可以索引、切片、分割、转换序列大小写，计算出现字符个数等：

```
>>> from Bio import Seq
>>> my_seq = Seq.Seq("AGCATCGTA GCATGCAC")
>>> my_seq[0]
'A'
>>> my_seq[0:3]
Seq('AGC', Alphabet())
>>> my_seq.split('T')
[Seq('AGCA', Alphabet()), Seq('CG', Alphabet()),
    Seq('AGCA', Alphabet()), Seq('GCAC', Alphabet())]
>>> my_seq.count('A')
5
>>> my_seq.count('A') / float(len(my_seq))
0.29411764705882354
```

注意,当对 Seq 对象切片或分割它时,这个方法返回的不止是字符串,而是其他的 Seq 对象。序列对象还可以被连接,但是必须在它们的字符集相容时(或是一般字符集):

```
>>> my_seq = Seq.Seq("AGCATCGTAGCATGCAC", IUPAC.unambiguous_dna)
>>> my_seq_2 = Seq.Seq("CGTC", IUPAC.unambiguous_dna)
>>> my_seq + my_seq_2
Seq('AGCATCGTAGCATGCACCGTC', IUPACUnambiguousDNA())
```

可以用 find 方法搜索序列中出现的特别的子串。如果没有找到子序列,Python 将会返回 -1;如果找到了子序列,则返回目标序列的最左边匹配的字符的位置:

```
>>> my_seq = Seq.Seq("AGCATCGTAGCATGCAC", IUPAC.unambiguous_dna)
>>> my_seq.find("TCGT")
4
>>> my_seq.find("TTTT")
-1
```

也可以用 Python 的 re 模块或 Biopython 的 Bio.Motif 模块(见 Biopython 教程),使得对正则表达式的模式能够进行搜索。

最后 Biopython 还提供了一定数量的函数,如 transcribe()或 translate()可以直接用于字符串:

```
>>> my_seq_str = "AGCATCGTAGCATGCAC"
>>> Bio.Seq.transcribe(my_seq_str)
'AGCAUCGUAGCAUGCAC'
>>> Bio.Seq.translate(my_seq_str)
'SIVAC'
>>> Bio.Seq.reverse_complement(my_seq_str)
'GTGCATGCTACGATGCT'
```

19.3.3 MutableSeq 对象

Seq 对象的行为与 Python 的字符串类似,即它是不可变的。因此,如果试图重新定义序列对象中的一个残基,将得到一个错误信息。Biopython 提供了一个 MutableSeq 对象,以创建可变的序列对象:

```
>>> my_seq = Seq.Seq("AGCATCGTAGCATG", IUPAC.unambiguous_dna)
>>> my_seq[5] = "T"
Traceback (most recent call last):
    File "<stdin>", line 1, in <module>
TypeError: 'Seq' object does not support item assignment
>>> my_seq = \
... Seq.MutableSeq("AGCATCGTAGCATG", IUPAC.unambiguous_dna)
>>> my_seq[5] = "T"
>>> my_seq
MutableSeq('AGCATTGTAGCATG', IUPACUnambiguousDNA())
```

reverse()或 remove()方法不能用于 Seq 对象,但是可以用在 MutableSeq 对象中。

最后,把一个不可变的 Seq 对象转换成可变的对象,或者反之,都是可能的:要用到 Seq 对象的 tomutable()方法,或 MutableSeq 对象的 toseq()方法:

```
>>> my_mut_seq = my_seq.tomutable()
>>> my_mut_seq
```

```
MutableSeq('AGCATCGTAGCATGCAC', IUPACUnambiguousDNA())
>>> my_seq = my_mut_seq.toseq()
>>> my_seq
Seq('AGCATCGTAGCATGCAC', IUPACUnambiguousDNA())
```

因为 MutableSeq 对象能被改变（就像列表或集合），所以它们不能作为字典键使用，而 Seq 对象是可以的。

19.3.4　SeqRecord 对象

SeqRecord 类提供序列及其注释的容器。在 19.2.2 节的 Python 会话中，蛋白质序列在 protein_seq 变量中，从 mRNA 序列对象翻译中得到，它可以转换成 SeqRecord 对象：

```
protein_record = \
SeqRecord(protein_seq,id = 'sp|P69905.2|HBA_HUMAN', \
description = "Hemoglobin subunit alpha, Homo sapiens")
```

用来创建 SeqRecord 对象的参数是一个 Seq 对象（存储在 protein_seq 变量中），以及一个 id 和一个 description，后两个都必须是字符串。SeqRecord 对象允许把序列对象的特征与其联系起来，如标识或描述，可能的特征包括：

- seq：是一条生物序列，典型的是一个 Seq 对象形式的数据。
- id：是基本的 ID，用来标识这条序列。
- name：是一个"常用"的分子的名称。
- description：是序列分子的描述。
- letter_annotation：是一个用来给每个残基注释的字典。键是注释的类型（如，"secondary structure"）；值是 Python 序列类型（列表、元组或字符串），它与这条序列同长，每个元素对应每个残基的注释（如，二级结构类型用单个字符标明，S 表示折叠，H 表示螺旋等）。这种表达很容易给残基赋予质量得分、二级结构或访问偏好等。
- annotations：是一个关于序列的附加信息的字典。键是信息的类型，值包含了信息。
- features：是一个 SeqFeature 对象的列表，有关于序列特征的更多结构信息（如基因组上基因的位置，或是结构域在蛋白质上的位置；见后文）。
- dbxrefs：是一个数据库交叉引用的列表。

一些特征可以被用户手工创建或是从一个数据库记录导入（如 GenBank 或 SwissProt 文件，见第 20 章）。在 19.2.2 节，一个 SeqRecord 对象是与 Seq 对象关联，而用 ID 和描述创建的。这两个特征都可以直接提取：

```
>>> protein_record.id
'sp|P69905.2|HBA_HUMAN'
>>> protein_record.description
'Hemoglobin subunit alpha, Homo sapiens'
```

特征也可以即时赋予：

```
>>> protein_record.name = "Hemoglobin"
```

属性 annotation 是一个空的字典，可用来存储那些在 SeqRecord 中没有提供的种类的各种信息：

```
>>> protein_record.annotations["origin"] = "human"
>>> protein_record.annotations["subunit"] = "alpha"
>>> protein_record.annotations
{'origin': 'human', 'subunit': 'alpha'}
```

类似地，letter_annotations 属性是一个空的字典，其中的值必须是字符串、列表或元组，且与该序列同长：

```
>>> protein_record.letter_annotations[\
..."secondary structure"] = \
...'HHHHHHHHHHHHHHHHHHHHHHHHHHHHHHHHHHHHHHHSSSSSS...'
```

将 SeqRecord 对象转换成文件格式

为序列设置属性后，可以把它转换成一些最常用的序列存储格式，采用 format 方法：

```
>>> print protein_record.format("fasta")
>sp|P69905.2|HBA_HUMAN Hemoglobin subunit alpha, Homo sapiens
MVLSPADKTNVKAAWGKVGAHAGEYGAEALERMFLSFPTTKTYFPHFDLSHGSAQVKGHG
KKVADALTNAVAHVDDMPNALSALSDLHAHKLRVDPVNFKLLSHCLLVTLAAHLPAEFTP
AVHASLDKFLASVSTVLTSKYR*
```

用"genbank"格式，可以看到什么呢，你可以试试：

```
>>> print protein_record.format("genbank")
```

最后，可以对一个 SeqRecord 对象切片：可能的是，注释也可以随之切片（如 letter_annotations），而一些特征（如 dbxrefs）将不会扩展到被切片的对象中。两个 SeqRecord 也可以连接成一个新的 SeqRecord。新对象将继承一些标识原父 SeqRecord 对象的特征（如 id）[①]，而其他一些特征将不会被继承（如 annotation）。

19.3.5　SeqIO 模块

第 4 章介绍过用标准 Python 命令来解析文件的步骤。这里，读者可以看到如何用 Biopython 读写序列文件。SeqIO 模块对于解析许多种常用文件格式以及将注释好的序列写入标准格式文件是非常有用的。在 19.2.2 节，protein_record（一个 SeqRecord 对象）采用 FASTA 格式写入 HBA_HUMAN.fasta 输出文件中。

Biopython 的 SeqIO 模块提供了多种常用文件格式的解析器。这些解析器从一个输入文件（或者从本地，或者从数据库中）提取信息，而后自动转换成 SeqRecord 对象。SeqIO 也提供了一种方法来把 SeqRecord 对象写入便于使用的格式化文件中。

解析文件

序列文件解析有两种方法：SeqIO.parse() 和 SeqIO.read()：两个方法都有两个强制性的参数和一个可选择的参数。

1. 一个文件（强制性；又称"句柄"对象），它指定从哪里读取数据（可以是一个文件名，一个打开的可读文件，从数据库中用脚本下载的数据，或是另一个脚本片段的输出）；

---

① 如果两个父对象的标识相同，则会被继承。——译者注

2. 一个字符串指示数据的格式(强制性,如 "fasta"或"genbank",完整的被支持格式的列表可参见 http://biopython.org/wik/SeqIO);

3. 一个参数指定序列数据的字符集(可选择)。

SeqIO.parse()和 SeqIO.read()这两种方法的区别是:SeqIO.parse()返回一个迭代器,从输入文件记录中产生几个 SeqRecord 对象。用户可以把这个迭代器像列表一样用在 for 或 while 循环中,见 19.2 节。如果文件中只包含一个记录,就必须用 SeqIO.read()。它返回一个 SeqRecord 对象。SeqIO.parse()能处理在输入句柄中任意数目的记录,SeqIO.read()只能解析一个记录的文件,后者先检查在句柄中是否只有一个记录,否则将抛出错误。

问答: 什么是迭代器?

一个迭代器是产生一系列的项(如 SeqRecord 对象)的一种数据结构。它可以像列表一样使用在循环中,但技术上它不是一个列表。一个迭代器没有长度,它不能被索引和切片。用户只能向它申请下一个元素,当你这样做时,迭代器寻找是否存在更多可用的记录。这种方式下,迭代器无须把所有记录一直放到内存中。

解析大的序列文件

采用迭代器是一种不需要花费大内存就可以解析大文件的方式。对于大量的记录,可以用 SeqIO.index()方法,它需要两个参数:一个记录文件和一个文件格式。SeqIO.index()方法返回一个字典式的对象,用它可以访问所有记录而不用把它们放到内存中。字典的键是记录的 ID,值包含整个记录,后者能用属性访问 id, description 等。当一个特定的属性被访问时,记录内容被实时解析。通过这个方法能用最小的花费方便快捷地操纵大文件。注意这些类字典对象是只读的,也就是说创建后不能插入或删除记录。

写文件

SeqIO.write()方法可将一个或多个 SeqRecord 对象写入用户指定格式的文件中。这个方法需要三个参数:一个或多个 SeqRecord 对象,一个句柄对象(也就是一个用"w"模式打开的文件)或是一个文件名,还有一个序列格式(如"fasta"或"genbank")。

第一个参数可以是一个列表、迭代器或一个单独的 SeqRecord 对象(如 19.2.2 节所示)。当写 GenBank 文件时,必须设置序列的字符集。

小结

在一些情况下,可能更倾向于使用传统编程,如用户需要一个定制化的解析器或者有一个 Biopython 无法解析的非标准格式。在另一些情况下,读者会发现用 SeqIO 模块会更方便,比如当不得不索引一个大文件时。在这两种情况,需要注意的是文件格式有时会变化,这时它们包含一些意想不到的字符、行和异常,这会造成即便是设计最好的解析器失效。

19.4 示例

例 19.1 用 Bio.SeqIO 模块来解析一个多序列 FASTA 文件

在下面的例子中,解析了一个多序列 FASTA 文件,该文件如 C.4 节"FASTA 格式下的多序列文件"所示。

```
from Bio import SeqIO
fasta_file = open("Uniprot.fasta","r")
for seq_record in SeqIO.parse(fasta_file, "fasta"):
    print seq_record.id
    print repr(seq_record.seq)
    print len(seq_record)
fasta_file.close()
```

该代码输出了在这个 FASTA 文件中所有三个数据项的标识、序列和长度：

```
sp|P03372|ESR1_HUMAN
Seq('MTMTLHTKASGMALL HQIQGNELEPLNRPQLKIPLER
PLGEVYLDSSKPAVYNY...ATV', SingleLetterAlphabet())
595
sp|P62333|PRS10_HUMAN
Seq('MADPRDKALQDYRK KLLEHKEIDGRLKELREQLKELT
KQYEKSENDLKALQSVG...KPV', SingleLetterAlphabet())
389
sp|P62509|ERR3_MOUSE
Seq('MDSVELCLPESFS LHYEEELLCRMSNKDRHIDSSCSS
FIKTEPSSPASLTDSVN...AKV', SingleLetterAlphabet())
458
```

因为这个句柄是一个文件，当程序结束时关闭它是一个好的习惯。记住，迭代器会"读空"这个文件。也就是说，为了再次扫描该文件，必须关闭这个文件然后二次打开，这样该文件才能作为句柄参数被 SeqIO.parse() 再次使用。当然也可以在用 SeqIO.parse() 时，不明确地创建句柄，而是直接传递文件名或者完整路径给 SeqIO.parse()。例如：

```
>>> for seq_record in SeqIO.parse("Uniprot.fasta", "fasta"):
... print seq_record.id
sp|P03372|ESR1_HUMAN
sp|P62333|PRS10_HUMAN
sp|P62509|ERR3_MOUSE
```

也可以用迭代器的 next() 方法逐个地解析记录：

```
>>> uniprot_iterator = SeqIO.parse("Uniprot.fasta","fasta")
>>> uniprot_iterator.next().id
'sp|P03372|ESR1_HUMAN'
>>> uniprot_iterator.next().id
'sp|P62333|PRS10_HUMAN'
```

当所有的记录被读取后，next() 方法或者返回 None，或者返回一个 StopInteration 异常（取决于 Biopython 的版本）

例 19.2　用 SeqIO 模块来解析一个记录文件，将其内容存储到一个列表或字典中

将一个文件的所有记录存储到列表中是简单的：

```
from Bio import SeqIO
uniprot_iterator = SeqIO.parse("Uniprot.fasta", "fasta")
records = list(uniprot_iterator)
print records[0].id
print records[0].seq
```

代码产生如下输出：

```
sp|P03372|ESR1_HUMAN
MTMTLHTKASGMALLHQIQGNELEPLNRPQLKI...
```

此外可以使用字典，键是记录的 ID，值包含记录的信息：

```
uniprot_iterator = SeqIO.parse("Uniprot.fasta", "fasta")
records = SeqIO.to_dict(uniprot_iterator)
print records['sp|P03372|ESR1_HUMAN'].id
print records['sp|P03372|ESR1_HUMAN'].seq
```

这个代码的输出与前面的相同。

例 19.3　用 SeqIO.index() 来解析一个大文件

使用 Index 方法可以帮助处理在内存中同时放不下的大序列文件。在这个例子中，读取了例 19.1 的文件：

```
records = SeqIO.index("Uniprot.fasta","fasta")
print records.keys()
print len(records['sp|P03372|ESR1_HUMAN'].seq)
```

这个代码产生如下输出：

```
['sp|P03372|ESR1_HUMAN', 'sp|P62333|PRS10_HUMAN',
'sp|P62509|ERR3_MOUSE']
595
```

例 19.4　序列文件格式的转换

用户可以组合 Bio.SeqIO.parse() 和 Bio.SeqIO.write 方法转换序列格式。下面的脚本把一个 GenBank 文件转换成 FASTA 文件：

```
from Bio import SeqIO
genbank_file = open ("AY810830.gbk", "r")
output_file = open("AY810830.fasta", "w")
records = SeqIO.parse(genbank_file, "genbank")
SeqIO.write(records, output_file, "fasta")
output_file.close()
```

注意，如果不关闭输出文件，则写入结果不完整。

19.5　自测题

19.1　解析一个单一序列记录

从一个 FASTA 格式文件读取单个记录，取出其 ID 和序列并打印它们。

19.2　建立 SeqRecord 对象并将其写入文件中

用自测题 19.1 的序列 ID 和序列建立一个 SeqRecord 对象。手工加入一些定制的描述。用 FASTA 格式把这个 SeqRecord 对象写入文件，再用 GenBank 格式写入另一个文件。注意，GenBank 格式需要在建立 Seq 对象时给定一个字符集。

19.3　解析一个多记录文件，只把所有记录的 ID 写入一个文件。

19.4　把 GenBank 序列写入单独的文件中

解析 GenBank 格式的多记录文件，将每个记录写入单独的 FASTA 格式中。用数据项的 ID 来创建文件名。

提示：可以手工从 GenBank 的网站建立输入文件。

19.5　格式转换

试着把 FASTA 格式的蛋白质序列（如例 19.1 中，或类似的）转换成 GenBank 格式。会发生什么？

第20章 从网络资源中检索数据

学习目标：能从 NCBI 用 Biopython 搜索和取回数据库记录。

20.1 本章知识点

- 如何从网上读取序列
- 如何提交 Pubmed 查询
- 如何提交 NCBI 核酸数据库的查询
- 如何检索 UniProt 记录，并把它们写入文件

20.2 案例：在 PubMed 中用关键词搜索文献，下载并解析对应的记录

20.2.1 问题描述

前一章用 Biopython 操控本地数据文件（如 FASTA 和 GenBank）。本章将用 Biopython 访问在线 NCBI 数据库，如 PubMed 和 GenBank，以及 Expasy 资源，如 UniProt；检索和解析它们的内容。下面的 Python 会话显示如何找到一个关于 PyCogent 的文献（PyCogent 是和 Biopython 互补的 Python 库）。首先，需要找到和检索取回包含关键字"PyCogent"的 PubMed 的数据项，然后需要解析结果记录。因为 PubMed 是 NCBI（www.ncbi.nlm.nih.gov/）的一个数据库，连接在 Entrez 数据检索系统上（www.ncbi.nlm.nih.gov/Entrez）。NCBI 服务器的查询样板可见专题 20.1。Biopython 访问 NCBI 网络服务的模块又称 Entrez，用来访问和下载 NCBI 数据记录。近一步的解析文献记录，需要一个模块 Bio.Medline 中的特定解析器。

专题 20.1　文档和查询样板

文档

www.ncbi.nlm.nih.gov/books/NBK25500/

在 PubMed 中搜索论文

http://eutils.ncbi.nlm.nih.gov/entrez/eutils/esearch.fcgi? db=pubmed&term=thermophilic, packing&rettype=uilist

检索 Medline 格式的发表记录

http://eutils.ncbi.nlm.nih.gov/entrez/eutils/efetch.fcgi? db=pubmed&id=11748933, 11700088&retmode=text&rettype=medline

用关键词搜索蛋白质数据库条目

http://eutils.ncbi.nlm.nih.gov/entrez/eutils/esearch.fcgi?db=protein&term=cancer+AND+human

用 FASTA 格式检索蛋白质数据库条目

http://eutils.ncbi.nlm.nih.gov/entrez/eutils/efetch.fcgi?db=protein&id=1234567&rettype=fasta

用 GenBank 格式检索蛋白质数据库条目

http://eutils.ncbi.nlm.nih.gov/entrez/eutils/efetch.fcgi?db=protein&id=1234567&rettype=gb

检索核酸数据库条目

http://eutils.ncbi.nlm.nih.gov/entrez/eutils/efetch.fcgi?db=nucleotide&id=9790228&rettype=gb

20.2.2 Python 会话示例

```
from Bio import Entrez
from Bio import Medline
keyword = "PyCogent"
# search publications in PubMed
Entrez.email = "my_email@address.com"
handle = Entrez.esearch(db="pubmed", term=keyword)
record = Entrez.read(handle)
pmids = record['IdList']
print pmids
# retrieve Medline entries from PubMed
handle = Entrez.efetch(db="pubmed", id=pmids,\
    rettype="medline", retmode="text")
medline_records = Medline.parse(handle)
records = list(medline_records)
n = 1
for record in records:
    if keyword in record["TI"]:
        print n, ')', record["TI"]
        n += 1
```

这个代码产生如下输出：

```
['22479120', '18230758', '17708774']
1 ) Abstractions, algorithms and data structures for
    structural bioinformatics in PyCogent.
2 ) PyCogent: a toolkit for making sense from sequence.
```

20.3 命令的含义

20.3.1 **Entrez 模块**

Entrez 提供了链向在 NCBI 服务器的 esearch 和 efetch 工具的连接。可以在 Entrez 模块输入如下命令列出可用的方法和属性：

```
>>> from Bio import Entrez
>>> dir(Entrez)
```

在这个输出中，可看到 20.2.2 节中用到的 mail 属性和 esearch()，efetch()函数。

mail 属性把电邮地址告诉 NCBI。这不是强制性，而 NCBI 要求如果出现问题则应能够联系到用户，所以 NCBI 要求提供电邮是合理的。用户也可以当每次访问 NCBI 时在 Entrez. esearch()的参数列表里包含 email＝"my_email@address.com"。

Entrez.esearch( )

Entrez.esearch()用一个查询文本来引导在 NCBI 数据库中搜索。这个函数具有两个强制参数：db，即搜索的数据库（默认是 pubmed）和 term，即查询文本。

在 20.2.2 节，查询条目是"PyCogent"。如果需要搜索超过一个的关键词，就像在线搜索时一样，可以用"AND"和"OR"。也能用关键词的类别，如[Year]，[Organism]，[Gene]等（见例 20.2）。Entrez.esearch()返回一个采用"handle"的格式数据库标识的列表，这个列表可以用 Entrez.read()函数读取，然后再返回一个字典，其键包括"IdList"（其值是配备文本查询的 ID 的列表）和"Count"（它的值是所有 ID 的数目）。在 20.2.2 节的这个 PubMed 查询的例子中，PMID 包含在字典 record 的值 record['IdList']中。

可以用可选参数 retmax（返回的最大数目）来设置返回多少数据项来配备查询的文字（见例 20.2）。其他有用的参数有 datetype，reldate，mindate 和 maxdate（后两个都是 YYYY/MM/DD 的形式）。datetype 用来选择一个日期的类型（"mdat"：修改日期，"pdat"：发表日期，"edat"：Entrez 日期）来限制查找结果。reldate 必须是一个整数 n，告诉 esearch()方法只返回那些匹配 datetype 在 n 天之内的数据记录的 ID。mindate 和 maxdate 提供了一个日期范围，可以用来限制用 datetype 指定的日期类型的搜索结果。例如，下面的查询只返回在这本书写作期间内的文章：

```
>>> handle = Entrez.esearch(db = "pubmed", \
... term = "Python", datetype = "pdat", \
... mindate = "2011/08/01", maxdate = "2013/10/28")
>>> record = Entrez.read(handle)
>>> record['Count']
'3'
```

为了对匹配进行计数，也可以用 Entrez.egquery()方法，它返回在每个 Entrez 数据库中对搜索项的匹配的数目。它只有一个强制的参数，就是需要被搜索的术语：

```
>>> handle = Entrez.egquery(term = "PyCogent")
>>> record = Entrez.read(handle)
>>> for r in record["eGQueryResult"]:
... print r["DbName"], r["Count"]
pubmed 3
pmc 49
mesh 0
...
```

Entrez.efetch( )

到此为止，已经看到如何得到一个或更多搜索术语的记录的 ID。如果读者需要从 NCBI 服务器下载这些记录，就需要用到 Entrez.efetch()工具。在 Biopython 中，这个 Entrez. efetch()函数可以用被检索记录所在数据库中所需下载记录的 ID 列表或单个 ID 作为参数。在 20.2.2 节的 Python 会话中，PMID 的列表被下载并存储在 pmids 变量中，它将被后面的 efetch()用来作为 ID 列表。

Entrez.efetch()函数有许多可选参数：retmode 指出被检索记录格式(text，HTML，XML)。rettype 指出显示记录的类型，这取决于要访问的数据库。PubMed 的 rettype 值可以是 abstract，citation 或 medline 等。对于 UniProt，可以设置 rettype 为 fasta 来检索蛋白质记录的序列(见例 20.4)；retmax 是返回的记录的总数(上限是 10 000)。

Entrez.efetch()返回一个句柄"包含"用户的记录。可以从这个句柄像读取打开的 Python 文件那样(如 for 循环)读取原始数据或用一个指定的函数解析它们。

20.3.2　Medline 模块

要解析用 Entrez.efetch()下载的 PubMed 记录，就需要导入 Biopython 的 Medline 模块，它提供了 Medline.parse()函数。这个函数结果可以方便地转换成一个列表。这个列表包含 Bio.Medline.Record 对象，就像一个字典。最常用的键是 TI(标题，title)、PMID、PG(页面，pages)、AB(摘要，abstract)和 AU(作者，authors)。不是每一个字典都包含所有的键。比如，如果 PubMed 记录没有摘要可用，那么 AB 键在字典中将是缺失的。对于一个给定记录的可用的键，可以输入下列语句显示出来：

```
>>> handle = Entrez.efetch(db = "pubmed", \
... retype = "medline", id = ['22479120', \
... '18230758', '17708774'], \
... retmode = 'text')
>>> records = Medline.parse(handle)
>>> list(records)[0].keys()
['STAT', 'IP', 'DEP', 'DA', 'AID', 'CRDT', 'DP', 'OWN',
    'PT', 'LA', 'FAU', 'JT', 'PG', 'PMC', 'TA', 'JID',
    'AB', 'VI', 'IS', 'TI', 'AU', 'MHDA', 'PHST', 'EDAT',
    'SO', 'PMID', 'PST']
```

或者需要显示相对应的值：

```
>>> for record in records:
...     for k, v in record.items():
...         print k, v
```

注意：如果需要解析单个记录，则可使用 Medline.read()函数而不是 Medline.parse()。

20.4　示例

例 20.1　Entrez 数据库提供了什么？

如果需要从 Entrez 数据库得到信息，则可使用 Entrez.einfo()函数。不带任何参数使用时，将得到一个字典，包含一个单一的"键：值"对，其值是 Entrez 中的一个可用数据库列表；如果给定一个数据库的名字作为 Entrez.einfo()的参数，则可得到关于这个数据库的信息：

```
from Bio import Entrez
handle = Entrez.einfo()
info = Entrez.read(handle)
print info
```

```
raw_input('... press enter for a list of fields in PubMed')
handle = Entrez.einfo(db="pubmed")
record = Entrez.read(handle)
print record.keys()
print record['DbInfo']['Description']
print record['DbInfo']
```

程序产生输出：

```
{u'DbList': ['pubmed', 'protein', 'nuccore', 'nucleotide',
   'nucgss', 'nucest', 'structure', 'genome', 'assembly',
   'genomeprj', 'bioproject', 'biosample', 'blastdbinfo',
   'books', 'cdd', 'clinvar', 'clone', 'gap', 'gapplus',
   'dbvar', 'epigenomics', 'gene', 'gds', 'geoprofiles',
   'homologene', 'medgen', 'journals', 'mesh', 'ncbisearch',
   'nlmcatalog', 'omia', 'omim', 'pmc', 'popset', 'probe',
   'proteinclusters', 'pcassay', 'biosystems', 'pccompound',
   'pcsubstance', 'pubmedhealth', 'seqannot', 'snp', 'sra',
   'taxonomy', 'toolkit', 'toolkitall', 'toolkitbook',
   'unigene', 'unists', 'gencoll']}
```

按回车键之后会显示更长的字段列表。

例 20.2　用多于一个术语搜索 PubMed，用 AND/OR 组合关键词

```
from Bio import Entrez
handle = Entrez.esearch(db="pubmed", term="PyCogent AND RNA")
record = Entrez.read(handle)
print record['IdList']
handle = Entrez.esearch(db="pubmed", term="PyCogent OR RNA")
record = Entrez.read(handle)
print record['Count']
handle = Entrez.esearch(db="pubmed", \
   term="PyCogent AND 2008[Year]")
record = Entrez.read(handle)
print record['IdList']
handle = Entrez.esearch(db="pubmed", term= \
   "C. elegans[Organism] AND 2008[Year] AND Mapk[Gene]")
record = Entrez.read(handle)
print record['Count']
```

程序输出了 PMID 的列表和相对应的四个查询的文章计数。可选参数 retmax（最大返回数目）可以用来设置匹配查询文本的最大检索数目：

```
handle = Entrez.esearch(db = "pubmed", \
   term = "PyCogent OR RNA", retmax = "3")
record = Entrez.read(handle)
print record['IdList']
```

其结果如下：

```
['23285493', '23285311', '23285230']
```

例 20.3　用 GenBank 格式检索和解析核酸数据库条目

此过程与检索和解析 PubMed 记录的过程几乎相同，主要区别是返回的 ID 是序列的 GI 号。多个 ID 必须用一个用逗号分隔的 GI 号的字符串，而不是用列表进行传递，而文件格式（retmode）必须设置成 xml。

```
from Bio import Entrez
# search sequences by a combination of keywords
handle = Entrez.esearch(db="nucleotide", \
    term="Homo sapiens AND mRNA AND MapK")
records = Entrez.read(handle)
print records['Count']
top3_records = records['IdList'][0:3]
print top3_records
# retrieve the sequences by their GI numbers
gi_list = ','.join(top3_records)
print gi_list
handle = Entrez.efetch(db="nucleotide", \
    id=gi_list, rettype="gb", retmode="xml")
records = Entrez.read(handle)
print len(records)
print records[0].keys()
print records[0]['GBSeq_organism']
```

代码产生如下输出：

```
1053
['472824973', '433282995', '433282994']
472824973,433282995,433282994
3
[u'GBSeq_moltype', u'GBSeq_comment', u'GBSeq_feature-table',
  u'GBSeq_primary', u'GBSeq_references', u'GBSeq_locus',
  u'GBSeq_keywords', u'GBSeq_secondary-accessions', u'GBSeq_
  definition', u'GBSeq_organism', u'GBSeq_strandedness',
  u'GBSeq_source', u'GBSeq_sequence',
  u'GBSeq_primary-accession', u'GBSeq_accession-version',
  u'GBSeq_length', u'GBSeq_create-date', u'GBSeq_division',
  u'GBSeq_update-date', u'GBSeq_topology', u'GBSeq_other-
  seqids', u'GBSeq_taxonomy']
Homo sapiens
```

对于单个 GI，也可以用"text"模式（retmode="text"）：

```
handle = Entrez.efetch(db = "nucleotide", \
    id = "186972394", rettype = "gb", retmode = "text")
record = handle.read()
```

例 20.4　用关键字搜索 NCBI 蛋白质数据库条目

此过程类似于上面展示的 PubMed 和核酸记录（分别见 20.2.2 节和例 20.3）：

```
from Bio import Entrez
# search IDs of protein sequences by keywords
handle = Entrez.esearch(db="protein", \
    term="Human AND cancer AND p21")
records = Entrez.read(handle)
print records['Count']
id_list = records['IdList'][0:3]
# retrieve sequences
id_list = ",".join(id_list)
print id_list
```

```
handle = Entrez.efetch(db="protein", \
    id=id_list, rettype="fasta", retmode="xml")
records = Entrez.read(handle)
rec = list(records)
print rec[0].keys()
print rec[0]['TSeq_defline']
```

这个代码产生如下输出：

```
920
229577056,131890016,113677036
[u'TSeq_accver', u'TSeq_sequence', u'TSeq_length',
    u'TSeq_taxid', u'TSeq_orgname', u'TSeq_gi',
    u'TSeq_seqtype', u'TSeq_defline']
CDC42 small effector protein 2 [Danio rerio]
```

例 20.5　检索 SwissProt 数据库条目并把它们写入一个 FASTA 格式的文件

Biopython 提供了一个模块（称为 ExPASy）来访问 SwissProt 数据库和其他的 Expasy 资源（http://www.expasy.org）。ExPASy 模块中的 get_sprot_raw()方法返回一个句柄，它可以用 SeqIO.read()方法读取（见第 19 章）。所以需要首先导入 SeqIO 模块。正如在第 19 章中学到的，SeqIO.read()返回的对象是一个 SeqRecord 对象，其具有 id，Seq 和 description 属性，能够被 SeqIO.write()方法写成一个 FASTA 格式的文件。

```
from Bio import ExPASy
from Bio import SeqIO
handle = ExPASy.get_sprot_raw("P04637")
seq_record = SeqIO.read(handle, "swiss")
out = open('myfile.fasta','w')
fasta = SeqIO.write(seq_record, out, "fasta")
out.close()
```

注意，如果需要对几个 SwissProt 的 AC 进行处理，就必须逐个检索和解析它们。

```
ac_list = ['P04637', 'P0CQ42', 'Q13671']
records = []
for ac in ac_list:
    handle = ExPASy.get_sprot_raw(ac)
    record = SeqIO.read(handle, "swiss")
    records.append(record)
out = open('myfile.fasta','w')
for rec in records:
    fasta = Bio.SeqIO.write(rec, out, "fasta")
out.close()
```

这个代码创建一个本地的多 FASTA 文件。

20.5　自测题

20.1　用关键词搜索 PubMed

用 Entrez.esearch()来检索关于 tRNA 氨酰化作用的从 2008 年起的文章的 PMID 列表，用一个搜索项：*trna, aminoacylation,* "2008"[*Publication Date*]。你找到了多少文章？

20.2　得到文章信息并保存到文件中

用 Entrez.efetch()得到自测题 20.1 中检索的文章的信息，用 Medline 格式写入文件。这个文件有多少行？

20.3　**返回一个核酸序列**

　　用 Entrez.efetch() 来下载核酸序列，用 GI 号 433282994，并用 FASTA 格式写入文件。

20.4　**用关键词搜索蛋白质序列**

　　用 Entrez.esearch() 来寻找 bacteriorhodopsin 蛋白质的序列，检索并取回前 20 个序列，然后用 GenBank 格式写入文件。

20.5　写一个小程序来实现一个函数，类似于 EndNote 或 Mendeley 的功能。这个程序将读取把 PMID 放在方括号中（如 [23285311]）的文本，然后用方括号中递增的数目（如 [1]）来替换它们，并在文档的最后加入一个如下格式的参考文献表：

```
[1] Cieslik M, Derewenda ZS, Mura C. Abstractions, algorithms
    and data structures for structural bioinformatics in
    PyCogent. J Appl Crystallogr. 2011 Apr 1;44:424-428.
```

第 21 章　使用三维结构数据

学习目标： 使用 Biopython 处理大分子三维结构。

21.1　本章知识点

- 如何用 Biopython 解析 PDB 文件
- 如何访问链、残基和原子
- 如何对相应残基进行重叠结构分析

21.2　案例：从 PDB 文件中提取原子名及其三维坐标

PDB 格式在结构生物信息学中是大分子三维坐标的最常见的格式。在第 10 章，已经学习了如何用读者自己写的脚本从 PDB 文件中提取信息。你可能想这是一个比较困难的任务，确实是这样的。当自己能写一个 PDB 解析器时（也就是无须 Biopython 时），你可以声称自己是一个好的程序员了！但是，PDB 文件包含了比坐标更多的信息。特别地，如果需要一个关于原子、残基和链的完整描述，就需要写许多的代码。幸运的是，Biopython 的开发者已经为你做好了这些工作。

Bio. PDB 包是一个功能强大的工具，可用来从网络上检索大分子结构，读写 PDB 文件，计算原子间的距离和角度，叠加结构。在这一章中，可以看到如何用 Biopython 解析 PDB 文件，如何使用 Biopython 中的 Structure 对象。

21.2.1　问题描述

在这个例子中，从 Protein Data Bank 下载一个 PDB 文件，并读入 Structure 对象。这个 Structure 对象是一个容器，存储 PDB 数据项中的结构信息，像俄罗斯套娃一样的层次结构进行组织：一个结构包含模型，模型中包含链，链中包含残基，残基中包含原子。如下，这个层次结构可以被简写为 SMCRA(Structure→Model(s)→Chain(s)→Residues→Atoms)。在下面的 Python 会话中，从一个结构中取出模型、链、残基和原子。每个对象(model, chain, residue, atom)是按顺序放入容器的，包含附加的信息。例如，每个原子对象包含原子名、元素和空间坐标。这里，读者将看到 SMCRA 层次是如何工作的，以及如何用它操纵 PDB 结构。

21.2.2　Python 会话示例

```
from Bio import PDB
pdbl = PDB.PDBList()
pdbl.retrieve_pdb_file("2DN1")
```

```
parser = PDB.PDBParser()
structure = parser.get_structure("2DN1", "dn/pdb2dn1.ent")

for model in structure:
    for chain in model:
        print chain
        for residue in chain:
            print residue.resname, residue.id[1]
            for atom in residue:
                print atom.name, atom.coord
```

21.3　命令的含义

21.3.1　Bio.PDB 模块

要开始用 Biopython 工作，需要首先导入 PDB 模块：

```
from Bio import PDB
```

这个脚本包含三部分：第一段从网络中下载一个 PDB 结构文件，并把它写入文件中；第二段把它读取到 Structure 对象；第三段遍历层次化的 SMCRA 结构，打印链、残基和原子。

问答： SMCRA 结构是一棵树吗？

是的，它是一棵树，因为有一个对象（Structure）通过几层父子关系包含所有其他节点，每个子对象只有一个父对象。在 SMCRA 树中，所有的对象都起源于同一个 Python 类（它们是 Entity 类的子类）。这个结构又称为**组合**（composite）。

下载 PDB 结构

在脚本的第一行，导入 Biopython 中的 PDB 模块（Bio.PDB）。然后运行 PDB.PDBList 类。这个类提供了访问 RCSB 服务器上的 PDB 结构代码（例如"2DN1"）的接口。也可以指定每个结构的状态（修改或过期）。RCSB 服务器每个星期更新列表的版本。这个指令

```
pdbl.retrieve_pdb_file("2DN1")
```

用来下载这个文件，并保存在以 PDB 代码中的两个字符命名的目录中（如这个例子 2DN1 中是 dn/），该目录在当前目录下创建（也就是用户执行脚本的地方），PDB 文件以 pdb2dn1.ent 命名。

解析 PDB 结构

下面的两个指令创建一个 PDB.PDBParser 对象：

```
parser = PDB.PDBParser()
structure = parser.get_structure("2DN1", "dn/pdb2dn1.ent"
```

用 get_structure() 方法来解析 PDB 文件，返回前面提到的 Structure 对象，即 SMCRA 层次的顶端。在 21.2.2. 节中，Structure 对象被赋给 structure 变量。get_structure() 有两个参数：一个文本的 Structure 对象的标识（给它起名为"my_PDB"或"Jim"没有什么不同）；需要解析的 PDB 文件名（和位置）。注意，也能解析那些已经存在计算机中的文件，不需要每次都

下载它们。如果 get_structure() 函数不能返回 SMCRA 对象，很可能是 PDB 文件出了问题。发生这种情况可能是由于在一些旧的或修改过的 PDB 文件中，不是每个字符都符合 PDB 标准格式，这种情况下需要用自己的脚本解析 PDB 文件，或至少把它标准化。

解析 mmCIF 文件

PDB.PDBParser 类提供了工具来解析 PDB 格式的文件（通常是以 .pdb 或 .ent 结尾）。如果需要解析 mmCIF 格式的文件（见 www.ebi.ac.uk/pdbe/docs/documentation/mmcif.html），就必须下载这个格式的文件，然后用一个不同的解析器：

```
parser = MMCIFParser()
structure = parser.get_structure("2DN1","2DN1.cif")
```

其余的工作是一样的。

21.3.2　SMCRA 结构层次

这个层次的第一级是 Structure，对大多数结构它只包含一个 Model（NMR 结构通常包含更多）；Chain 级包含了给定 Model 的所有的大分子链；每个 Chain 包含组成它的 Residue 对象；而 Residue 包含组成它的 Atom 对象。虽然由于它们都继承自 Entity 类，共享一个公用的数据池，但每个层次的对象都有自己的一套属性和方法。

一般地，每个 SMCRA 对象都有一个标识。链和原子都有字符串型的标识，而模型和残基用数字。利用标识，可以像用字典一样访问层次内的子对象。这种访问子对象的方法对 SMCRA 层结构的所有对象都适用。例如，

```
model = structure[0]
chain = model['A']
residue = chain[2]
atom = residue['CA']
```

Structure 对象的方法

把选择的 Structure 对象作为变量传递给函数 dir()（在 21.2.2 节的 Python 对话中的 structure）作为参数，可以显示 Structure 对象的方法和属性。当输入如下代码时：

```
>>> from Bio import PDB
>>> parser = PDB.PDBParser()
>>> structure = parser.get_structure("2DN1", \
... "dn/pdb2dn1.ent")
>>> dir(structure)
```

将显示出所有的方法和属性。下面是一些 Structure 的函数和方法及其使用方式：

```
>>> structure.get_id()
'2DN1'
>>> structure.get_level()
'S'
```

'S' 表示"Structure level"：

```
>>> structure.child_list
[<Model id = 0>]
```

child_list 属性返回一个该结构的子节点的列表，也就是这层的下一级对象的列表：模

型。这个结构有一个单一的模型（实际上它是一个 X 射线结构）。也可以通过下面的方式得到相同的结果：

```
>>> list(structure)
[<Model id = 0>]
```

如上所示，child_list 属性和 list() 函数可以应用于层结构的所有对象。可以用它们来窥探对象的内部，看看在模型、链和残基里包含什么。

```
>>> structure.header
{'structure_method': 'x-ray diffraction','head':
'oxygen storage/transport',...}
```

header 是一个字典（这里只显示一部分），收集了 PDB 文件头的信息。可以用字典的键来提取单个字段：

```
>>> structure.header['structure_method']
'x-ray diffraction'
```

Model 对象的方法

使用 Structure 对象的子节点——模型，读者会发现方便的方法是先将它赋予一个变量：

```
>>> model = structure.child_list[0]
```

另一种方法是通过遍历 Structure 对象运行一个变量（如 model），不需要在循环中使用它。这样一个变量可以取遍属于这个 Structure 对象的所有 Model 值：

```
>>> for model in structure: pass
...
```

当一个循环退出时，model 变量将包含一个 Model 对象，把 dir() 函数应用于 model 变量，就可以浏览 Model 对象的方法和属性：

```
>>> dir(model)
```

除了包含其他属性外，还有了如下属性：

```
>>> model.child_list
[<Chain id = A>, <Chain id = B>]
>>> list(model)
[<Chain id = A>, <Chain id = B>]
>>> model.child_dict
{'A': <Chain id = A>, 'B': <Chain id = B>}
>>> model.level
'M'
```

可以看到 2DN1 结构只有一个模型和两个链：A 和 B。

Chain 对象的方法

可以用模型对象（赋给 model 变量）的 id 属性得到链的标识：

```
>>> for chain in model:
...     print chain.id
...
A
B
```

如果需要知道链对象的属性和方法,则可再次把链赋予一个变量并用 dir()函数:

```
>> chain = model.child_list[0]
```

或

```
>>> for chain in model: pass
...
>>> dir(chain)
```

用 child_list 属性或 list()函数可以看到链对象包含的残基:

```
>>> list(chain)
[<Residue LEU het = resseq = 2 icode = >,...]
```

这个列表是该链中的所有残基。

Residue 对象的方法

类似于 Structure,Model 和 Chain 对象,Residue 对象是 Chain 对象的子节点,具有 id 属性:

```
>>> for residue in chain:
...     print residue.id
...
(' ', 2, ' ')
(' ', 3, ' ')
...
```

Residue 对每一个残基的 id 对象是三个元素的元组,而不是像 Chain 对象那样的单个字符。这三个元素是:(1) 一个非高聚物的原子(如水、离子和配体,又称"杂原子"),包含 H_xxx,这里 xxx 是杂残基的名字(如,H_OXY),或用 W 表示水;(2) 链上残基的序列标识;(3)"插入码",也就是一个代码,用来表示如插入突变。

可以用 Residue 对象的 resname 属性检索到残基的类型:

```
>>> for residue in chain:
...     print residue.resname, residue.id
...
HIS (' ', 2, ' ')
LEU (' ', 3, ' ')
THR (' ', 4, ' ')
...
```

要记住,残基类型在打印 Residue 对象时也会显示出来:

```
>>> for residue in chain:
...     print residue
...
<Residue HIS het = resseq = 2 icode = >
<Residue LEU het = resseq = 3 icode = >
<Residue THR het = resseq = 4 icode = >
...
```

问答:要访问一个特别的残基需要做些什么?

可以用三个元素的元组的 id 或简单地用残基的数字作为 Chain 对象的字典键:

```
>>> residue = chain[((' ', 2, ' '))]
>>> residue
```

```
<Residue HIS het = resseq = 2 icode = >
>>> residue = chain[2]
>>> residue
<Residue HIS het = resseq = 2 icode = >
```

然后可以用 resname 检索残基类型：

```
>>> chain[2].resname
'HIS'
>>>
```

注意在 Residue 对象情况下，child_list 属性和 list() 函数将返回每个残基的原子的列表：

```
>> list(residue)
[<Atom N>, <Atom CA>, <Atom C>, <Atom O>]
>>> residue.child_list
[<Atom N>, <Atom CA>, <Atom C>, <Atom O>]
```

遍历一个链的所有残基，打印其 resname 和 child_list 即可显示残基和构成它们的原子：

```
>>> for residue in chain:
...    print residue.resname, residue.child_list
...
HIS [<Atom N>, <Atom CA>, <Atom C>, <Atom O>]
LEU [<Atom N>, <Atom CA>, <Atom C>, <Atom O>, <Atom CB>,
    <Atom CG>, <Atom CD1>, <Atom CD2>]
THR [<Atom N>, <Atom CA>, <Atom C>, <Atom O>, <Atom CB>,
    <Atom OG1>, <Atom CG2>]
...
```

问答：残基总是按它们在序列中的顺序出现吗？

一般来说是的。但是，当一个链包含修饰过的残基，则可能被表示成杂原子，它们通常在所有的正常残基之后。例如，在 tRNA 结构中修饰过的核酸，一些出现在结构的最后。作为一般性的规则，PDB 文件的顺序在对应的 Structure 对象中被保持。但是，如果需要残基的顺序，那么安全的方法是明确地对它们排序。

Atom 对象的方法

读者可能注意到了，原子 id（原子名）不仅是元素符号，还包括了在残基中原子位置的缩写。比如，"CA"是蛋白质结构中所有 $C\alpha$ 原子的 id。每个 Atom 对象有足够多的方法用来提取在 PDB 文件中的可用信息。对于给定的残基，很容易获得 id、序列号和每个原子的坐标：

```
>>> residue = chain[2]
>>> for atom in residue:
... print atom.get_id(), atom.get_serial_number(), \
... atom.get_coord()
...
N 1064 [14.4829998 15.80900002 11.95800018]
CA 1065 [14.82299995 15.06900024 13.15100002]
C 1066 [14.93500042 15.76099968 14.47500038]
O 1067 [15.99600029 15.7159996 15.13099957]
>>>
```

Atom 对象具有能检索下列数据的方法:各向同性 B 因子(atom.get_bfactor()),各向异性 B 因子(atom.get_anisou()),原子布居(atom.get_occupancy())和一个 Vector 对象(atom.get_vector(),它包含了关于坐标的一些计算)。

在 21.2.2 节的 Python 对话中基本上遍历了所有的模型(1),所有的链(A 和 B),每个链的所有残基和每个残基的所有原子。对于每个原子,它打印输出了原子 name 及其三维坐标。

问答: 什么是 B 因子和布居?

B 因子是描述给定原子坐标可靠性的统计学指标。在 X 射线机构中,它表示了原子的布朗运动和测量的不确定性。更高的 B 因子表示该原子有更高的不确定性。布居(occupancy)用来给可选择的原子位置加上一个权重,对于给定的原子,布居加起来总是等于 1.0。

21.4 示例

例 21.1 原子间的距离

用 Biopython 计算两个原子间的距离,可以用减号操作符作用于两个 Atom 对象:

```
from Bio import PDB
parser = PDB.PDBParser()
structure = parser.get_structure("2DN1", \
    "dn/pdb2dn1.ent")
atom1 = structure[0]['A'][2]['CA']
atom2 = structure[0]['A'][3]['CA']
dist = atom_1 - atom_2
print dist
```

这个代码产生如下输出:

```
3.76608
```

注意:与 21.2.2 节和 21.3.2 节不同,这里的层次结构只用一行就横穿到每个原子了,如 structure[0]["A"][2]["CA"]。

例 21.2 从结构提取序列

这个任务可以从 Bio.PDB 模块的 Polypeptide 模块中的多肽段生成器(一个称为 PPBuilder 的类)得到。首先,需要从这个类中建立一个 PPBuilder 实例,Structure 对象可以用 PPBuilder 的 build_peptides()方法来解析,这就产生了一个"肽段对象"的列表。每条多肽段的序列链可分别用对应肽段对象的 get_sequence()方法得到:

```
from Bio import PDB
from Bio.PDB.Polypeptide import PPBuilder
parser = PDB.PDBParser()
structure = parser.get_structure("2DN1", \
    "dn/pdb2dn1.ent")
ppb = PPBuilder()
peptides = ppb.build_peptides(structure)
for pep in peptides:
    print pep.get_sequence()
```

这个代码能产生这样的输出：

```
LSPADKTNVKAAWGKVGAHAGEYGAEALERMFLSFPTTKTYFPHFDLSH
GSAQVKGHGKKVADALTNAVAHVDDMPNALSALSDLHAHKLRVDPVNFK
LLSHCLLVTLAAHLPAEFTPAVHASLDKFLASVSTVLTSKYR

HLTPEEKSAVTALWGKVNVDEVGGEALGRLLVVYPWTQRFFESFGDLST
PDAVMGNPKVKAHGKKVLGAFSDGLAHLDNLKGTFATLSELHCDKLHVD
PENFRLLGNVLVCVLAHHFGKEFTPPVQAAYQKVVAGVANALAHKYH
```

对单独的多肽段也是一样：

```
peptides = ppb.build_peptides(structure)
seq = peptides[0].get_sequence()
```

这个 seq 变量包括：

```
Seq('LSPADKTNVKAAWGKVGAHAGEYGAEALE
RMFLSFPTTKTYFPHFDLSHGSAQV...
KYR', ProteinAlphabet())
```

注意，肽段对象的 get_sequence() 方法返回一个 Biopython 的 Seq() 的对象（见第 19 章）。

问答：能够也得到 DNA 和 RNA 序列的结构吗？

多肽段的生成器只能为蛋白质工作。核酸能够用 ModeRNA 库处理，以创建 RNA 比较模型（http://iimcb.genesilico.pl/moderna/；见编程秘笈 18）。

例 21.3 两个结构的重叠

为了可视化地比较两个结构，把它们重叠起来是很有用的。在重合过程中，这些结构被放在一个相同的坐标系中，这样相对应的原子对之间的距离被最小化了。两个结构至少有三对对应的原子，就可以进行重叠操作。在这个原则下，可以用 Bio.PDB 模块下的 Superimposer 类。用户必须定义每个结构中需要重叠的原子，决定哪个结构为固定坐标系，哪个是可移动的（旋转和平移）。用来创建重叠矩阵的原子可以分别存储在两个列表里，作为参数传递给 PDB.Superimposer() 对象的 set_atoms() 方法。set_atoms(list_1,list_2) 函数把 list_2 中的原子重叠在 list_1 的原子上。重合函数的一个输出是用来移动整个结构的重合矩阵。匹配的质量可以用原子对的均方根偏差（RMSD），在这个例子中，旋转和平移矩阵，重叠结构的均方根偏差也被打印输出了。

```
from Bio import PDB
parser = PDB.PDBParser()
structure = parser.get_structure("2DN1", "dn/pdb2dn1.ent")
atom1 = structure[0]["A"][10]["CA"]
atom2 = structure[0]["A"][20]["CA"]
atom3 = structure[0]["A"][30]["CA"]
atom4 = structure[0]["B"][10]["CA"]
atom5 = structure[0]["B"][20]["CA"]
atom6 = structure[0]["B"][30]["CA"]
moving = [atom1, atom2, atom3]
fixed = [atom4, atom5, atom6]
sup = PDB.Superimposer()
sup.set_atoms(fixed, moving)
print sup.rotran
print 'RMS:', sup.rms
```

在这个例子中，2DN1 每个链的三个 CA 原子被重叠了。不过，读者也可以把两个丝氨酸蛋白酶的催化三分子进行叠加。这种情况下，原子的三分子将来自于不同的结构，而不是来自相同结构的两个不同的链（见编程秘笈 20）。

问答：Biopython 能自动确定要重叠的原子的列表吗？

不能。如果具有一样的序列，且原子也同序的两个结构，可以简单地使用所有的原子进行重叠。可是通常情况下，来自不同 PDB 数据项的顺序是混乱的，有一些原子在晶体结构中会缺失。实际上，用两个结构的所有原子进行重叠，只在比较同一个模型的不同结构时适用，比如同源模型，这里假定了它们都是完整的，有相同数目的残基和原子。

例 21.4　将 Structure 对象保存到文件

利用 PDBIO 模块写入 PDB 文件。在这个例子中，从 2DN1 中得到的 Structure 对象可以保存到一个新文件 'my_structure.pdb' 中。这个例子简单地把原子坐标从输入文件复制到输出文件中。要将 Structure 对象写入到文件中，可以用 PDBIO() 中的 set_structure() 和 save() 方法：

```
from Bio import PDB
from Bio.PDB import PDBIO
parser = PDB.PDBParser()
structure = parser.get_structure("2DN1", "dn/pdb2dn1.ent")
io = PDBIO()
io.set_structure(structure)
io.save('my_structure.pdb')
```

21.5　自测题

21.1　下载和解析 tRNA 结构

从 PDB 网站检索苯丙氨酰转移核糖核酸的结构 1EHZ，用 Biopython 把它解析成 Structure 对象。

21.2　残基和原子计数

对自测题 21.1 中的 Structure 对象计算残基和原子总数。有多少残基包含杂原子（也就是说，residue.id 元组的第一项具有 "H…"）？

21.3　计算配对的 RNA 骨架间的距离

在 1EHZ 结构中，残基 1 和 72 构成一对，而残基 54 和 64 也构成一对。计算这两对残基中两个磷原子（名为 P）的距离并打印出来。

21.4　计算二硫键

二硫键对蛋白质折叠，以及对一些分泌到细胞外介质的蛋白质的稳定性，都起到重要的作用。二硫键在蛋白质中是存在于半胱氨酸间的硫醇基的键，包含一个 Cβ 和一个 Sγ 原子。二硫键的结构可以用 Cβ-Sγ-Sγ-Cβ 原子们之间的二面角描述，通常情况下接近 90°。而 Sγ-Sγ 之间的距离通常在 1.9~2.1 Å 范围内。在 Biopython 中，可以用下面的方法计算这个扭转角：

```
from Bio.PDB import Vector
v1 = atom1.get_vector()
v2 = atom2.get_vector()
v3 = atom3.get_vector()
v4 = atom4.get_vector()
Vector.calc_dihedral(v1, v2, v3, v4)
```

利用这些信息，写一个脚本找出在 PDB 结构 1C9X（核糖核酸酶 A）中所有可能的二硫键。你能找出多少二硫键？

提示： 在脚本中，需要确认半胱氨酸的硫醇基原子满足一个二面角条件和一个距离条件。

21.5 画一个 Ramachandron 图

做为本书的最后一个自测题，写一个程序来计算和画一个 Ramachandron 图，利用到蛋白结构的 ϕ 角和 ψ 角。ϕ 扭转角在骨架上的 N_i，$C\alpha_i$，C_i 和 N_{i+1} 的原子间，ψ 扭转角在 C_i，N_{i+1}，$C\alpha_{i+1}$ 和 C_{i+1} 原子间。把这个图写入 .png 文件中。

为完成这个自测题，需要用到读者在本书中学到的大多数知识和技巧。祝你好运，编程快乐！

第五部分小结

在第五部分，我们接触到了 Biopython，一个关于全面管理生物数据和资源的库。Biopython 有对象和方法来处理序列和注释序列记录，访问 NCBI 资源，用 PDB 结构工作，以及其他许多功能。它还使得运行程序（如 BLAST 和解析 PubMed 记录）成为可能。

第 19 章揭示了几个用于蛋白质、DNA 和 RNA 序列数据的对象和方法。Seq 对象可以用于操控定义在一个字符集上的与字符串性质很类似的序列。MutableSeq 对象类似于 Seq 对象，但它们使修改序列成为可能。SeqRecord 对象不仅编码序列，还包括各种各样的注释，如序列 ID、物种来源、参考文献等等。在第 19 章还介绍了 SeqIO 模块，它用于解析数据文件，如序列或多序列联配文件，把它们的内容存储到列表和字典里；不仅如此，SeqIO 还可以读取和写入各种格式的序列文件（如 FASTA）。

第 20 章是关于从网络资源中检索数据的。这一章主要集中在 NCBI 资源上，引入了 Entrez 模块来显示如何从网络上读取核酸和蛋白质的序列文件，如何提交 PubMed 查询。这一章还描述了如何检索 UniProt 记录并把它们写入文件。

最后，第 21 章学习了如何用 Biopython 的 PDB 模块工作于三维结构。通过这个模块，来自蛋白质数据银行（PDB）的文件可以被读取到 Structure 对象中，它的组织像俄罗斯套娃的结构，可以简写为"SMCRA"，即 Structure→Model(s)→Chain(s)→Residues→Atoms。从一个结构对象中，检索特定的链、残基甚至是原子及其属性，是一件容易的任务。可以提取原子坐标并用它们叠加蛋白质结构，计算它们的 RMSD。

Biopython 不是用于这些目的唯一 Python 库。将在编程秘笈 1 中介绍的 PyCogent，也提供了大量的工具进行生物数据管理。

第六部分　编程秘笈

引言

　　本书这一部分将覆盖一系列典型的生物信息学任务，前五部分并没有详尽地描述过。原则上，在读完本书后，读者就能自己编写完成这样的程序。在任何情况下，我们相信准备好用这些编程秘笈是有帮助的。读者将在这里发现一些特定的生物信息应用，如运行BLAST 或创建系统发生树，一些 PyCogent 例子以及一些解析器（如多序列联配，HTML 网页，BLAST 的 XML 输出，SBML 文件和 RNA 的 Vienna 文件）。还有一些编程秘笈用于蛋白质和 RNA 的三维结构。这些编程秘笈覆盖了广泛的话题，我们尽力包含了最有趣和常用的生物信息应用。读者可以用这些代码，也可以用它们作为起点来定制你自己的程序。欢迎来到我们的编程秘笈乐园！

编程秘笈 1：PyCogent 库

PyCogent[1]（http://pycogent.org）是另一个相对于 Biopython 的备选的功能强大的库。许多事项，如创建序列对象、读取和写入常用序列格式等，与 Biopython 的工作方式类似（见第 20 章），虽然语法细节不同。PyCogent 包含了许多常用生物信息应用的包装器，提供了许多与 RNA 序列和二级结构相关的函数，并使计算系统发生树成为可能。在这个编程秘笈中，PyCogent 中的函数被设计用来处理多序列联配。

要用 PyCogent，需要独立安装它（在 Linux 和 Mac 中用几个命令，在下载的网页已列出；Windows 中的安装方法可参见下页）。PyCogent 提供了大量的文档，包含了整个测试代码的例子，在 http://pycogent.org 可以找到它。

下面的脚本从一个 FASTA 文件载入了一个蛋白质的多序列联配的文件，计算了每列包含的间隙（gap）的比例：

```
from cogent.core.alignment import Alignment

fasta_file = open('align.fasta')
ali = Alignment(fasta_file.read())
print ali.toFasta()

for column in ali.iterPositions():
    gap_fraction = float(column.count('-')) / len(column)
    print '%4.2f' % gap_fraction,
print
```

前两行从 PyCogent 导入了 Alignment 类，打开 FASTA 文件并读取它们。在第三行，通过将打开的文件内容作为参数来创建 Alignment 类的实例，Alignment 对象有一个 toFasta() 方法，返回 FASTA 格式的字符串。可以用它显示联配并把字符串写入文件。

要计算间隙的比例（就是'-'符号在每列中的相对比例），要用到 iterPosition() 方法，它用独立的列表返回联配的列：

```
['L', 'S', '-']
```

从这个列表中，间隙的数目可以用在第 2 章中的 count() 方法。间隙的比例是'-'符号的数目除以列的长度。最后一行脚本打印输出所有间隙的比例。行尾的逗号使得所有数目写入同一行。

在 Alignment 对象中访问行和列

PyCogent 允许像对待一个表一样处理联配。比如，可以用数字索引访问单个和多个列：

```
print ali[3]
print ali[5:8]
```

索引操作的结果是一个 Alignment 对象，可以被打印输出，转换成 FASTA 或者和其他联配结合。

```
print ali[5:8] + ali[7:9]
```

从联配中提取序列要更复杂一点，因为需要访问 Names 字典：

```
print ali.getSeq(ali.Names[1])
```

takeSeqs()方法可以创建一个只包含一些序列的新联配：

```
ali2 = ali.takeSeqs(ali.Names[2], ali.Names[0])
print ali2
```

Alignment 对象还有两个其他的方法值得一提：degap()和 variablePositions()。degap()返回一个去除了间隙序列的集合：

```
seq_coll = ali.degap()
print seq_coll.toFasta()
```

variablePosition()返回一个包含不保守序列的列的索引，也就是至少有一个序列与其他不同：

```
print ali.variablePositions()
```

这些方法只代表 PyCogent 能做的事情中的一小部分。总体来说，这个库提供了很多关于序列、树、结构和其他生物数据的快捷方式。

在 Windows 中安装 PyCogent

在 Windows 的安装需要一些提示，如果不用 easy_install 工具（它在 Windows 上的安装也是一个挑战）。在安装 PyCogent 前，确认已安装了 Python 2.6 或 2.7，以及 Scientific Python。要确认是否成功安装了 Scientific Python，可打开 Python shell，输入

```
>>> import numpy
```

第二步，解压 PyCogent 文件。然后，从 Windows shell 中运行脚本：

```
C:\Python26\python.exe setup.py build
```

正常的话，可以继续输入

```
C:\Python26\python.exe setup.py install
```

但是，我们在几台 Windows 机器上看到过失败的安装，并不能轻易地顺利完成。另一种方式是，在 cogent/目录下找到 build/目录，将其复制到任何需要导入的模块中，或将其移动到 C:\Python2.6\lib\site_packages 中。

最后从 Python 检查是否能导入 PyCogent 库：

```
>>> import cogent
```

参考文献

[1] R. Knight, P. Maxwell, and A. Birmingham, "PyCogent: A Toolkit for Making Sense from Sequence," *Genome Biology* 8 (2007): R171.

编程秘笈 2：反向和随机化序列

因为每个序列模式可能在序列中随机出现，在蛋白质和核酸中寻找匹配的功能模体不能保证该匹配一定有生物意义。换句话说，我们不能先验地去除匹配的假阳性的存在，它们是随机出现的。为了评估一个模体存在的生物显著性，需检查的序列一般要和随机集合进行比较。给定的序列集合相对于随机序列集合显著表达的序列模体，更倾向于编码一个有功能的性质（也就是说像是有生物意义）。一个好的随机序列集合将是缺乏生物意义的，但是却与生物对象有相同的氨基酸/核苷酸组分，这样的序列可以被几种方式产生，比如是原序列的反向，或是对原序列的洗牌，或是临时随机创建序列。这个编程秘笈揭示了如何用 Python 反向、洗牌和随机化序列。

反向一条序列

一条序列是包含字符的字符串。至少有三种选择来反向一个字符串：

1. 把字符串转换成列表，而后再转换回去：

```
seq = 'ABCDEFGHIJKLMNOPQRSTUVWXYZ'
seq_list = list(seq)
seq_list.reverse()
rev_seq = ''.join(seq_list)
print rev_seq
```

转换成列表是因为列表有一个 reverse() 方法，而字符串没有。字符串的方法 join() 连接列表的元素，产生一个字符串。

2. reversed() 内置函数可以应用到一个可迭代的数据类型（字符串，列表，元组）上，然后这个函数返回一个迭代器，能循环地用反向顺序迭代输出元素：

```
rev_seq = ''
for s in reversed(seq):
    rev_seq = rev_seq + s
print rev_seq
```

不用循环，也可以直接转换一个字符串，与第一个例子类似：

```
rev_seq = ''.join(list(reversed(seq)))
```

3. 用扩展的切片语法应用到对象的序列（字符串，列表，元组）。给定一个序列 seq, seq[start:end:step]，可返回一个 seq 的切片，包含从 start 到 end 的步长为 step 的元素。如果把 start 和 end 设为空（对应的是 start = 0, end = 最后元素 + 1），而步长 step = −1，就可以得到一个反向序列：

```
seq = 'ABCDEFGHIJKLMNOPQRSTUVWXYZ'
rev_seq = seq[::-1]
print rev_seq
```

随机化一条序列

下面的方法用到了 random 模块。

1. 用 random.sample()

```
import random
seq = 'ABCDEFGHIJKLMNOPQRSTUVWXYZ'
ran_seq = ''.join(random.sample(seq, len(seq)))
print ran_seq
```

random.sample() 函数返回一个列表，它的长度 length=len(seq)，元素是从 seq 中随机取样的：

```
print random.sample(seq, len(seq))
```

将返回：

```
['I', 'X', 'C', 'A', 'Q', 'Z', 'S', 'B', 'U', 'L', 'P', 'H',
'O', 'T', 'N', 'K', 'D', 'I', 'Y', 'R', 'M', 'E', 'W', 'G',
'V', 'F']
```

2. 用 random.choice()。字符串方法 join() 能连接列表的元素，产生一个字符串。另一方面，可以用 random.choice() 函数随机从 seq 中取出一个单个字符。然后可以用 Python 的列表推导式来提供创建列表的简明方式。最后，可以用 join() 字符串方法从列表中生成字符串：

```
import random

seq = 'ABCDEFGHIJKLMNOPQRSTUVWXYZ'
ran_seq = ''.join([random.choice(seq) \
    for x in range(len(seq))])
print ran_seq
```

注意这两个方法，在结果随机序列中的每个字符的频率是与原始序列的平均值相同的，可以有随机起伏，而不像洗牌那样。

3. 序列洗牌。创建一条与给定序列的组成完全一致的随机序列，可以用 random.shuffle() 函数。它用一个列表，随机地改变元素的顺序：

```
import random
seq = 'ABCDEFGHIJKLMNOPQRSTUVWXYZ'
data = list(seq)
random.shuffle(data)
shuffled_seq = ''.join(data)
print shuffled_seq
```

编程秘笈 3：用概率创建随机序列

在编程秘笈 2 中，读者看到如何创建与给定序列有相同氨基酸或核苷酸组成的随机序列。这个编程秘笈示范了如何用每个符号特定的概率创建随机序列：如给定 GC 含量。下面只考虑 DNA 序列。当所有的核苷酸的概率一样时，可以用编程秘笈 2 中描述的 random.choice() 函数创建 DNA 序列（例如长度为 100）：

```
import random
nucleotides = list('ACGT')
dna = ''
while len(dna) < 100:
    dna += random.choice(nucleotides)
print dna
```

现在，如果核苷酸频率不一样，有两件事需要加入程序中：首先，要有地方存储概率值。第二，在组成随机序列时需要考虑概率。

一个字典非常适合存储核苷酸对和它们的概率：

```
probs = {'A': 0.3, 'C': 0.2, 'G': 0.2, 'T': 0.3}
```

对应的 GC 含量是 0.4。用一个概率字典，很重要的一点是确保这些值是合理的，特别是手工编辑或有许多项时（如氨基酸）。在那种情况下，就要求自动检查这些值。比如，概率的和应该精确地等于 1.0。下面的行，检查概率的和是否等于 1.0，如果有问题就终止程序：

```
if sum(probs.values()) != 1.0:
    raise Exception('Sum of probabilities is not 1.0!')
```

在 Python 中，可以把它缩减写为一条 assert 语句：

```
assert sum(probs.values()) == 1.0
```

用户也可以检查，比如 A + T 的概率是否等于 C + G 的概率，而对生物序列给出最后的小数位不是必要的。

考虑概率，程序"摇骰子"可以解决接受或拒绝一个核苷酸。首先，一个核苷酸可以被 random.choice()（按等概率）选择；然后，一个随机的浮点数可以用 random.random() 创建；第三步，只有随机数小于或等于核苷酸的概率，它才被加到 DNA 序列中（下面代码中，用 if dice <probs[nuc]:进行检验），如果它比较大，则没有核苷酸被加入；而程序中的 while 循环会运行很多遍，直到序列具有需要的长度。这个程序如下所示：

```
import random

nucleotides = list('ACGT')
probs = {'A': 0.3, 'C': 0.2, 'G': 0.2, 'T': 0.3}
assert sum(probs.values()) == 1.0

dna = ''
while len(dna) < 100:
    nuc = random.choice(nucleotides)
    dice = random.random()
    if dice < probs[nuc]:
        dna += nuc
print dna
```

编程秘笈 4：用 Biopython 解析多序列联配

Biopython 提供了一个数据结构来存储多序列联配（MutipleSeqAlignment 类），而 Bio.AlignIO 模块通过各种文件格式来读写它们。

先看一个 Pfam 球蛋白家族（PF00149）的多序列联配（MSA），在写本书时它包含了 73 个蛋白质种子序列。文件是 Stockholm 格式，这是一种多序列联配的最常用格式之一。为得到这个文件，需要访问 Pfam 网站（http://pfam.sanger.ac.uk）：或者通过登录号（PF00042），或者通过标识（Globin）来搜索球蛋白质条目；在 Globin 页面，单击"Alignments"链接（左边菜单），在"Alignment"页选定 MSA 格式（"Format an alignment"小节），提交查询（"Generate"按钮），就可以用 Stockholm 格式下载 Globin seed 序列。可以把这个联配保存为 PF00042.sth 文件。

Bio.AlignIO 模块提供了两个方法来解析多联配：Bio.AlignIO.read()，用于只需解析一个联配的情况；而 Bio.AlignIO.parse()可以解析含有多个联配的文件。两个方法都需要两个强制参数和一个备选参数，强制参数是：

● 一个连接多联配的句柄，可以是一个文件对象或文件名；
● 多联配的格式（可用格式的完整列表可以参考 http://biopython.org/wiki/AlignIO）。

需要的备选参数是：

● 联配采用的字符集

Bio.AlignIO.read()返回一个单独的 MultipleSeqAlignment 对象（如果有多个联配，则返回错误），它可以用 print 语句输出到屏幕上，或是用 Bio.AlignIO 模块中的 write()方法写到文件中：

```
from Bio import AlignIO, SeqIO
alignment = AlignIO.read("PF00042.sth", "stockholm")
print alignment
handle = open("PF00042.fasta", "w")
AlignIO.write(alignment, handle, "fasta")
handle.close()
```

AlignIO.write()函数有三个参数：MultipleSeqAlignment 对象，一个文件句柄和输出格式。重要的是，输出文件格式可以和原初联配的格式不同（如这个例子中，原初格式是 stockholm,而输出格式是 FASTA）。这个技巧可以用来把一个联配格式转换到另一个。注意也可以用 SeqIO 模块（见第 19 章）把 MultipleSeqAlignment 写入文件中：

```
from Bio import AlignIO, SeqIO
alignment = AlignIO.read("PF00042.sth", "stockholm")
handle = open("PF00042.fasta", "w")
SeqIO.write(alignment, handle, "fasta")
handle.close()
```

如果需要从联配中提取单独一条序列的信息，则可以遍历这个 Alignment 对象，这里，将返回 SeqRecord 对象，包含序列、ID 和注释（见第 19 章）：

```
from Bio import AlignIO, SeqIO
alignment = AlignIO.read("PF00042.sth", "stockholm")
for record in alignment:
    print record.id, record.annotations, record.seq
```

Align.parse()方法返回一个迭代器，遍历几个联配，为每个联配提供一个 MultipleSe-qAlignment 对象。要了解它对多于一个 MSA 是如何工作的，可以用 Stockholm 格式从 Pfam 网站下载第二个 MSA。比如用类磷酸酶的磷酸酯酶的 MSA（登录号：PF00149，标示：Metallophos，在写本书时有 324 种子序列），然后复制和粘贴一个记录，追加到另一个文件后（PF00042.sth 和 PF00149.sth），得到一个新文件（PF00042-PF00149.sth）。然后可以用 PF00042-PF00149.sth 文件名作为 AlignIO.parse()的参数：

```
from Bio import AlignIO
alignments = AlignIO.parse("PF00042-PF00149.sth", "stockholm")
for alignment in alignments:
    print alignment
```

这将一个接一个地打印两个 MSA（不是完整记录，只是联配）。

接下来，如果需要，可从 PF00042-PF00149.sth 文件的两个联配中分别提取每条单独序列记录的信息：

```
from Bio import AlignIO
alignments = AlignIO.parse("PF00042-PF00149.sth", "stockholm")
for alignment in alignments:
    for record in alignment:
        print record.id, record.annotations, record.seq
```

最后，如果需要，可把联配用 FASTA 格式写入文件：

```
from Bio import AlignIO
alignments = AlignIO.parse("PF00042-PF00149.sth", "stockholm")
handle = open("PF00042-PF00149.fasta", "w")
AlignIO.write(alignments, handle, "fasta")
handle.close()
```

编程秘笈 5：从多序列联配中计算共有序列

如果有多序列联配时，一个常见的问题是，什么序列是整个联配的最好代表，这种序列称为共有序列(Consensus Sequence)，它表示了在多联配中每列中频率最高的残基(也就是最保守的)。要计算它，首先需要计算联配的每列中出现字符的频率；其次，选择每列中出现最高频率的字符。下面的程序计算了一组短 DNA 序列的共有序列：

```
seqs = [
    'ATCCAGCT',
    'GGGCAACT',
    'ATGGATCT',
    'AAGCAACC',
    'TTGGAACT',
    'ATGCCATT',
    'ATGGCACT'
    ]

n = len(seqs[0])
profile = {'A':[0]*n, 'C':[0]*n, 'G':[0]*n, 'T':[0]*n }

for seq in seqs:
    for i, char in enumerate(seq):
        profile[char][i] += 1
consensus = ""
for i in range(n):
    col = [(profile[nt][i], nt) for nt in "ACGT"]
    consensus += max(col)[1]
print consensus
```

序列存储在 seqs 中，是一个字符串的列表。然后对每种字符创建一个 profile 表，它是由几列为 0 的列表组成的字典。每个为 0 的列表的长度与序列的长度相同。表达式[0] * n，当 n 等于 8 时，其结果是[0,0,0,0,0,0,0,0]。

前两个 for 循环用于程序计算每个联配的每条序列的每个位置上的核苷酸，以便填充 profile 表。这里用 enumerate()函数来得到一个与序列位置相对应的索引。在这个循环之后，profile 表将如下所示：

```
{
    'A': [5, 1, 0, 0, 5, 5, 0, 0],
    'C': [0, 0, 1, 4, 2, 0, 6, 1],
    'T': [1, 5, 0, 0, 0, 1, 1, 6],
    'G': [1, 1, 6, 3, 0, 1, 0, 0]
}
```

这个表表明，序列的第一个位置包含了 5 个 A，1 个 G 和 1 个 T。程序的最后一段搜索在每个位置频率最高的的核苷酸，然后通过它们建立共有序列。这个程序遍历 profile 表的每一列。这一行

```
col = [(profile[nt][i], nt) for nt in "ACGT"]
```

创建一个列表，同时包含核苷酸和它的计数。对于第一个位置，col 将包含

```
[(5, 'A'), (0, 'C'), (1, 'G'), (1, 'T')]
```

这允许用倒数第二行的 max() 函数来识别最高频率的核苷酸。相同的结果也可以用下面的代码获得：

```
consensus = ""
for i in range(n):
    max_count = 0
    max_nt = 'x'
    for nt in "ACGT":
        if profile[nt][i] > max_count:
            max_count = profile[nt][i]
            max_nt = nt
    consensus + = max_nt
print consensus
```

这里采用了两个 for 循环，而最高频率核苷酸被分别记录在 max_nt 变量中。

但是最高频率核苷酸有一个缺点：如果两个核苷酸有相同的频率，只能选中在前面的字符集。一个均衡的共有序列将表示两个具有最高频率的字符，如序列模式中的 [AG]。这需要在程序中做一些小的改动。

编程秘笈 6: 计算系统发生树的节点间的距离

蛋白质家族中的序列经常被用于构建系统发生树。这个编程秘笈描述了用 Biopython 读取和分析树的几种方式。

Newick 格式是表示系统发生树的一种统一的格式。它可以被大多数程序读取,包括 MrBayes, GARLI, PHYLIP, TREE-PUZZLE 等。Newick 树包含物种和祖先节点的名字、它们的相互关系,以及对每个节点赋予的值(通常用于到父节点的距离)。下面的程序导入一个 Newick 树,计算两个节点(也称为分支,clade)的距离:

```
from Bio import Phylo
tree = Phylo.read("newick_small.txt", "newick")
Phylo.draw_ascii(tree)
a = tree.find_clades(name = 'Hadrurus_virgo').next()
b = tree.find_clades(name = 'Coleonyx_godlewskii').next()
ancestor = tree.common_ancestor(a, b)
print tree.distance(a, b)
print tree.distance(ancestor, a)
print tree.distance(ancestor, b)
```

解析 Newick 树

Biopython 能很容易地用 Bio.Phylo 模块来解析 Newick 树:

```
from Bio import Phylo
tree = Phylo.read('newick_small.txt', 'newick')
```

Phylo.read() 函数有两个参数。第一个是文件名;第二个是格式。作为一种可选方案,还可以从一个字符串中直接解析一棵 Newick 树:

```
from cStringIO import StringIO
text = '(A:0.1, (B:0.2, C:0.3):0.1, (D:5, E:0.7):0.15)'
handle = StringIO(text)
tree = Phylo.read(handle, 'newick')
```

解析树的结果保存到一个 Tree 对象中。这个 Tree 对象包含其他的节点对象,这些对象依次包含对象,从而使整个数据结构比较复杂。利用树对象的一系列方法可以进行如下的浏览。

显示一个树

当打印输出一个 Tree 对象时,可以看到对象相互包含的情形。要得到树的第一总体印象,可利用一个最小化的图形表示。Biopython 可以在文本控制台上绘制树:

```
Phylo.draw_ascii(tree)
```

更多的精致图形可以用 Biopython 1.58 或更高版本与 matplotlib 一起安装来产生:

```
Phylo.draw(tree)
```

找物种节点

通过 find_clades() 函数可以检索树中一个特定的物种：

```
tree.find_clades(name = 'Hadrurus_virgo').next()
```

默认情况下，find_clades() 返回一个迭代器的节点，由此可能返回存在同一名称的几个节点。在行尾调用 next() 返回首次出现的名称的节点。如果未找到符合要求的节点，这一行将抛出一个异常。如果树文件提供了除名称之外的注释，也可以用与 name 参数不同的关键词进行搜索。

找公共祖先

从同一棵树上检索到两个节点之后，可以识别它们的公共祖先：

```
ancestor = tree.common_ancestor(a, b)
```

计算两个树节点之间的距离

最后，可以用 Tree 对象的 distance() 方法计算任意两个节点之间的总距离：

```
print tree.distance(a, b)
print tree.distance(ancestor, a)
```

上述代码对于祖先节点和末端节点都能使用。把树文件中的相对距离值沿着树加起来。

更多的 Biopython 使用树的例子可以参考 http://biopython.org/wiki/Phylo 和 http://biopython.org/wiki/Phylo_cookbook。

编程秘笈 7：核苷酸序列的密码子频率

计算核苷酸序列中的密码子出现频率(如在一个物种的全基因组中)，在我们想发现一个给定的氨基酸对应的一些密码子在进化中比其他的更有倾向性时，可能是非常有用的。因此，给定一个核苷酸序列(比如，RNA)并列出 20 种氨基酸，读者可能对下面这类信息感兴趣：

```
AA      codon      hits      frequency
A       GCU        0         0.000
A       GCC        8         0.471
A       GCA        7         0.412
A       GCG        2         0.118
...
```

诸如此类对每个氨基酸的数据。这里，对于每个氨基酸，一个密码子 X(如 GCC)的频率是由 X 出现的次数(hits)除以在输入序列中该氨基酸出现的总数目。在前面的例子中，GCC 的频率就是按如下方式计算得到的：

$$\text{freq(GCC)} = 8.0/(0+8+7+2) = 0.471 \tag{1}$$

其中，0，8，7 和 2 分别是输入序列 GCU，GCC，GCA 和 GCG 出现的次数。要记住的是，在 Python 中实现这个计算，需要把公式(1)中的分子或分母转换成浮点数，其目的是得到一个 freq(GCC)的浮点值。

在这个例子中，定义了两个字典：aa_codon 收集了 20 种氨基酸与其对应密码子之间的关系(aa_codon = {'A': ['GCU', 'GCC', "GCA", 'GCG'], …})；另一个是 codon_count，密码子作为键，整数作为值(codon_count = {'GCU':0, 'GCC':8, 'GCA':7, …})，这些数字是每个密码子出现的计数，这些值初始化为 0。一个密码子 X 出现的数目 n 沿着核苷酸序列遇到 X 增加 1，(当序列扫描结束时)codon_count 字典就被所有出现次数填充了，它将作为一个参数传递给 calc_freq()函数。这个函数有两个 for 循环，都将遍历 aa_codon 字典的键。

在第一个 for 循环中，对应每一种氨基酸计算出密码子得分的总数，并转换成浮点数(换种说法，公式(1)中的分母被计算出来)。在第二个 for 循环，该函数计算每一个密码子的频率(正如公式(1)中对 GCC 的计算)。

输入序列从 FASTA 文件中读取，这个序列被存储在一个单独的字符串中，要通过三次，分别从第一个、第二个和第三个核苷酸读取，这使得从三个阅读框分别确定密码子频率成为可能。如果需要计算 DNA 序列(而不是 RNA)的密码子频率，就需要把 aa_codon 和 codon_count 字典中的所有密码子中的 U 替换成 T。程序如下：

```python
# This program calculates the codon frequency in a RNA sequence
# (it could also be an entire genome)

aa_codon = {
```

```
'A':['GCU','GCC','GCA','GCG'], 'C':['UGU','UGC'],
'D':['GAU','GAC'],'E':['GAA','GAG'],'F':['UUU','UUC'],
'G':['GGU','GGC','GGA','GGG'], 'H':['CAU','CAC'],
'K':['AAA','AAG'],'I':['AUU','AUC','AUA','AUU','AUC','AUA'],
'L':['UUA','UUG','CUU','CUC','CUA','CUG'],'M':['AUG'],
'N':['AAU','AAC'],'P':['CCU','CCC','CCA','CCG'],
'Q':['CAA','CAG'],'R':['CGU','CGC','CGA','CGG','AGA','AGG'],
'S':['UCU','UCC','UCA','UCG','AGU','AGC',],
'Y':['UAU','UAC'],'T':['ACU','ACC','ACA','ACG'],
'V':['GUU','GUC','GUA','GUG'],'W':['UGG'],
'STOP':['UAG','UGA','UAA']}
codon_count = {
'GCU':0,'GCC':0,'GCA':0,'GCG':0,'CGU':0,'CGC':0,
'CGA':0,'CGG':0,'AGA':0,'AGG':0,'UCU':0,'UCC':0,
'UCA':0,'UCG':0,'AGU':0,'AGC':0,'AUU':0,'AUC':0,
'AUA':0,'AUU':0,'AUC':0,'AUA':0,'UUA':0,'UUG':0,
'CUU':0,'CUC':0,'CUA':0,'CUG':0,'GGU':0,'GGC':0,
'GGA':0,'GGG':0,'GUU':0,'GUC':0,'GUA':0,'GUG':0,
'ACU':0,'ACC':0,'ACA':0,'ACG':0,'CCU':0,'CCC':0,
'CCA':0,'CCG':0,'AAU':0,'AAC':0,'GAU':0,'GAC':0,
'UGU':0,'UGC':0,'CAA':0,'CAG':0,'GAA':0,'GAG':0,
'CAU':0,'CAC':0,'AAA':0,'AAG':0,'UUU':0,'UUC':0,
'UAU':0,'UAC':0,'AUG':0,'UGG':0,'UAG':0,
'UGA':0,'UAA':0}


# Writes the frequency of each codon to a file
def calc_freq(codon_count, out_file):
    count_tot = {}
    for aa in aa_codon.keys():
        n = 0
        for codon in aa_codon[aa]:
            n = n + codon_count[codon]
        count_tot[aa] = float(n)
    for aa in aa_codon.keys():
        for codon in aa_codon[aa]:
            if count_tot[aa] != 0.0:
                freq =  codon_count[codon] / count_tot[aa]
            else:
                freq = 0.0
            out_file.write('%4s\t%5s\t%4d\t%9.3f\n'% \
                (aa,codon,codon_count[codon], freq))


in_file = open('A06662.1.fasta')
out_file = open('CodonFrequency.txt', 'w')

# Reads the RNA sequence into a single string
rna = ''
for line in in_file:
    if not line[0] == '>':
        rna = rna + line.strip()


# Scans the sequence frame by frame,
# counts the number of occurrences
# of each codon, and stores it in codon_count dictionary.
# Then calls calc_freq()
for j in range(3):
```

```
    out_file.write('!!!Codon frequency in frame %d\n' %(j+1))
    out_file.write('  AA\tcodon\thits\tfrequency\n')
    prot = ''
    for i in range(j, len(rna), 3):
        codon = rna[i:i + 3]
        if codon in codon_count:
            codon_count[codon] = codon_count[codon] + 1
    calc_freq(codon_count, out_file)

out_file.close()
```

编程秘笈 8：解析 Vienna 格式的 RNA 二级结构

RNA 序列最重要的性质之一是其折叠和配对的能力。与 DNA 不同，RNA 的碱基配对不限于双螺旋，而是能够形成复杂结构。预测这些 RNA 的碱基配对和二级结构，是 RNA 生物信息学的常见任务。Vienna 包(http://rna.tbi.univie.ac.at)是一个命令行和网络的工具集，可以进行如从 RNA 序列预测碱基配对[1]等基础任务。这些结果经常被表示为 Vienna 格式：

```
> two hairpin loops
AAACCCCGUUUCGGGGAACCACCA
(((((...)))).(((((..)).).)).
```

与 FASTA 格式类似，第一行包含了 RNA 序列的名称，第二行是序列本身。第三行包含了点-括号表达的 RNA 二级结构。对应的括号指示一个碱基对，而不配对的碱基用点表示。举例来说，一个三碱基对的螺旋和一个末端的环可以表示为(((....)))。一个被凸起中断的螺旋可以是((((....))..))等等。

下面的程序揭示了怎样读取 Vienna 格式，并提取所有碱基对的位置：

```python
class RNAStructure:

    def __init__(self, vienna):
        lines = vienna.split('\n')
        self.name = lines[0].strip()
        self.sequence = lines[1].strip()
        self.basepairs = \
            sorted(self.parse_basepairs(lines[2].strip()))

    def parse_basepairs(self, dotbracket):
        stack = []
        for i, char in enumerate(dotbracket):
            if char == '(':
                stack.append(i)
            elif char == ')':
                j = stack.pop()
                yield j, i

vienna = '''> two hairpin loops
AAACCCCGUUUCGGGGAACCACCA
(((((...)))).(((((..)).).)).
'''
rna = RNAStructure(vienna)
print rna.name
print rna.sequence
for base1, base2 in rna.basepairs:
    print '(%i, %i)'%(base1, base2)
```

用一个类来解析 VIENNA 格式

在第一段，程序定义了一个 RNAStructure 类，以结构化从 Vienna 格式读取来的数据。在最后一段，程序用一个 Vienna 格式的字符串创建了 RNAStructure 类的实例。然后，打印输出 RNAStructure 实例的三个属性：rna.name，rna.sequence 和一个碱基对的列表（每个包含打开和关闭的位置）。

RNAStructure 类有两个方法。构造函数 __init__() 从 Vienna 字符串将行分离，并设置了三个属性。构造函数也调用了第二个方法 parse_basepairs()，以创建碱基对索引的列表。

解析碱基对

在 parse_basepairs() 方法中，为每对碱基产生了索引对。这个方法返回一个碱基对索引的列表，yield 是一个 Python 命令，除了该方法将返回一个迭代器外，就像 return 一样。这个方法包含一个 for 循环，该循环遍历点-括号结构的每一个字符，进而分析它们。每次有一对"("和")"括号被发现，它的索引和最后一个左括号的索引作为元组加入 stack 列表中。当整个点-括号结构被处理完，也达到了 for 循环的终点，方法就结束了。在构造函数中，sorted() 函数对结构的碱基对进行排序，并存储在 rna.basepairs 列表中。

用栈来匹配碱基对

解析碱基对的主要挑战是找到每个碱基对相对应的括号对。stack 列表用来寻找匹配的括号。每遇到一个左括号，它的索引 i 就被追加到 stack 列表中；每遇到一个右括号，最后的左括号的位置就从列表中用 pop() 提取出来。通过这种途径，左括号的位置按照加入时的反向顺序返回。pop() 方法总是返回还未匹配到右括号的最后一个左括号。将追加元素按反向顺序取出的列表，称为栈（stack）。栈是一个基本的编程工具，可以用于许多的算法。

参考文献

[1] A.R. Gruber, R. Lorenz, S.H. Bernhart, R. Neuböck, and I.L. Hofacker, "The Vienna RNA Website," *Nucleic Acids Research* 36 (2008): W70–W74.

编程秘笈 9：解析 BLAST 的 XML 输出

当运行多于一条序列的 BLAST 时，会得到许多结果文件。这种情况下，在做更完整的手工评估之前，用程序处理输出数据可以节约时间。在这个编程秘笈中使用了 BLAST+，它提供了许多输出选项，其中一种是 XML。当从命令行中运行 BLAST 时，可以加入 -outfmt 5 选项来得到 XML 输出。例如：

```
blastp -query P05480.fasta -db nr.00 -out blast_output.xml
-outfmt 5
```

XML 是一种结构化格式，很容易被计算机解析。Python 有一个标准的模块来解析 XML（见编程秘笈 10）。Biopython 提供了一个解析器来特定处理 BLAST 输出，它把输出文件翻译到清晰的数据结构中。

这个编程秘笈阐述了怎样用 Biopython BLAST XML 解析器来读取 XML BLAST 输出文件，通过 e 值来过滤匹配，并输出相应的联配数据。

```
xml_file = open("blast_output.xml")
blast_out = NCBIXML.parse(xml_file)

for record in blast_out:
    for alignment in record.alignments:
        print alignment.title
        for hsp in alignment.hsps:
            # filter by e-value
            if hsp.expect < 0.0001:
                print "score:", hsp.score
                print "query:", hsp.query
                print "match:", hsp.match
                print "sbjct:", hsp.sbjct
                print '#' * 70
                print
```

NCBIXML.parse()函数返回一个 blast_out 实例，它包含一到多个记录对象（BLAST 结果在一个记录中，而如 PSI-BLAST 则是对每个查询有一个记录）。每个查询都包含一到多个匹配（hit）或联配（alignment），依次包含一到多个局部联配（HSP）。一旦 XML 输出被解析出来，程序可以通过三个嵌套的 for 循环遍历这三个水平的层次结构（记录、联配和 HSP）。在各个水平采用不同的属性，如代码所示。它们中的每一个都可以被打印输出并用于过滤，例如 hsp.expect 值。

注意，不是所有的 HSP 都覆盖整个查询序列的长度。BLAST 算法可以既产生短的高质量的联配，又产生长的宽松些的联配，这取决于输入参数。决定哪个更好不是无关紧要的事情，特别是在搜索多个结构域蛋白质的序列时，单独的 HSP 可能互为补充。写程序从HSP 构建一个完整的联配是可能的，但讨论这个实现超出了本书篇幅允许的范围。

总之，Bio.Blast 模块提供了一个数据结构，允许用户来变换模式地使用这个编程秘笈，从 BLAST 的 XML 结果文件中选择性地提取信息。

编程秘笈 10：解析 SBML 文件

SBML（Systems Biology Markup Language）格式是用来存储通路、反应和调控网络信息的标准格式。http://sbml.org 列出了丰富的软件，都支持 SBML 文件。包含了三个代谢物注释的文档有下列几行：

```
<?xml version="1.0" encoding="UTF-8"?>
<sbml xmlns="http://www.sbml.org/sbml/level2">

    <model name="SBML file with three metabolites">
    <listOfSpecies>
        <species id="M_m78" name="Inosine">
            <p>FORMULA: C10H12N4O5</p>
        </species>
        <species id="M_m79" name="Xanthosine">
            <p>FORMULA: C10H12N4O6</p>
        </species>
        <species id="M_m80" name="Xanthosine">
            <p>FORMULA: C10H12N4O6</p>
        </species>
    </listOfSpecies>

</model></sbml>
```

SBML 是一个 XML 的方言。它包含了按层次组织的具有特殊意义的标签，例如，<species> 标签和</species> 标签之间的所有内容属于一个意义。文件的第一行开始于<?xml...> ，标示了这是一个 XML 文档。定义了 XML 后的第一个标签又称为根节点（开始于<sbml...> ），指定了文档的类型。例如，在 SBML 中定义了允许指定哪个标签的名称和属性（这些定义可以在 http://www.sbml.org/sbml/level2 找到，网址在上文程序中第二行）。XML 文件也可能包含注释，起始于<!-- ，终止于--> 。XML 的例子包含了三个化合物（在 SBML 中称为 species），每一个用名称（name），ID(id)和化学式（FORMULA）标示。SBML 文档在本书中被简化了。通常，SBML 会显示长达数十屏的内容，并包括很多种不同的标注。下面的程序读取 SBML 文件，提取所有的化学化合物，而后用制表符分割打印输出它们的 ID、名称和化学式。

```python
from xml.dom.minidom import parse
document = parse('sbml_example.xml')
species_list = document.getElementsByTagName("species")

for species in species_list:
    species_id = species.getAttribute('id')
    name = species.getAttribute('name')
    p_list = species.getElementsByTagName("p")
    p = p_list[0]
    text = p.childNodes[0]
    formula = text.nodeValue
    print "%-20s\t%5s\t%s"%(name, species_id, formula)
```

　　程序使用称为 minidom 的 Python 的 XML 解析器。xml.dom.minidom.parse 函数返回一个文件对象，它描述了翻译到 Python 中的 SBML 标签的整个树。程序读 SBML 文件，用 document.getElementsByTagName()方法提取所有的 <species> 标签，存储在 species_list 列表中。for 循环遍历所有的 <species> 标签。对每一个种类，名称和 ID 用 species.getAttribute()提取。要解析化学式，还需要解析 <species> 标签中的 <p> 标签。命令 species.getElementsByTagName("p")只返回在给定种类中的 <p> 标签。通过相同的方式，可以分析多个级别的标签层次。<p> 标签包含单一的子节点 p.childNodes[0]，后者包含了化学式的文本。

　　程序的最后一行用到了格式化打印名称、ID 和化学式，采用字符串的参数。这里%-20s 使得文本是左对齐的。

　　程序的输出像下面的样子：

```
Inosine                 M_m78 FORMULA: C10H12N4O5
Xanthosine              M_m79 FORMULA: C10H12N4O6
Xanthosine              M_m80 FORMULA: C10H12N4O6
```

在 Python 中解析 XML 的函数

　　Python 的 xml.dom.minidom 模块解析所有种类的 XML 文件。在前一个编程秘笈中用到的最重要的函数如下所示。

1. **从 XML 文件中读取文档。**parse()函数读取和解析一个 XML 文件，并返回一个对应于 XML 树的根节点的对象。

   ```
   document = parse('sbml_example.xml')
   ```

2. **得到特定名称的所有标签。**从任意给定的 XML 标签对象，可以用 getElementsBy-TagName()函数得到给定名称的所有标签的一个列表。这个函数返回一个列表，不管这些标签是直接包含的，还是它的子标签的子标签。举例来说，可以从文档中提取所有的 <species> 标签，而不是先提取 <listOfSpecies> 标签：

   ```
   species_list = document.getElementsByTagName('species')
   ```

   另外，getElementsByTagName()函数也用于在 <species> 标签中寻找 <p> 标签。

3. **从一个标签中得到子标签。**每一个标签包含一个子标签的列表，可以用它的 child-Nodes 属性直接访问其子标签。

   如果知道只有一个子标签，则可以用[0]索引：

   ```
   p = species.childNodes[0]
   ```

4. **从一个标签中提取属性。**在一个标签内访问数据，可以用 getAttribute()函数：

   ```
   species_id = species.getAttribute('id')
   name = species.getAttribute('name')
   ```

5. **从标签中提取文本值。**提取文本有一点复杂，因为 minidom 解析文本时把它作为一个附加的子节点的值。文本节点像一个正常的标签一样工作，但它在 XML 文件中是看不见的。nodeValue 属性给出了文本节点内部的文本：

   ```
   text = p.childNodes[0]
   formula = text.nodeValue
   ```

编程秘笈 11：运行 BLAST

　　有五种基本方式可用来运行 BLAST，其中的四种如下：(1)从本地的 shell 命令行运行；(2)从本地的 Python 脚本或交互式 Python 会话运行；(3)用 Biopython 本地运行，(4)用本地的 Biopython 在 NCBI 的网络服务器上运行。第五种方式，用浏览器和 BLAST 网页（不在这里描述）。其他的四种方式都具有容易自动化的优点（例如，如果要对一个查询序列的集合运行 BLAST）。

　　本地运行 BLAST 的优点是什么呢？首先，可以为搜索一个查询序列定制数据库，例如读者研究的一个新测序的基因组，或者感兴趣的一组蛋白质序列（比如只是蛋白质激酶）；第二，读者可能需要把程序插入一个流程中，例如搜索大量的查询序列，而不是一个，例如你可能希望它们中的每一个被分别保留，而只在特定条件下解析 BLAST 的输出（例如，与查询序列至少有大于 50%一致性的匹配）。最后，只有本地运行 BLAST，才能完全控制序列数据库，通过它，可以用搜索到的结果进一步开发。

　　要本地运行 BLAST（不管是从 shell 或是从脚本），必须下载和安装 BLAST+ 包（http://blast.ncbi.nlm.nih.gov/Blast.cgi? CMD=Web&PAGE_TYPE=BlastDocs&DOC_TYPE=Download）。BLAST+ 是 BLAST 工具的新套件，用于 NCBI C++工具箱。可以在 http://www.ncbi.nlm.nih.gov/books/NBK1762/找到怎样下载和安装的指南。

　　一旦下载的文件解压后，包就被装好了，用户必须先设置两个环境变量，目的是告诉系统在哪里可以找到安装好的 BLAST 程序，为 BLAST 程序提供哪个目录可以用来搜索数据库：PATH 和 BLASTDB。对于前者，必须把 BLAST 的 bin 目录的路径包含在用户计算机的 PATH 环境变量中（见附录 D.3.5）；否则，需要在终端 shell 改变 BLAST 的 bin 目录来运行 BLAST。

　　问答：我怎么知道哪个路径是 BLAST 的 bin 目录？

　　如果从源代码安装 BLAST 程序，就必须把下载包放在一个想要的目录下，如/home/john。一旦解压了包，就会在/home/john（即/home/john/ncbi-blast-2.2.23+ ）出现一个 BLAST 的目录。用户必须在 PATH 环境变量中加入 BLAST 目录下的 bin 目录。为了做到这一点，如果用户用的是 bash shell，则可以用这个命令行：

```
PATH = $PATH:/home/john/blast-2.2.23+/bin
        export PATH
```

在 tcsh shell 下：

```
setenv PATH ${PATH}:/home/john/ncbi-blast-2.2.23+/bin
```

　　如果需要永久地修改 PATH 变量，则可以分别把这几行加到用户的 home 目录的启动设置文件中，.bash_profile 或.cshrc，然后重启计算机。

　　注意，用 dmg 盘在 Mac OS X（10.4 或以上）安装 BLAST+ 时，所有的 BLAST+ 将被安装在/usr/local/ncbi/blast/bin 下。

　　然后必须修改 BLASTDB 环境变量。为了做到这一点，必须在用户的 home 目录下创建 BLAST 的数据库目录/blast/db：

```
mkdir /home/john/blast/db
```

　　这是一个将存放所有的数据库（不论是从 BLAST 网站上下载的，还是用户自己定制的）的目录，然后用于 BLAST。

　　在 home 目录中建立一个文本文件.ncbirc，路径设置如下：

```
; Start the section for BLAST configuration
[BLAST]
; Specifies the path where BLAST databases are installed
BLASTDB=/home/john/blast/db
```

第一行和第三行以分号开头，表明它们是注释。

　　保存和退出这个文件。至少要在/home/john/blast/db 中保存一个数据库。如果需要从 ncbi 下载数据库，可参考 ftp：//ftp. ncbi. nlm. nih. gov/blast/db。现在应该准备好来运行 BLAST 了。

从 Shell 命令行本地运行 BLAST

　　必须从 BLAST 包中选择想要运行的比对软件包。根据查询序列和目标序列的类型（核酸或者蛋白质），以及搜索的类型（一条对多条序列，或两两配对），可以选择不同的程序和/或哪个选项。用户可以从 http://www.ncbi.nlm.nih.gov/book/NBK1763 找到详细的用户手册。如果采用的不是从 NCBI 的 ftp 网站下载的格式化后的数据库，就需要格式化定制的序列文件。为此目标，BLAST 包提供了 makeblastdb 应用，它从 FASTA 文件产生 BLAST 数据库：

```
makeblastdb -in mygenome.fasta -parse_seqids -dbtype prot
```

　　-in 选项是输入文件，-parse_seqids 加上序列标识的解析，-dbtype 指定输入分子的类型（nucl 或 prot）。注意，-parse_seqids 将使得能够解析序列的标识，这要求它们紧跟在 ">" 后面，格式描述参照 http://www.ncbi.nlm.nih.gov/books/NBK7183/?rendertype=table&id=ch_demo.T5。

　　查询序列可以是 FASTA 格式，这是一个命令行的结构：

```
blastProgram -query InputSeq.fasta -db Database -out OutFile
```

例如：

```
blastp -query P05480.fasta -db nr -out blast_output
```

　　blastp 比对蛋白质序列，nr 是 BLAST 格式化数据库的名字，blast_output 是必须被选择的 BLAST 输出文件的名字，而 P05480.fasta 是一个文件，包含了用户的 FASTA 格式的查询序列。还有其他几个选项，可以加到命令行中（例如需要对 BLAST 的 e 值设置一个阈值）。简单地输入程序名并接着一个-h 或-help，就可以得到可用选项的列表，-h 包括用法和描述，-help 包括用法、描述和参数的描述。

```
blastp -help
```

从 Python 脚本或交互式会话中运行本地 BLAST

要从 Python 脚本中运行 BLAST，可以把前面的命令翻译成 Python 代码。在这个例子中，就必须把 BLAST 的 shell 命令行作为字符串参数传递给 os 模块的 system 方法，当然先要导入 os 模块：

```
import os
cmd = "blastp -query P05480.fasta -db nr.00 -out blast_output"
os.system(cmd)
```

在这个例子中，采用的 nr.00 数据库是从 NCBI 的 FTP 站点下载的。为使 BLAST 更灵活地利用 os.system()，可以用连接文件名变量或其他参数变量的命令字符串。

通过 Biopython 运行本地 BLAST

可以用 Biopython 得到相同的结果。唯一的不同是 Biopython 提供了函数来创建合适的命令行。然后还必须用 os.system() 调用：

```
from Bio.Blast.Applications import NcbiblastpCommandline
import os
comm_line = NcbiblastpCommandline(query = \
    "P05480.fasta", db = "nr.00", out = "Blast.out")
print comm_line
os.system(str(comm_line))
```

这个方法的优势是在 NcbiblastpCommandline 中的关键字参数比前面用的简明命令更清晰（从而更容易找到一个参数的拼写错误）。比如，如果需要输出 XML 格式，则可以定义 command_line 如下：

```
comm_line = NcbiblastpCommandline(query= \
    "P05480.fasta", db="nr.00", out="Blast.xml", \
    outfmt=5)
```

实际的选择取决于用户自己个人的倾向，这就是为什么我们在这里阐述了两个版本。

注意，在这个例子中导入的对象，如果需要用核苷酸序列运行 BLAST+，则要用到 NcbiblastnCommandline，例如：

```
cline = NcbiblastnCommandline(query="my_gene.fasta", \
    db="nt", strand="plus", evalue=0.001, \
    out="Blast.xml", outfmt=5)
```

用 Biopython 通过网络运行 BLAST

```
from Bio.Blast import NCBIWWW
BlastResult_handle = NCBIWWW.qblast("blastp","nr"," P05480")
BlastOut = open("P05480_blastp.out", "w")
BlastOut.write(BlastResult_handle.read())
BlastOut.close()
BlastResult_handle.close()
```

当通过网络运行 BLAST 时，Biopython 发送一个查询到 NCBI 服务器，并取回结果。

Bio.Blast 的 NCBIWWW 模块 qblast()方法采用 BLAST 参量、输入序列和目标数据集作为参数,来运行 BLAST 程序。它返回一个"句柄"(BlastResult_handle),能够像文件一样用 read()方法读取,最后写入用"w"模式打开的特定输出文件中。这个输出文件是 XML 格式的,可以用 BLAST 输出解析器(见编程秘笈 9)进行解析。注意,BLAST 服务器的维护者期待用户合理使用其服务。如果读者计划运行成百的查询,请转到本地版本,其目的是为了防止阻塞服务器(在这种情况下,服务器可能结束,中断你的查询)。

编程秘笈 12：访问、下载和读取网页

除了用浏览器（如 IE，Firefox，Safari 等）访问远程网页外，还可以用程序做同样的事情。如果需要从许多页面读取数据或自动提取信息，这种方法就很有用。这样的程序必须执行下面的操作：(1)连接网页的主服务器；(2)访问网页；(3)下载网页的内容。

要达到这个目标，Python 提供了两个模块来处理 URL 功能：urllib 和 urllib2。这两个模块在某些方面是不同的，将在下面详细解释。

使用 Urllib

如果读者只是需要访问一个静态（例如 HTML）网页，下载其源代码，则可以用 urllib 的 urlopen()方法。它允许你像读取文件一样的方式读取一个网页：

```
from urllib import urlopen
url = urlopen('http://www.uniprot.org/uniprot/P01308.fasta'
doc = url.read()

print doc
```

这个文件产生如下输出：

```
>sp|P01308|INS_HUMAN Insulin OS = Homo sapiens GN = INS PE = 1 SV = 1
MALWMRLLPLLALLALWGPDPAAAFVNQHLCGSHLVEALYLVCGERGFFYTPKTRREAEDLQ
VGQVELGGGPGAGSLQPLALEGSLQKRGIVEQCCTSICSLYQLENYCN
```

在这个例子中，urllib.urlopen()函数访问这个 URL（通过函数的参数给定），然后返回一个句柄，它能被 read()方法读取，存储在一个变量中，打印和存储在一个文件里。注意，这个网页（是人类胰岛素的 FASTA 序列）看起来格式化得非常好。这是因为该 URL 提供的是对应的文本文件，而不是 HTML 文件。因此，如果打印输出这个网页的内容，就没有看到任何 HTML 标签。如果试图访问和打印，例如 www.uniprot.org/uniprot/P01308，就会看到输出难读得多。在这种情形下，就需要把网页内容保存在一个变量或一个文件里，然后用一个 HTML 解析器来提取需要的信息。一种方式是用正则表达式方法（见第 9 章），另一种是用特定的 HTML 解析器（如编程秘笈 13 所描述的）。

使用 Urllib2

也可以用 urllib2 做相同的工作：

```
import urllib2
url = urllib2.urlopen('http://www.uniprot.org/ \
uniprot/P01308.fasta')
doc = url.read()
print doc
```

这个代码的输出如下：

```
>sp|P01308|INS_HUMAN Insulin OS = Homo sapiens GN = INS PE = 1 SV = 1
MALWMRLLPLLALLALWGPDPAAAFVNQHLCGSHLVEALYLVCGERGFFYTPKTRREAED
LQVGQVELGGGPGAGSLQPLALEGSLQKRGIVEQCCTSICSLYQLENYCN
```

urllib 和 urllib2 模块之间的不同是 urllib.urlopen()只接受 URL（也就是网址），而 urllib2.urlopen()也接受 Request 对象，这就可以将数据发送到服务器。什么时候有用呢？用 Request 对象允许用户自动填充 Web 表单。例如，需要用关键词搜索 UniProt，就能发送关键词到 UniProt 搜索页面，通过查询创建返回网页。Request 对象通过两个参数创建：一个 URL 和一个数据字典，这个字典需要在发送前用 urllib.urlencode()函数进行恰当地编码。

编程秘笈 13：解析 HTML 文件

为了解析 HTML 文档，Python 提供了 HTMLParser 类，可以在 HTMLParser 模块中找到（是的，是同一个名字）。这个类的一个方法 feed()，解析作为参数传递的 HTML 字符串，调用定制化的方法来处理单个标签。在程序中用 HTMLParser 类，用户需要创建一个它的子类。在下面的例子中，MyHTMLParser 子类从它的父类中自动继承了 feed() 方法，然后添加了几个方法来处理数据：

```python
from HTMLParser import HTMLParser
import urllib

class MyHTMLParser(HTMLParser):

    def handle_starttag(self, tag, attrs):
        self.start_tag = tag
        print "Start tag:", self.start_tag

    def handle_endtag(self, tag):
        self.end_tag = tag
        print "End tag :", self.end_tag

    def handle_data(self, data):
        self.data = data.strip()
        if self.data:
            print "Data :", self.data

parser = MyHTMLParser()
url = 'http://www.ncbi.nlm.nih.gov/pubmed/21998472'
page = urllib.urlopen(url)
data = page.read()
parser.feed(data)
```

在这个例子的最后一段，创建了一个 MyHTMLParser 的实例，从网络上读取一个 HTML 页并通过参数传给 feed()。这个网页用 urllib 模块(见编程秘笈 12)的 urlopen() 方法从一个 URL 取得，但是读者也可以从一个本地文件中读取。处理本地文件的程序可以写为

```python
page = open(filename)
data = page.read()
parser.feed(data)
```

无论哪种情况，都无须改变 MyHTMLParser 类。

当调用 feed() 函数时，它自动地调用三个函数来处理 HTML 元素：handle_starttag()，handle_endtag() 和 handl_data()。这些 HTML 句柄，是从 HTMLParser 中继承到 MyHTML-Parser 的，能够提取标签和标签的内容，它们按顺序定制，以便先提取标签(或标签内容)，而后打印输出它们。使用 feed() 方法时，预期方法的名称已经在那里了。当在 HTML 文件中遇到开始标签(如<body>)时，调用 handle_starttag(self,tag,attrs) 方法。tag 参数是这个打开的标签，attr 是一个(name,value)对的列表，包含了在标签括号中发现的属性。

handle_endtag(self,tag)方法是对结束标签（如</body>）时调用的类似方法，而 handle_data(self,data)处理开始和结束标签间的数据（如纯文本）。还有其他方法，例如 handle_comment(data)，用来处理注释。注意，handle_data(self,data)中的 data 字符串已经被剥离（strip）了，目的是如果 data 是由几个空格组成的，则将得到一个空字符串。这就使得只在它至少有一个非空白字符时才可能输出。

例如，对于<title> 标签，前面的程序将打印输出：

```
Start tag: title
Data : Human genetic variation is associated with Plas... [J
Infect Dis. 2011] - PubMed - NCBI
End tag : title
```

HTMLParser 的强大之处在于，用户无须顾虑识别 HTML 文档中的标签和数据。feed() 函数方法全权处理了，并自动调用其他方法。MyHTMLParser 的这种方法调用的途径，对读者来说开始可能不直观，因为没有在代码中看到明确的方法调用。示例程序在遇到开始标签、结束标签和数据时打印输出数据，这样就能跟踪方法调用的顺序。读者可以用上面的代码来制作自己的 HTML 解析器。

简单的方式可以把前面程序的输出保存到文件中，在终端中用">"符号进行重定向。运行如下程序即可：

```
python myParser.py > HtmlOut.txt
```

编程秘笈 14：将 PDB 文件分割成 PDB 链文件

如果读者的工作和大分子结构有关，可能需要把一个多链的 PDB 文件分割成单独的文件，每个文件包含一个单独的多肽链的坐标。在这个编程秘笈中，一个 PDB 文件（如 2H8L.pdb）是逐行读取的，写成一系列的输出文件。当一条新链开始时，打开一个新文件，所有的后续行被写入该文件中，直到遇到另一条新链的标识（ID）。输出链的文件名采用这样的格式：'2H8LA.pdb'，'2H8LB，pdb'等，以此类推。也就是说，它们具有和原始 PDB 文件相同的文件名，除了链 ID（它被连接到名字中）。

这里不用 Bio.PDB 模块（见第 21 章）来解析整个 PDB 文件，而是用 struct 模块中的 unpack() 方法来把 PDB 的 ATOM 行转换成元组，从中很容易提取链标识。这种方式对于解析 PDB 格式的行一般是有用的。关于每个记录行的 PDB 格式的完整描述，可以参考 www.wwpdb.org/docs.html。见第 10 章的专题 10.1。

为了分割链，脚本用 chain_old 变量来追踪当前的链标识。当链标识变化了，就意味着一个链的坐标读取结束了，当前的文件将被关闭，一个含有新链的输出文件将被打开。在最后一个链标识后，最后的链文件必须在 for 循环退出后被关闭。注意可以应用一个技巧：变量 chain_old 是用'@'值开头的值，将永远不会在 PDB 文件中找到（没有链标识为"@"）。这就保证了当第一个 ATOM 行被读取时，如果肯定满足"if chain != chain_old:"条件，则会为新链打开一个新的输出文件：

```
from struct import unpack
import os.path

filename = '2H8L.pdb'
in_file = open(filename)
pdb_id = filename.split('.')[0]
pdb_format = '6s5s1s4s1s3s1s1s4s1s3s8s8s8s6s6s6s4s2s3s'
chain_old = '@'
for line in in_file:
    if line[0:4] == "ATOM":
        col = unpack(pdb_format, line)
        chain = col[7].strip()
        if chain != chain_old:
            if os.path.exists(pdb_id+chain_old+'.pdb'):
                chain_file.close()
                print "closed:", pdb_id+chain_old+'.pdb'
            chain_file = open(pdb_id+chain+'.pdb','w')
            chain_file.write(line)
            chain_old = chain
        else:
            chain_file.write(line)

chain_file.close()
print "closed:", pdb_id+chain_old+'.pdb'
```

读者也可以在 split_chains(filename) 的函数内部写这些代码，以 PDB 文件名为参数。这对于需要把几个 PDB 文件分割到链是非常有用的。

编程秘笈 15：在 PDB 结构上找到两个最靠近的 Cα 原子

这个编程秘笈中的脚本读取一个 PDB 文件（本例中为 2H8L.pdb），然后找到最靠近的 Cα 原子对的两个残基。这个脚本首先提取一个输入链中所有残基的编号和上面 Cα 原子（CA）的坐标；然后计算属于不同残基的所有 CA 原子对之间的距离；最后只保留在 CA 原子间具有最短距离的两个残基。

calc_dist(p1, p2)函数计算了两点 p1，p2 之间的距离，用元组的方式表示为 p1 = (x1, y1, z1)和 p2 = (x2, y2, z2)。这个距离是根据毕达哥拉斯定理来计算的，对每个点的 x、y 和 z 坐标的距离差的平方求和再开平方根得到。为达到这个目标，将用到 math 模块的 sqrt()函数。

min_dist(arglist)函数在 PDB 链中找出最靠近的 CA 原子。它用一个元组列表作为输入，每个元组列表包含一个 CA 原子的 x、y 和 z 坐标，作为元组中第二、第三和第四个元素；而对应残基类型和编号作为该元组的第一个元素。然后，对每一对 CA 原子，调用 calc_dist(atom1, atom2)函数来计算它们的距离。

如果一对 CA 原子的距离小于前面计算的对 CA 原子的距离，这对 CA 原子将被保留下来；否则就跳过它。通过迭代遍历所有的 CA 原子对，最后保留的 CA 原子对将是分隔距离最小的。

get_list_ca_atoms(PDB)函数读取输入文件，对链 A 上的每个 CA 原子建立了一个元组（residue type+ number, x, y, z）。正如编程秘笈 14 和 16，struct 模块的 unpack()方法用于将 PDB 的 ATOM 行转换到一个元组中，这里残基类型、残基编号和(x, y, z)坐标很容易识别（见编程秘笈 16，其中有关于这个元组元素的更详细描述）。列表推导式（见第 4 章）用于对从 unpack()方法返回的每列内容剥离空白。

```python
from math import sqrt
from struct import unpack

def calc_dist(p1, p2):
    '''returns the distance between two 3D points'''
    tmp = pow(p1[0] - p2[0], 2) + \
          pow(p1[1] - p2[1], 2) + \
          pow(p1[2] - p2[2], 2)
    tmp = sqrt(tmp)
    return tmp
def min_dist(arglist):
    '''
    returns the closest residue pair and their
    CA_CA distance
    '''
    # initialize variables
    maxval = 10000
    residue_pair = ()
```

```python
        # read arglist starting from the 1st position
        for i in range(len(arglist)):
            # save x,y,z coordinates from the arglist
            # i-element into the atom1 variable
            atom1 = arglist[i][1:]
            # run over all other elements
            for j in range(i + 1, len(arglist)):
                atom2 = arglist[j][1:]
                # calculate the distance
                tmp = calc_dist(atom1, atom2)
                # check if the distance is lower than
                # the previously recorded lowest value
                if tmp < maxval :
                    # save the new data
                    residue_pair = (arglist[i][0], \
                                    arglist[j][0])
                    maxval = tmp
        return residue_pair, maxval

def get_list_ca_atoms(pdb_file, chain):
    '''
    returns a list of CA atoms, the residues
    they belong to, and their x,y,z coordinates
    from the input PDB file
    '''
    in_file = open(pdb_file)
    CA_list = []
    pdb_format = '6s5s1s4s1s3s1s1s4s1s3s8s8s8s6s6s6s4s2s3s'
    for line in in_file:
        tmp = unpack(pdb_format, line)
        tmp = [i.strip() for i in tmp]
        # only save CA coords belonging to input chain
        if tmp[0] =="ATOM" and tmp[7] == chain and \
            tmp[3] == "CA":
            # create a tuple (aa_number, x, y, x)
            tmp = (tmp[5]+tmp[8], float(tmp[11]), \
            float(tmp[12]), float(tmp[13]))
            # add the tuple to the list
            CA_list.append(tmp)
    in_file.close()
    return CA_list

# obtain the list of CA atoms of Chain A
CA_list = get_list_ca_atoms("2H8L.pdb", "A")
# identify the closest atoms
res_pair, dist = min_dist(CA_list)
print 'The distance between', res_pair, 'is:', dist
```

编程秘笈 16：提取两个 PDB 链间的界面

在一个三维结构中，两条多肽链之间的界面被定义为满足这两个条件的所有残基对：1. 两个残基分别属于不同的链；2. 它们之间的距离小于某个阈值（例如，Cα 原子间的距离小于 6.0 Å）。这个编程秘笈显示怎样用 Biopython 或不用它来确定这样的残基集合。

不用 Biopython

PDB 结构用 struct 模块（也见编程秘笈 14 和 15）的 unpack 方法进行解析。这使得基于 pdb_format 变量格式的转换成为可能，这种转换把 PDB 文件中的 ATOM 行转换到元素的元组中，每个元素包含原子的一些信息（名字，序列号等）。元素 3 对应原子的名称，元素 7 是链标识，元素 11、12 和 13 是原子（x,y,z）的坐标。氨基酸类型和编号可以链接元素 5 和 8 获得。

其后创建两个列表对应于两条蛋白质链，例如 A 和 B，每条链包含以下形式的元组列表：(amino_acid,x,y,z)，这里 amino_acid 变量是氨基酸名称和氨基酸编号的连接，而 x,y 和 z 是它的 CA 的空间坐标。然后，从一个列表 A 和另一个列表 B 中取 CA 对，计算所有 CA 对之间的距离。当距离小于 6.0 Å 时，保留这个对，否则忽略它。

```python
import struct
from math import sqrt

def calcDist(p1, p2):
    tmp = pow(p1[0]-p2[0], 2) + pow(p1[1]-p2[1], 2) + \
        pow(p1[2]-p2[2], 2)
    tmp = sqrt(tmp)
    return tmp

def getInterface(filename, chain1, chain2):
    in_file = open(filename)
    pdb_format = '6s5s1s4s1s3s1s1s4s1s3s8s8s8s6s6s6s4s2s3s'
    A, B, result = [], [], []
    for line in in_file:
        if line[0:4] == "ATOM":
            col = struct.unpack(pdb_format, line)
            a_name = col[3].strip()
            chain = col[7].strip()
            amino_numer = col[5].strip() + col[8].strip()
            x = col[11].strip()
            y = col[12].strip()
            z = col[13].strip()
            if a_name == "CA":
                if chain == chain1:
                    A.append((amino_numer, x, y, z))
                if chain == chain2:
                    B.append((amino_numer, x, y, z))
```

```
    #calculate pairs of atoms with distance < 6
    for i in range(len(A)):
        for j in range(len(B)):
            v1 = (float(A[i][1]), float(A[i][2]), float(A[i][3]))
            v2 = (float(B[j][1]), float(B[j][2]), float(B[j][3]))
            tmp = calcDist(v1, v2)
            if tmp < 6:
            result.append((A[i][0], B[j][0], tmp))
    return result

print getInterface("2H8L.pdb", "A", "B")
```

用 Biopython

　　相同的任务可以很容易地用 Biopython 完成。这里两个原子间的距离可以用"-"运算符计算，如例 21.1。

```
from Bio import PDB
parser = PDB.PDBParser()
s = parser.get_structure("2H8L","2H8L.pdb")
first_model = s[0]
chain_A = first_model["A"]
chain_B = first_model["B"]
for res1 in chain_A:
    for res2 in chain_B:
        d = res1["CA"]-res2["CA"]
        if d <= 6.0:
            print res1.resname,res1.get_id()[1], res2.resname,\
                res2.get_id()[1], d
```

编程秘笈 17：用 Modeller 建立同源模型

Modeller[1,2]是一个为建立蛋白质三维结构的同源模型设计的软件包。它是用 Python 书写的，可以从 http://salilab.org/modeller/download_installation.html 下载。这个包含一定数量的脚本，用户必须做一些修改，加入名称和目标模板联配文件、目标序列文件和模板 PDB 文件的位置。还有，可以根据需要做的事情，设置模型的参数，添加或删除特定的指令。一旦下载了 Modeller，用户就可以把一个默认的 Modeller 的 Python 脚本复制到需要产生模型的工作目录中，然后用一个文本编辑器打开和修改它。这里是一个简单的 Modeller 脚本的示例脚本，它从一个单独的模板结构(1eq9A)和一个目标模板联配(alignment.ali)创建一个三维模型，下面是演示和讨论：

```
from modeller import *
from modeller.automodel import *
log.verbose()
env = environ()
env.io.atom_files_directory = ['.', '../atom_files']

a = automodel(env,
              alnfile = 'alignment.ali',
              knowns = '1eq9A',
              sequence = 'MyTarget_Seq')
a.starting_model = 1
a.ending_model = 1

a.make()
```

前两行，导入所有标准的 modeller 类和 automodel 类。automodel 类用来建立一个"模型对象"。log.verbose()使得程序产生更详细的输出，而 environ()创建了环境(env)，用来建立模型。env.io.atom_files_directory 变量用来设置一个目录列表，放置程序要寻找的模板的 PDB 坐标文件。模板的 PDB 文件必须保存在 env.io.atom_files_directory 变量指定的至少一个目录中。在这个例子中，列表的第一个元素指的是当前目录(.)，第二个元素指的是当前目录的上一级目录(../)下的一个目录(atom_files)。在后面的几行中，设置了输入文件和参数。Modeller 需要知道目标模板联配文件的文件名(alnfile='alignment.ali')，目标序列文件名(sequence = 'MyTarget_Seq')，和模板结构文件名(knowns = '1eq9A')，alignment.ali 文件必须保存在运行脚本的目录中。这些文件以及环境变量 env 可用于创建一个 automodel 类的实例，以初始化"模型对象"。在这时，还没有创建模型。

"模型对象"的属性 a.starting_model 和 a.ending_model 将设置成要产生模型的数目。它们定义第一个和最后一个模型的索引。在本例中，只产生一个模型，因此两个变量都被设成 1。一旦所有的参数被设置好，a.make()方法就可以实际实现这个模型。

用来建立同源模型的模板可以用例如 HHpred(http://toolkit.tuebingen.mpg.de/hhpred)识别，这个软件也可以创建目标模板联配。HHpred 联配文件格式(PIR 格式，扩展名.ali)可被 Modeller 接受。这里是一个可用在这个编程秘笈中的此类文件的例子(被忽略的序列替代成三个点)：

```
>P1;MyTarget_Seq
sequence:MyTarget_Seq: 1: : 230: :: : 0.00: 0.00
IIGGTDVEDGKAPYLAGLVYNNSATYCGGEEHV...NSDH*
>P1;1eq9A
structureX:1eq9A: :A: :A:Chymotrypsin; FIRE ANT, serine
    proteinase, hydrolase; HET PMS; 1.70A {Solenopsis invicta}
    SCOP b.47.1.2:Solenopsis invicta:1.70:0.26
IVGGKDAPVGKYPYQVSLRLS-GSHRCGASILD...----*
```

参考文献

[1] A. Sali and T.L. Blundell, "Comparative Protein Modelling by Satisfaction of Spatial Restraints," *Journal of Molecular Biology* 234 (1993): 779–815.

[2] N. Eswar, M.A. Marti-Renom, B. Webb, M.S. Madhusudhan, D. Eramian, M. Shen, U. Pieper, and A. Sali, "Comparative Protein Structure Modeling with MODELLER," *Current Protocols in Bioinformatics* Supplement 15 (2006): 5.6.1–5.6.30.

编程秘笈 18：用 ModeRNA 分析 RNA 三维同源模型

ModeRNA[1]（HTTP：//IIMCB.GENESILICO.PL/MODERNA/）是一个 Python 库，用来分析、操纵和建模 RNA 三维结构，类似于 Modeller 对蛋白质（见编程秘笈 17）。这个编程秘笈用了 ModeRNA 中的 30 多个函数来重建模一个 tRNA 结构的短片段。首先，需要下载和安装 ModeRNA，从 PDB（http://rcsb.org/）下载酵母（PDBID：1EHZ）的苯丙胺酰 tRNA。如有疑问，在 ModeRNA 网页上提供了更详细的文档。

这是建立模型用的代码：

```
from moderna import *

ehz = load_model('1ehz.ent', 'A')
clean_structure(ehz)
print get_sequence(ehz)
print get_secstruc(ehz)

m = create_model()
copy_some_residues(ehz['1':'15'], m)
write_model(m, '1ehz_15r.ent')

temp = load_template('1ehz_15r.ent')

ali = load_alignment('''> model sequence
ACUGUGAYUA[UACCU#PG
> template: first 15 bases from 1ehz
GCGGA--UUUALCUCAG''')

model = create_model(temp, ali)
print get_sequence(model)
```

执行这个脚本，在一到两分钟内，将产生如下的输出：

```
GCGGAUUUALCUCAGDDGGGAGAGCRCCAGABU#AAYAP?UGGAG7UC?UGUGTPCG"UCC
    ACAGAAUUCGCACCA
(((((((((..(((((.........)))))).(((((.........))))).....
    (((((.......))))))))))))))....
ACUGUGAYUA[UACCU#PG
```

下面逐行解释这个程序。

import 语句在第一行导入了 ModeRNA 的主函数，用在后面命令中。然后 tRNA 的结构被载入 Python。load_model()命令从 RNA 结构文件'1ehz.ent'中读取 A 链，保存在变量 ehz 中。load_model()函数返回的对象提供了 Bio.PDB 库的一个简化版本，因此它能够用更简短的方式处理。clean_structure()函数去除了结构中的水分子、离子和其他与建模冲突的问题原子，而 get_sequence()返回 RNA 序列。注意，打印输出的序列包含了修饰后的碱基，用不是 ACGU 的其他字符表示；get_secstruc()返回点-括号式表示的碱基对（见编程秘笈 8）。

在程序的下一段，RNA 链中的前 15 个残基被提取出来，另存为一个文件。完成它用了三个函数：create_model()，copy_some_residues()和 write_model()。create_model()函数创建一个空的 RNA 模型，然后编号 1 到 15 的残基被复制到这个模型，最后用 write_model()函数写入文件中。

要建立一个模型，类似于 Modeller(见编程秘笈 17)，ModeRNA 需要模板结构和目标模板中的两两序列联配。前面一步创建的 15 个残基的文件将作为模板。用 load_template()函数载入。而目标模板联配用 FASTA 字符串给出，用 load_alignment()函数载入，但是从一个文件中读取联配文件也是可以的。这里，load_alignment()函数的参数是联配的文件名。注意，联配的第二个序列必须和模板结构的序列一致(可以用 get_sequence()函数来确认)。并且联配中两个序列的长度必须完全一样。

最后，create_model()命令启动 modeRNA 自动同源建模过程：交换碱基、在联配中添加指定修饰。如果有间隙，则 ModeRNA 会试图在内部库中找到一个合适的 RNA 片段，从模板中连接残基，插入它(在这个例子中，是间隙边缘的 A 和 U)。之后，可用 write_model()把模型写入文件，或用 Python 进一步工作。正如在输出中看到的，模型的序列和联配其中的目标序列是一致的。

虽然利用 Python 命令建立 RNA 模型看似简单，但得到高质量的模型是个复杂的过程。需要仔细地选择模板结构，联配需要手工地去粗取精，结果模型也需要更多精选。ModeRNA 库允许用户循序渐进地完成 RNA 结构建模，因此总体上方便了处理 RNA 三维结构的工作。

参考文献

[1] M. Rother, K. Rother, T. Puton, and J.M. Bujnicki, "ModeRNA: A Tool for Comparative Modeling of RNA 3D Structure," *Nucleic Acids Research* 39 (2011): 4007–4022.

编程秘笈 19：从三级结构计算 RNA 碱基配对

当分析一个 RNA 三级结构时，首要关注的一个事情是碱基配对。在 RNA 上，关键的相互作用不仅是标准的 Watson-Crick 对，还有很多非标准的碱基对。这个编程秘笈阐述了如何用 PyCogent 在 Python 中计算碱基配对。

有几个程序可以用来计算一个 RNA 分子 PDB 结构中的碱基配对：很长时间以来 RNA-View 被看成一个无可争议的标准。RNAView 软件（http://ndbserver.rutgers.edu/services/download）识别由 Leontis 和 Westhof[1,2] 定义的所有 12 种非标准碱基配对。程序可以在 Linux 上编译。之后，所有的碱基对（如，PDB 文件 1ehz.pdb）可以用 Linux 的 shell 命令进行计算：

```
rnaview 1ehz.pdb
```

RNAView 创建一对文本文件作为输出。文件 basepair.out 包含了一个碱基配对相互作用的以制表符分隔的列表：

```
1_72, A:      1 G-C 72      A: +/+ cis       XIX
2_71, A:      2 C-G 71      A: +/+ cis       XIX
3_70, A:      3 G-C 70      A: +/+ cis       XIX
4_69, A:      4 G-C 69      A: +/+ cis       XIX
5_68, A:      5 G-C 68      A: +/+ cis       XIX
6_67, A:      6 A-U 67      A: W/W cis       n/a
7_66, A:      7 A-U 66      A: -/- cis       XX
```

PyCogent 库[3]（见编程秘笈 1）包含了一个解析器来解析这个文件：

```
from cogent.app.rnaview import RnaView
from cogent.parse.rnaview import RnaviewParser

rna_prog = RnaView()
result = rna_prog('1ehz.pdb')
bpairs = result['base_pairs']
errors = result['StdErr'].read()
stdout = result['StdOut'].read()

bp_dict = RnaviewParser(bpairs)
print 'INFORMATION:'
sys.stderr.write(errors)
print stdout
print 'BASE PAIRS:'
for key in bp_dict:
        print key, bp_dict[key]
```

这个程序包含两部分。首先，cogent.app.rnaview 模块用来对 PDB 文件执行 RNAView 命令行工具。rnaview 模块包括了一个程序包装器 RnaView（见第 14 章），它返回一个对标准输出（屏幕上的信息），标准错误输出和碱基配对输出的各部分的字典；第二步，用到了模块

cogent.parse.rnaview 中的一个碱基对的解析器，RnaviewParser 解析器建立了一个字典，用残基编号作为键，其值包含了碱基对属性的各种各样的信息。

除 RNAView 以外的备选

一些有意思的、最新的除 RNAView 以外的备选是存在的。FR3D 软件（http://rna. bgsu.edu/FR3D）能够识别所有种类的碱基配对，但需要商业化 MATLAB 的软件包。没有 MATLAB，也可以通过一个网络交互接口使用 FR3D（http://rna.bgsu.edu/WebFR3D），这个网站提供了海量的典型碱基对结构的编目，能够算得上是一个黄金集（http://rna.bgsu. edu/FR3D/basepairs）。而 RNAView 是免费的备选，这就是为什么在这个编程秘笈中选择它的原因。碱基配对也可以在线计算，用 MC-Annotate 工具[4]（www-lbit.iro.umontreal.ca/ mcannotate-simple）。最后，要计算 Waston-Crick 碱基对，可以用 ModeRNA 软件[5]（http://iimcb.genesilico.pl/moderna；见编程秘笈 18），写入如下代码段：

```
from moderna import *
struc = load_model('1ehz.pdb', 'A')
for bp in get_base_pairs(struc):
    print bp
```

ModeRNA 也可以计算非标准对，但是在写本书时该功能还在开发阶段。要记住的是，每个计算碱基对的程序都有小的差异，因此碱基配对的结果不是 100% 一致的。

参考文献

[1] M. Sarver, C.L. Zirbel, J. Stombaugh, A. Mokdad, and N.B. Leontis, "FR3D: Finding Local and Composite Recurrent Structural Motifs in RNA 3D Structures," *Journal of Mathematical Biology* 56 (2008): 215–252.

[2] H. Yang, F. Jossinet, N. Leontis, L. Chen, J. Westbrook, H. Berman, and E. Westhof, "Tools for the Automatic Identification and Classification of RNA Base Pairs," *Nucleic Acids Research* 31 (2003): 3450–3460.

[3] R. Knight, P. Maxwell, A. Birmingham, J. Carnes, J.G. Caporaso, B.C. Easton, M. Eaton, M. Hamady, H. Lindsay, Z. Liu, C. Lozupone, D. McDonald, M. Robeson, R. Sammut, S. Smit, M.J. Wakefield, J. Widmann, S. Wikman, S. Wilson, H. Ying, and G.A. Huttley, "PyCogent: A Toolkit for Making Sense from Sequence," *Genome Biology* 8 (2007): R171.

[4] P. Gendron, S. Lemieux, and F. Major, "Quantitative Analysis of Nucleic Acid Three-Dimensional Structures," *Journal of Molecular Biology* 308 (2001): 919–936.

[5] M. Rother, K. Rother, T. Puton, and J.M. Bujnicki, "ModeRNA: A Tool for Comparative Modeling of RNA 3D Structure," *Nucleic Acids Research* 39 (2011): 4007–4022.

编程秘笈 20：结构重叠的真实实例：
丝氨酸蛋白酶催化三分子

丝氨酸蛋白酶是个蛋白酶家族，用来切断蛋白质中的肽键。催化发生在蛋白酶的活性部位，由在空间上非常接近的三个残基构成：一个组氨酸（His57）、一个天冬氨酸（Asp102）和一个丝氨酸（Ser195）。在几乎所有丝氨酸蛋白酶结构中，三个催化残基的编号都是His57、Asp102 和 Ser195。Ser95 担任亲核的氨基酸的作用。研究表明，活性部位三分子在结构上非常保守；也就是说，同源的 His57、Asp102 和 Ser195 残基的相对位置在三维空间中，即使在完全不同的丝氨酸蛋白酶中也是非常保守的。在大多数情况下，催化残基在序列上不是很近。丝氨酸蛋白酶被分成两类（类糜蛋白酶/类胰蛋白酶和类枯草杆菌蛋白酶），这取决于蛋白酶全局折叠的情况。

在这个例子中，Biopython 用来重叠两个完全不同的丝氨酸蛋白酶的结构，它依据的是催化三分子的氨基酸的骨架原子（CA 和 N）。关于用 Biopython 来重叠结果，也可参考第 21 章的例 21.3。

第一个结构（PDB 1EQ9）是 Solenopsis invicta，一种南美洲引入的火蚁的糜蛋白酶，第二个结构（PDB 1EXY）是一个重组人类凝血因子 X 的 N 端子结构域和胰蛋白酶的 C 端子结构域的嵌合蛋白。通过在 His57、Asp102 和 Ser195 残基上重叠两个结构，可以检查除了它们的总体差异之外，催化三分子是否仍然非常保守。

在重叠过程中，两个结构之一（靶标）被放置在一个固定位置上，另一个（探针）被平移和旋转，直到两个结构的均方根偏差达到最小。一个重叠必须要求两个集合的原子数相同才能工作，所以在重叠两个结构之前，需要决定每个结构上哪些原子需要重叠，这甚至可以是结构中出现的所有原子。在这个例子中，必须检查两个结构是否具有相同数目的原子，一个结构中的原子是否对应另一个结构中的原子。一般来说，对数量少的原子，用重叠都能得到非常好的结果。特殊情况下，如果需要研究一个特定的区域或蛋白质的结构域，比如绑定位点，则重叠绑定属于位点的原子残基就足够了。在这个例子中，计算两个结构的对应绑定位点的原子间的均方根偏差，并求其最小化。

本例中，结构 1FXY（探针）重叠在结构 1EQ9（靶标）上。重叠产生了一个旋转平移的矩阵，可用来从 1FXY 基础上产生一个旋转平移结构（1FXY-superimposed.pdb）。

在这个程序的开始，从 PDB 中取出两个结构，也就是说从 PDB 网络资源库下载；然后，将其读入 Biopython 的结构对象（struct_1 和 struct_2）中；接着，两个催化三分子的残基被记录在格式为残基对象的六个参数中。注意，get_structure()方法的第二个参数是从 PDB 下载的 PDB 文件的路径。事实上，retrieve_pdb_file()方法创建了目录（eq 对应 1eq9.ent，fx 对应 1fxy.ent），其中存放着下载的文件。

对于每一个三分子，从残基对象中提取主干原子对象追加到列表中。第一个列表为 target，因为它包含了在重叠过程中要被固定的原子（从 1EQ9 中提取），第二个列表为 probe，包含了在旋转平移中移动的坐标系统（从 1FXY 中提取）。target 和 probe 用于计算旋转平移矩阵，将应用在 1FXY 结构(struct_2)所有原子上(struct_2_atoms)。最后，旋转平移结构(1FXY-superimposed.pdb)被保存在文件中。

```
# Superimpose the catalytic triads of two different serine
# proteases(on CA and N atoms of res H57, D102, and S195 of chain A)

from Bio import PDB

# Retrieve PDB files
pdbl = PDB.PDBList()
pdbl.retrieve_pdb_file("1EQ9")
pdbl.retrieve_pdb_file("1FXY")

# Parse the two structures
from Bio.PDB import PDBParser, Superimposer, PDBIO
parser = PDB.PDBParser()
struct_1 = parser.get_structure("1EQ9", "eq/pdb1eq9.ent")
struct_2 = parser.get_structure("1FXY", "fx/pdb1fxy.ent")

# get the catalytic triads
res_57_struct_1 = struct_1[0]['A'][57]
res_102_struct_1 = struct_1[0]['A'][102]
res_195_struct_1 = struct_1[0]['A'][195]

res_57_struct_2 = struct_2[0]['A'][57]
res_102_struct_2 = struct_2[0]['A'][102]
res_195_struct_2 = struct_2[0]['A'][195]

# Build 2 lists of atoms for calculating a rot.-trans. matrix
# (target and probe).
target = []
backbone_names = ['CA', 'N']
for name in backbone_names:
    target.append(res_57_struct_1[name])
    target.append(res_102_struct_1[name])
    target.append(res_195_struct_1[name])

probe = []
for name in backbone_names:
    probe.append(res_57_struct_2[name])
    probe.append(res_102_struct_2[name])
    probe.append(res_195_struct_2[name])

# Check whether target and probe lists are equal in size.
# This is needed for calculating a rot.-trans. matrix
assert len(target) == len(probe)

# Calculate the rotation-translation matrix.
sup = Superimposer()
sup.set_atoms(target, probe)

# Apply the matrix. Remember that it can be applied only on
# lists of atoms.
struct_2_atoms = [at for at in struct_2.get_atoms()]
sup.apply(struct_2_atoms)

# Write the rotation-translated structure
out = PDBIO()
out.set_structure(struct_2)
out.save('1FXY-superimposed.pdb')
```

现在可以用 PyMOL 打开 1EQ9.pdb 和 1FXY-superimposed.pdb(见第 17 章)，检查两个结构的催化三分子的残基是不是非常保守(也就是说，它们能很好地重叠)。

附录 A 命令概览

A.1 UNIX 命令

A.1.1 列出文件和目录

ls	列出文件和目录
ls -a	列出隐含文件和目录
mkdir	创建目录
cd directory	改变到指定目录
cd	改变到 home 目录
cd ~	改变到 home 目录
cd ..	改变到上级目录
pwd	显示当前目录的路径名

A.1.2 处理文件和目录

cp file1 file2	把 file1 复制到名为 file2 的文件
mv file1 file2	把 file1 移动或更名为 file2
rm file	删除文件
rmdir directory	删除目录
cat file	显示文件
more file	分页显示文件
head file	显示文件的前几行
tail file	显示文件的末尾几行
grep 'keyword' file	用关键词搜索文件
wc file	计算文件的行、单词和字符的数目

A.1.3 重定向

command > file	重定向标准输出到文件
command >> file	追加标准输出到文件
command < file	从文件定向到标准输入
cat file1 file2 > file0	把 file1、file2 串联到 file0
sort	排序数据
who	列出当前登录的用户

A.1.4　文件系统安全(访问权限)

ls -lag	列出所有文件的访问权限
chmod [options] file	改动给定文件的访问权限
command &	后台运行命令
^C	终止前台运行的任务
^Z	挂起前台运行的任务
bg	后台运行挂起的任务
jobs	列出当前任务
fg %1	把任务 1 提到前台
kill %1	终止任务 1
ps	列出当前进程
kill 26152	终止号码为 26152 的进程

A.1.5　chmod 选项

符号	意义
u	用户(user)
g	组(group)
o	其他(other)
a	所有人(all)
r	读
w	写(包括删除)
x	执行(包括访问目录)
+	添加权限
−	取消权限

A.1.6　一般规则

- 如果有输入错误,则用 Ctrl-U 可以取消整个行;
- UNIX 是区分大小写字母的;
- 有的命令可包含选择参数;
- 选择参数可改变命令的行为;
- UNIX 采用命令行自动补全;
- % command_name -options <file> [Return]
- % man <command name> [Enter]
- % whatis <command name> [Enter]
- Ctrl-A 可以把光标定义到行首;
- Ctrl-E 可以把光标定义到行末;
- 上下方向键可用来召回使用过的命令;
- 命令 whereis 提示给定程序的位置;
- 可以用文本编辑器(如 gedit)来写东西。

A.2　Python 命令

A.2.1　概览

- Python 是一种解释性语言；
- Python 的解释器自动产生字节码(.pyc 文件)；
- 它是 100%免费的软件。

强项

- 能快速书写，无须编译；
- 完全面向对象；
- 有许多可依赖的库；
- 一门多才多艺的语言。

弱项

- 书写非常快的程序并不容易。

A.2.2　Python shell

概览

可以在交互 Python shell(>>>)下使用任何 Python 命令：

```
>>> print 4**2
16
>>> a = 'blue'
>>> print a
blue
>>>
```

技巧

- 所有在 Python shell 和程序中的 Python 命令以同样的方式工作；
- 可以用 Ctrl-D(Linux，Mac)或 Ctrl-Z(Windows)离开命令行模式；
- Python shell 作为一个便携式计算器非常好用；
- 在 Python shell 中书写多于两行的程序块会很快变得痛苦；
- 可以书写多行代码，定义一个程序块：

```
>>> for i in range(3):
...     print i,
...     012
>>>
```

A.2.3　Python 程序

- 所有的程序文件要用扩展名.py；
- 每一行要确切地包含一个命令；
- 代码块用缩进标记。代码块需要用四个空格或一个制表符缩进；

- 在 UNIX 下开发时，在每个 Python 程序的第一行应该是

```
#!/usr/bin/env python
```

代码格式传统

- 用空格而不用制表符（或者用编辑器自动转换它们）；
- 保持行的长度小于 80 个字符；
- 用两个空行分隔不同函数；
- 用一个空行分隔一个长函数的不同逻辑块；
- 变量和函数名称用小写字母。

编程法则

- 首先，正确完成程序；
- 其次，完善简化程序；
- 第三，仅在确有必要时，才加速程序。

A.2.4 运算符

算术运算符

`7 + 4`	加：其结果为 11（对字符串和列表也适用）
`7 - 4`	减：其结果为 3
`7 * 4`	乘：其结果为 28
`7 / 4`	整数除：其结果为 1（向下取整）
`7 / 4.0`	浮点数除：其结果为 1.75
`7 % 4`	模运算符：返回除法的余数，其结果为 3
`7 ** 2`	幂运算：其结果为 49
`7.0 // 4.0`	除后向下取整（按小数位截断）：其结果为 1.0

赋值运算符

赋值运算符创建或修改变量。

变量

变量是数据的容器。变量名称可能包括字母、下划线和数字（必须在第一个位置后）。通常用小写字母，而大写字母也是被允许的（通常用于常量）。一些单词如 print、import 和 for 作为变量名称是被禁止的。

`a = 10`	把整数值 10 赋予变量 a
`b = 3.0`	变量包含一个浮点数
`a3 = 10`	变量用数字作为名称
`PI = 3.1415`	变量用大写字母书写
`invitation = 'Hello World'`	变量包含文本（字符串）
`invitation = "Hello World"`	变量包含用双引号的文本

修改变量

`+= , -= , *= , /= , %= , **=`	递归运算符。x += 1 等价于 x = x + 1

比较运算符

所有的变量比较的结果是 True 或者 False。

a == b	a 等于 b
a != b	a 不等于 b
a < b	a 小于 b
a > b	a 大于 b
a <= b	a 小于等于 b
a >= b	a 大于等于 b
in, not in	in 和 not in 运算符检查左边的对象是否包含（或不包含）在右边的字符串、列表或字典中，返回布尔值 True 或者 False
is, is not	is 和 is not 运算符检查左边的对象是否与右边的对象一样（或不一样），返回布尔值 True 或者 False
a and b	布尔运算符：如果两个条件 a 和 b 都是 True，则返回 True，否则返回 False
or	布尔运算符：如果两个条件 a 和 b 中至少有一个是 True，则返回 True，否则返回 False
not a	布尔运算符：如果条件 a 是假，则返回 True，否则返回 False

A.2.5　数据结构

数据类型概览

Integers	整型，是小数点后没有数字的数值
Floats	浮点数，是包含小数点后数字的数值
Strings	字符串，是字符的不可改变的有序收集，用单引号('abc')或者双引号("abc")标记
Lists	列表，是对象的可变的有序收集，用方括号([a,b,c])标记
Tuples	元组，是对象的不可变的有序收集，用圆括号((a,b,c))标记，或用逗号列出收集的数据项(a,b,c)
Dictionaries	字典，是键值对(key:value)的无序收集
Sets	集合，是唯一元素的收集
Boolean	布尔值，是 True 或者 False

类型转换

int(value)	从浮点数或者字符串创建一个整型数
float(value)	从整型数或者字符串创建一个浮点数
str(value)	从任意对象创建一个字符串

A.2.6　字符串

字符串变量是文本的容器。字符串可以用多种引号标记，它们是等价的。

s = 'Hello World'	把文本赋予一个字符串变量
s = "Hello World"	使用双引号的字符串
s = '''Hello World'''	使用三单引号的多行文本字符串
s = """Hello World"""	使用三双引号的多行文本字符串
s = 'Hello\tWorld\n'	包含一个制表符(\t)和一个换行符(\n)的字符串

访问字符和子串

使用方括号，可以通过字符的位置访问字符串中的任何字符。第一个字符的索引是 0。子串可按方括号中以冒号分隔的两个数字表示，第二个数字的位置不包含在子串中。如果试图用比字符串长度还要大的索引，会产生一个 IndexError 错误。

print s[0]	打印第一个字符
print s[3]	打印第四个字符
print s[-1]	打印最后一个字符
print s[1:4]	第二到第四个位置；结果是'ell'
print s[:5]	从开头到第五个位置；结果是'Hello'
print s[-5:]	从末尾数第五个位置到末尾；结果是'World'

字符串函数

一批函数可以用在每个字符串变量上。

len(s)	字符串的长度；结果是 11
s.upper()	转换成大写；结果是'HELLO WORLD'
s.lower()	转换成小写；结果是'hello world'
s.strip()	去掉两端的空白字符和制表符
s.split('')	分割成单词；结果是['Hello', 'World']
s.find('llo')	查找子串；返回子串的起始位置
s.replace('World', 'Moon')	替换文本；结果是'Hello Moon'
s.startswith('Hello')	检查开始子串；返回 True 或者 False
s.endswith('World')	检查结尾子串；返回 True 或者 False

A.2.7　列表

列表是元素的序列，可以被修改。在许多情况下，一个列表的所有元素具有相同的类型，但这不是强制的。

访问列表的元素

可以用方括号来访问一个列表的任意元素。第一个元素的索引是 0。

data = [1,2,3,4,5]	创建一个列表
data[0]	访问第一个元素
data[3]	访问第四个元素
data[-1]	访问最后一个元素
data[0] = 7	对第一个元素重新赋值

从其他列表创建列表

可以像提取子字符串那样，利用方括号提取列表的子列表。

data = [1,2,3,4,5]	创建一个列表
data[1:3]	[2,3]
data[0:2]	[1,2]
data[:3]	[1,2,3]
data[-2:]	[4,5]
backup = data[:]	创建该列表的副本

修改列表

l[i] = x	l 的第 i 个元素替换为 x
l[i:j] = t	l 的第 i 个元素到第 j 个元素被替换为 t(t 是可迭代的)
del l[i:j]	删除 l 的第 i 个元素到第 j 个元素
l[i:j:k] = t	元素 l[i:j:k]被 t 中的元素替换(t 必须是一个序列,且满足 len(l[i:j:k]) = len(t))
del s[i:j:k]	按间隔 k 删除 l 的第 i 个到第 j 个元素
l.append(x)	与 l[len(l):len(l)] = [x]相同。追加元素到列表 l 中
l.extend(x)	与 l[len(l):len(l)] = x 相同,这里 x 是任何可迭代对象
l.count(x)	计算元素 x 在 l 中的个数
l.index(x [,i [, j]])	返回最小的 k 值,满足 l[k] = x 且 i≤k≤j
l.insert(i,x)	这和 l[i:i] = [x]相同
l.pop(i)	它去除第 i 个元素,并返回它的值
	l.pop()等价于返回 l[-1]的值,然后删除列表中的最后一个字符
l.remove(x)	与 del l[l.index(x)] 相同
l.reverse()	把 l 的元素反向排列
l.sort()	排序列表 l
l.sort([cmp[, key[, reverse]]])	排序列表 l。比较的控制项可以传递给 sort()方法,cmp 是定制化的函数,以比较元素对,返回负值、零和正值,返回值取决于该对的第一个元素小于、等于或者大于第二个元素
sorted(l)	用 l 的简单的升序排列,创建一个新的列表,而不修改列表 l

用于列表的函数

data = [3,2,1,5]	示例数据
len(data)	data 的长度;返回 4;对其他许多类型也适用
min(data)	data 中元素的最小值;返回 1
max(data)	data 中元素的最大值;返回 5
sum(data)	对 data 中元素求和;返回 11
range(4)	创建数值的列表;返回[0,1,2,3]
range(1,5)	从起始值创建列表;返回[1,2,3,4]
range(2,9,2)	用步长创建列表;返回[2,4,6,8]
range(5,0,-1)	从起始值反向计数创建列表;返回[5,4,3,2,1]

A.2.8　元组

　　元组是元素的序列,不能被修改。这意味着一旦定义了它,就不能改变或者替换它的元素。元组对不同类型分组元素是有用的。

```
t = ('bananas','200g',0.55)
```

注意,这里的括号是可选的;也就是说,可以用 Tuple = (1,2,3)或者 Tuple = 1,2,3。

　　仅有一个数据项的元组,必须写为 Tuple = (1,)或 Tuple = 1,

　　可以用方括号来定位元组的元素,就如同定位列表元素一样。

A.2.9 字典

字典是一个无序的关联阵列。它具有一系列的键值对(key:value):

```
prices = {'banana':0.75, 'apple':0.55, 'orange':0.80}
```

在这个例子中,'banana'是键,而 0.75 是值。

字典可以用来快速查找:

```
prices['banana'] # 0.75
prices['kiwi'] # KeyError
```

访问字典中的数据

用方括号来包含一个键,可以求得字典的值。键可以是字符串、整型、浮点型或元组。

prices['banana']	返回'banana'对应的值(0.75)
prices.get('banana')	返回'banana'对应的值,但是防止 KeyError。如果键不存在,则返回 None
prices.has_key('apple')	检查'apple'是否被定义
prices.keys()	返回所有键的列表
prices.values()	返回所有值的列表
prices.items()	返回一个元组列表,包含键和值

修改字典

prices['kiwi'] = 0.6	设置'kiwi'对应的值
prices.setdefault('egg',0.9)	设置'egg'对应的值,仅当它未被定义

None 类型

变量可以包含值 None。也可以用 None 表示一个变量是空的。None 在函数没有返回语句时,自动被采用。

```
traffic_light = [None, None, 'green']
```

A.2.10 控制流

代码块/缩进

在任何一个由冒号(:)结束的语句后,所有缩进的命令被看成一个代码块,如果条件满足将被循环或选择执行。下一个未缩进的命令被标记为代码块的结束。

for 循环

循环重复执行指令。它们需要一个数据项的序列进行迭代,这种序列包括字符串、列表、元组或者字典。在提前知道迭代的数目,或者需要对列表的所有元素进行相同操作时,这个结构是非常有用的。

for base in 'AGCT': print base	打印四行,包括 A、G、C 和 T
for number in range(5): print number	打印五行,数字从 0 到 4
for elem in [1,4,9,16]: print elem	打印四个数值,每个占一行

对列表中的元素计数

enumerate()函数把一个从零开始的整型数与列表中的每个元素关联起来。在循环中需要用到索引变量时，这个函数非常有用。

```
>>> fruits = ['apple','banana','orange']
>>> for i, fruit in enumerate(fruits):
...     print i, fruit
...
0 apple
1 banana
2 orange
```

合并两个链表

zip()函数把两个链表的元素关联起来形成一个元组的链表，多余的元素会被忽略。

```
>>> fruits = ['apple','banana','orange']
>>> prices = [0.55, 0.75, 0.80, 1.23]
>>> for fruit,price in zip(fruits,prices):
...     print fruit, price
...
apple 0.55
banana 0.75
orange 0.8
```

遍历字典的循环

可以用 for 循环访问字典的键，但它们的顺序无法保证。

if 条件语句

if 语句用来实施程序中的选择和分支。它们必须包含一个 if 块，多个 elif 块和 else 块是备选的。

```
if fruit == 'apple':
    price = 0.55
elif fruit == 'banana':
    price = 0.75
elif fruit == 'orange':
    price = 0.80
else:
    print 'we dont have%s'%(fruit)
```

比较运算符

if 的表达式可以包含比较运算符、变量、数字和函数调用的任意组合：

● a == b , a != b(相等关系)
● a < b , a > b , a <= b , a >= b(相关关系)
● a or b, a and b, not a(布尔逻辑)
● (a or b)and(c or d)(优先级)
● a in b(包含关系，这里 b 是列表、元组或者字符串)

变量的布尔值

除了比较运算符，if 语句还可以考虑直接使用变量的值。每个变量可以直接解释为布尔逻辑。所有的变量都是 True，除了：

```
0, 0.0, '', [], {}, False, None
```

while 条件循环

while 循环在开始时需要一个条件表达式，它和 if...elif 语句具有一模一样的方式：

```
>>> i = 0
>>> while i < 5:
...     print i,
...     i = i + 1
...
0 1 2 3 4
```

什么时候用 while

- 当循环有一个退出条件时；
- 当需要只满足给定条件时开始循环；
- 当循环可能什么都不做时；
- 当重复的数目取决于用户的输入时；
- 当搜索列表中特定的元素时。

A.2.11　程序结构

函数

函数是子程序。它们把代码结构化为逻辑单元。一个函数可以有自己的变量，还有输入（参数）和输出（返回值）。在 Python 中，函数用 def 语句定义，紧跟一个函数名，将参数放在圆括号中，之后是一个冒号，以及一个缩进代码块：

```
def calc_discount(fruit, n):
    '''Returns a lower price of a fruit.'''
    print 'Today we have a special offer for:', fruit
    return 0.75 * n
print calc_discount('banana', 10)
```

参数和返回值

函数的输入由参数给出。参数可以具有默认值，然后在函数调用时是备选的。**不要用列表或字典作为默认参数。**

函数的输出由 return 语句创建。return 语句给定的值返回到程序中调用它的位置。多于一个的返回值作为元组返回。在任何情况下，return 语句结束函数的执行。

```
def calc_disc(fruit,n = 1):        # A function with an optional
    print fruit                    # parameter
    return n*0.75

def calc_disc(fruit,n = 1):        # A function returning a tuple
    fruit = fruit.upper()
    return fruit, n*0.75
calc_disc('banana')                # Function calls
calc_disc('banana',100)
```

书写函数的良好风格

- 每个函数应该只有一个目标；
- 函数名应该清晰，用动词开头；
- 在函数起始位置，应该有一个三引号的注释（一个文档字符串）；
- 函数应该只用一种方式返回结果；
- 函数应该短小（小于 100 行）。

A.2.12　模块

模块是一个 Python 文件（文件名用 .py 结尾）。模块可以被导入到另一个 Python 程序中。当一个模块被导入时，其中的代码默认被执行。要导入一个模块，需要在 import 语句后给出它的名称（无 .py）。明确列出需要的变量和函数是有帮助的，这可以帮助调试。

import math	包含和解释一个模块
from math import sqrt	从模块中包含一个函数
from math import pi	从模块中包含一个变量
from math import sqrt, pi	两个都包含
from math import *	包含模块中的所有内容（把命名空间合并）

找出模块中有什么

任何模块中的内容都能用 dir() 和 help() 检查。

dir(math)	显示在模块中的所有东西
dir()	显示全局命名空间中的所有东西
help(math.sqrt)	显示模块或者函数的帮助文字
__name__	模块的名称
__doc__	模块的帮助文字
__builtins__	所有标准 Python 函数的容器

Python 在哪里找模块

当导入模块式包时，Python 将按如下方式寻找：

- 当前路径中；
- 在 Python 2.6/lib/site-packages 文件夹中；
- 每个 PYTHONPATH 环境变量下的任何东西。在 Python 中，可以按如下访问：

```
import sys
print sys.path
sys.path.append('my_directory')
import my_package.my_module
```

包

对非常大的程序，用户会发现把 Python 代码分割成多个目录是有用的。这样做，需要记住两件事：

- 要从外部导入包，需要确认一个名为 __init__.py（它可以为空）的文件在这个包的目录中。
- 这个包的目录需要放置在 Python 搜索路径下（见上）。

A.2.13 输入和输出

从键盘将文本读取到变量中

可以从键盘中读取用户输入,可以有或者没有文本提示信息:

a = raw_input()	从键盘读取文本到字符串变量中
a = raw_input('please enter a number')	显示文本提示,然后从键盘中读取字符串

打印文本

Python 的 print 语句将文本书写到 Python 启动的控制台上。print 命令非常通用,可以通过逗号分割接受字符串、数值、函数调用和算术操作符的几乎任意组合。默认情况下,print 在最后产生一个新行的字符。

print 'Hello World'	显示文本
print 3.4	显示数值
print 3 +4	显示计算的结果
print a	显示变量 a 的内容
print ''' line one line two line three'''	显示并展开多行文本
print 'number', 77	显示文本、制表符和数值
print int(a) * 7	显示将变量转换成整型数后再相乘的结果
print	显示一个空行

格式化字符串

变量和字符串可以用格式化字符组合在一起,这在 print 语句内也可使用。在两种情况下,值和格式化字符的数目必须相同。

```
s = 'Result:%i'%(number)
print 'Hello%s!'%('Roger')
print '(%6.3f/%6.3f)'%(a,b)
```

格式化字符包括以下 4 种。

- %i:一个整数;
- %4i:一个整数,格式化为长度 4;
- %6.2f:一个浮点数,长度为 6,小数点后有两位;
- %10s:一个右对齐的长度为 10 的字符串。

读取和写入文件

文本文件可以通过用 open()函数访问,它返回一个打开的文件,其内容可以作为字符串读取或通过字符串写入。如果试图打开一个不存在的文件,则将创建一个 IOError。

f = open('my_file.txt') text = f.read()	读取文本文件,把它的内容读入一个字符串变量
f = open('my_file.txt','w') f.write(text)	创建一个新文本文件,从一个字符串变量读入并写入文本
f = open('my_file.txt', 'a') f.write(text)	将文本追加到已存在的文件中

f.close()	关闭使用后的文件；关闭文件在 Python 中是一个好风格，但不是强制的
lines = f.readlines()	将一个文本文件中的所有行读取到一个列表中
f.writelines(lines)	将行的列表写入文件中
for line in open(name): print line	遍历所有行，打印每一行
lines = ['first line\n', 'second line\n'] f = open('my_file.txt', 'w') f.writelines(lines)	创建一个行的列表，行末用换行符，并存入一个文本文件

在 Python 中的目录名

当打开文件时，用户也可以用绝对或者相对目录名称。但是在 Windows 系统中，必须把反斜杠"\"替换成双反斜杠"\\"（因为"\"也用于"\n"和"\t"）。

```
f = open('..\\my_file.txt')
f = open('C:\\python\\my_file.txt')
```

csv 模块

一个打开文件若如同字符串的列表，就可能用 csv 模块按一行行地读取它。

```
>>> import csv
>>> reader = csv.reader(open('RSMB_HUMAN.fasta'))
>>> for row in reader: print row
...
['>gi|4507127|ref|NP_003084.1| U1 small nuclear
    ribonucleoprotein C [Homo sapiens]']
['MPKFYCDYCDTYLTHDSPSVRKTHCSGRKHK
    ENVKDYYQKWMEEQAQSLIDKTTAFQQGKIPPTPFSAP']
['PPAGAMIPPPPSLPGPPRPGMMPAPHMGGPP
    MMPMMGPPPPGMMPVGPAPGMRPPMGGHMPMMPGPPMMR']
['PPARPMMVPTRPGMTRPDR']
[]
>>>
```

类似地，列表和元组可以用 csv 模块来写入：

```
>>> import csv
>>> table = [[1,2,3],[4,5,6]]
>>> writer = csv.writer(open('my_file.csv','w'))
>>> writer.writerow(table)
```

csv 文件 reader/writer 的选项

csv 的 reader 和 writer 都能处理许多不同的格式。选项可以按下面相应地改变。

● delimiter：列分隔符
● quotechar：引号符
● lineterminator：行结束符

```
reader = csv.reader(open('my_file.csv'), \
    delimiter = '\t', quotechar = '"')
```

A.2.14 管理目录

用 os 模块，可以改变到一个不同目录中：

```
import os
os.chdir('..\\python')
```

也可以得到所有文件的列表：

```
os.listdir('..\\python')
```

第三个重要的函数是检查一个文件是否存在：

```
print os.access('my_file.txt', os.F_OK)
```

A.2.15 得到当前的时间和日期

time 模块提供了能得到当前时间和日期的函数：

```
import time
s = time.asctime()        # as string
i = time.time()           # as float
```

A.2.16 访问网页

可以访问网页的 HTML 代码、从网上下载文件，其方式类似于读取文件。

```
import urllib
url = 'http://www.google.com'
page = urllib.urlopen(url)
print page.read()
```

A.2.17 正则表达式

正则表达式可以实现字符串的模式匹配，以及用精致的方式搜索和替换文本：

```
import re
text = 'all ways lead to Rome'
```

搜索文本是否存在

```
re.search('R...\s', text)
```

查找所有单词

```
re.findall('\s(.*)', text)
```

替换

```
re.sub('R[meo]+','London', text)
```

如何找到符合你的问题的正确模式

找到准确的正则表达式需要大量反复实验的搜索。在把正则表达式包含到程序中之前，用户可以在线检验它：

```
http://www.regexplanet.com/simple/
```

正则表达式模式用到的字符

在正则表达式(RE)模式中，一些最常用的字符如下：

字　符	操　作
\d	匹配十进制数字字符[0..9]
\w	匹配字母数字[a..z]或者[0..9]
\A	匹配文本的开始
\Z	匹配文本的结束
[ABC]	匹配A,B,C字符中的一个
[^A]	匹配任何字符除了A
a+	匹配一个或多个模式a
a*	匹配零个或多个模式a
a|b	匹配a或者b
(a)	re.findall()返回a
\s	匹配一个空白

re 模块方法

方　法	返回对象	归属于	功　能
compile()	Regex 对象		编译一个正则表达式(RE)
match()	Match 对象	Regex 对象	决定该 RE 是否从字符串的开头匹配
search()	Match 对象	Regex 对象	扫描字符串，寻找任何 RE 匹配的位置
findall()	列表	Regex 对象	找到所有 RE 匹配的子串并返回它们的列表
finditer()	迭代器对象	Regex 对象	找到所有 RE 匹配的子串并返回匹配的迭代器
span()	元组	Match 对象	返回一个元组包含匹配的(起始，终止)位置
start()	整型	Match 对象	返回匹配的起始位置
end()	整型	Match 对象	返回匹配的终止位置
group()	字符串	Match 对象	返回 RE 的匹配字符串
groups()	元组	Match 对象	返回一个元组，包含所有子组的字符串
split(s)	列表	Regex 对象	把字符串分割成列表，用 RE 匹配进行分割
sub(r, s)	字符串	Regex 对象	找到所有 RE 匹配的子串，把它们替换成不同的字符串
subn(r, s)	元组	Regex 对象	与 sub()一样，但是返回新字符串和替换的数目

正则表达式编译标志

可以在 re.compile()中用加入参数的方式定制模式匹配。例如，如果需要实现不区分大小写的搜索，则可以把 re.IGNORECASE 加入到 re.compile()参数中。

这是一个定制搜索用的可能列表：

标　志	功　能
DOTALL, S	使得点(.)匹配任何字符，包括换行符
IGNORECASE, I	进行不区分大小写的匹配
LOCALE, L	做本地化识别匹配，也就是采用本地系统的C库(例如，支持其他语言)
MULTILINE, M	做多行匹配，影响^和$。^($)匹配字符串中每行的开始(结束)
VERBOSE, V	使用冗余的 RE，它可以组织得更整洁和易懂，即允许书写的 RE 更具有可读性，如引入空格和注释

A.2.18 调试

异常

不管程序写得多好，有时也会产生错误。但是，程序员能保证在发生错误时程序不崩溃，这样可以使重要的数据得以保存。Python 的异常处理机制能知道什么东西出了错。

```
a = raw_input('enter a number')
try:
     inverse = 1.0/int(a)
except ZeroDivisionError:
     print "zero can't be inverted"
```

except，else 和 finally

无论 try 子句中何时有相符的某种错误出现，except 代码块都将在不终止程序运行的情况下被执行。

下面是典型的异常：

- ZeroDivisionError：被零除
- KeyError：键在字典中不存在
- ValueError：类型转换失败
- IOError：文件打不开

当异常被截获

通常，即使谨慎地书写程序，还会出现错误，需要花精力截获它们。比如：

- 文件操作
- 网络操作
- 数据库操作
- 用户输入，特别是数值

当然，把整个程序嵌入一个单个的 try...except 子句中是可以的，但是这经常没什么意义，因为这样的代码不透明，也更难调试。

中断程序执行

可以中断一个程序的执行，开始调试它，在断点加入如下命令即可：

```
import pdb
pdb.set_trace()
```

调试器像一个正常的 Python 命令行那样显示一个 shell，增加了一些命令：

- n(next)：执行下一条语句
- s(step)：执行下一条语句，进入函数
- l(list)：列出源代码
- c(continue)：继续执行，直到下一个断点
- help：打印帮助信息
- q(quit)：放弃程序

断点

● 命令 'b <line number>' 在给定的行设置一个断点
● 命令 'b' 显示所有断点的集合

A.2.19　注释

在 Python 中，行可以被 ♯ 号注释或者用三引号注释。Python 用三引号注释自动产生文档。

♯ Comment	单行注释
b = a/2.0 ♯ half distance	在正常命令后的注释
"""This program calculates fruit prices."""	多行文本包含在三引号中
'''This program calculates fruit prices.'''	多行文本包含在三单引号中

附录 B Python 资源

B.1 Python 文档

Python 的一般性问题，读者会发现这些网站是有用的：

- Python Homepage www.python.org
  这是官方的网站。
- Python Tutorial http://docs.python.org/tut/tut.html
  这个网站提供了一个从零开始学习 Python 的长教程。一些章节对读者完整地理解一个特定主题是有帮助的。可以用它处理一个完全未知的特殊主题。
- The Python Standard Library http://docs.python.org/lib/lib.html
  这是一个标准库，可以很快找到一些特定的信息。可以用它来得到你想要寻找的东西（如果不记得在 Python 中是如何拼写的）。
- Global Module Index http://docs.python.org/2.7/py-modindex.html
  这是 Python 的所有模块的文档。如果知道使用哪个模块，但不知道它是如何工作的，则可以查看这个文档。
- Python Tutorials http://awaretek.com/tutorials.html
  这是一个详尽收集的 Python 教程，涵盖了语言的方方面面。它是面向初学者、高级用户和有经验的开发者的。

B.2 Python 课程

- Instant Python www.hetland.org/python/instant-python.php
  这是一个简短速成的 Python 编程课程。
- Think Python www.greenteapress.com/thinkpython/
  这里可以下载 Think Python，它是一个面向初学者的 Python 编程介绍。是免费的书，可以免费复制、分发和修改（仅限用于工作而不是商业目的）。
- Website Programming Applications IV（Python）Information http://bcu.copsewood.net/python/
  读者可以找到一个 12 个星期的 Python 课程，有笔记和教程练习。
- Uta Priss's Python Course www.upriss.org.uk/python/PythonCourse.html
  读者可以找到一系列 Python 练习，并附有按主题分组的答案。
- Python Short Course www.wag.caltech.edu/home/rpm/python_course/
  这是一个简短整洁的 Python 课程，由 Richard P. Muller（加州理工大学）提供，包括 .ppt，.pdf 和.html 格式。

- **Dive into Python** www.diveintopython.net
  Dive into Python 是为有经验的编程者提供的免费 Python 书。
- **Software Carpentry** http://software-carpentry.org
  这是为科学工作者编写的编程教程。它从 1998 年就开始策划了。

B.3　Biopython 文档

- **Biopython Home Page** http://biopython.org/wiki/Main_Page
  这是 Biopython 的官方主页。
- **Biopython Installation** http://biopython.org/DIST/docs/install/Installation.html
  这里可以找到在任何操作系统下如何安装 Biopython 的指导。
- **Getting Started** http://biopython.org/wiki/Getting_Started
  这里可以找到 Biopython 入门的基本信息。
- **Biopython Documentation** http://biopython.org/wiki/Documentation
  这里收集了 Biopython 初学者和高级用户的链接和参考资料
- **Biopython Tutorial and Cookbook** http://biopython.org/DIST/docs/tutorial/Tutorial.html
  这个站点提供了从零开始学习 Biopython 的长教程。
- **Biopython Cookbook** http://biopython.org/wiki/Category:Cookbook
  这里可以找到 Biopython 工作实例(按字母排序)(随时在添加),而在 Biopython 教程中没有出现。

B.4　其他 Python 库

- **Matplotlib** http://matplotlib.org/
  这是一个强大的创建图表的库,是 Python 科学库(SciPy)的一部分。
- **Python Imaging Library**(PIL) www.pythonware.com/products/pil/
  PIL 是一个操纵图片的通用库。
- **PyCogent** http://pycogent.org/
  PyCogent 是一个有很多功能的生物学库,很多方面类似 Biopython,但它的优势是处理 RNA 和系统发生学分析。
- **ModeRNA** http://iimcb.genesilico.pl/moderna/
  ModeRNA 是一个检察、处理和建立 RNA 结构三维模型的 Python 库。

B.5　用 Python 书写的分子可视化系统

- **PyMOL** www.pymol.org
  PyMOL 是一个用户发起的开源的分子可视化系统。它可以产生高清晰度的三维分子图像。

- UCSF Chimera www.cgl.ucsf.edu/chimera/
  UCSF Chimera 是一个高度扩展的用于交互式可视化及分子结构相关数据分析的程序,可以产生高质量的图像和动画。

B.6 视频

- Videos Tagged with Python(from Best Tech Videos) www.bestechvideos.com/tag/python/
  这里收集了用 Python 标记的精挑细选的技术视频,致力于为开发者、设计者、管理者和其他 IT 人士提供最好的教育内容。
- pydb Debugger www.bestechvideos.com/2006/12/16/introducing-the-pydb-debugger/
  这是一个显示 pydb 调试器如何工作的动态示例。

B.7 一般编程

- Learning to Program www.freenetpages.co.uk/hp/alan.gauld/
  这是一个对绝对编程小白的综合向导。课程的主题用 Python 编写,虽然如此,原则上可以应用到任何语言中。

附录 C 记录样板

C.1 FASTA 格式下的蛋白质单序列文件

```
>sp|P03372|ESR1_HUMAN Estrogen receptor OS = Homo sapiens GN =
    ESR1 PE = 1 SV = 2
MTMTLHTKASGMALLHQIQGNELEPLNRPQLKIPLERPLGEVYLDSSKPAVYNYPEGAAY
EFNAAAAANAQVYGQTGLPYGPGSEAAAFGSNGLGGFPPLNSVSPSPLMLLHPPPQLSPF
LQPHGQQVPYYLENEPSGYTVREAGPPAFYRPNSDNRRQGGRERLASTNDKGSMAMESAK
ETRYCAVCNDYASGYHYGVWSCEGCKAFFKRSIQGHNDYMCPATNQCTIDKNRRKSCQAC
RLRKCYEVGMMKGGIRKDRRGGRMLKHKRQRDDGEGRGEVGSAGDMRAANLWPSPLMIKR
SKKNSLALSLTADQMVSALLDAEPPILYSEYDPTRPFSEASMMGLLTNLADRELVHMINW
AKRVPGFVDLTLHDQVHLLECAWLEILMIGLVWRSMEHPGKLLFAPNLLLDRNQGKCVEG
MVEIFDMLLATSSRFRMMNLQGEEFVCLKSIILLNSGVYTFLSSTLKSLEEKDHIHRVLD
KITDTLIHLMAKAGLTLQQQHQRLAQLLLILSHIRHMSNKGMEHLYSMKCKNVVPLYDLL
LEMLDAHRLHAPTSRGGASVEETDQSHLATAGSTSSHSLQKYYITGEAEGFPATV
```

C.2 FASTA 格式下的核苷酸单序列文件

```
>ENSG00000188536|hemoglobin alpha 2
ATGGTGCTGTCTCCTGCCGACAAGACCAACGTCAAGGCCGCCTGGGGTAAGGTCGGCGCGCACGCT
GGCGAGTATGGTGCGGAGGCCCTGGAGAGGATGTTCCTGTCCTTCCCCACCACCAAGACCTACTTC
CCGCACTTCGACCTGAGCCACGGCTCTGCCCAGGTTAAGGGCCACGGCAAGAAGGTGGCCGACGCG
CTGACCAACGCCGTGGCGCACGTGGACGACATGCCCAACGCGCTGTCCGCCCTGAGCGACCTGCAC
GCGCACAAGCTTCGGGTGGACCCGGTCAACTTCAAGCTCCTAAGCCACTGCCTGCTGGTGACCCTG
GCCGCCCACCTCCCCGCCGAGTTCACCCCTGCGGTGCACGCCTCCCTGGACAAGTTCCTGGCTTCT
GTGAGCACCGTGCTGACCTCCAAATACCGTTAA
```

C.3 FASTA 格式下的 RNA 单序列文件

```
>ENSG00000188536|hemoglobin alpha 2
ATGGTGCTGTCTCCTGCCGACAAGACCAACGTCAAGGCCGCCTGGGGTAAGGTCGGCGCGCACGCT
GGCGAGTATGGTGCGGAGGCCCTGGAGAGGATGTTCCTGTCCTTCCCCACCACCAAGACCTACTTC
CCGCACTTCGACCTGAGCCACGGCTCTGCCCAGGTTAAGGGCCACGGCAAGAAGGTGGCCGACGCG
CTGACCAACGCCGTGGCGCACGTGGACGACATGCCCAACGCGCTGTCCGCCCTGAGCGACCTGCAC
GCGCACAAGCTTCGGGTGGACCCGGTCAACTTCAAGCTCCTAAGCCACTGCCTGCTGGTGACCCTG
GCCGCCCACCTCCCCGCCGAGTTCACCCCTGCGGTGCACGCCTCCCTGGACAAGTTCCTGGCTTCT
GTGAGCACCGTGCTGACCTCCAAATACCGTTAA
```

C.4 FASTA 格式下的多序列文件

```
>sp|P03372|ESR1_HUMAN Estrogen receptor OS = Homo sapiens GN =
    ESR1 PE = 1 SV = 2
MTMTLHTKASGMALLHQIQGNELEPLNRPQLKIPLERPLGEVYLDSSKPAVYNYPEGAAY
EFNAAAAANAQVYGQTGLPYGPGSEAAAFGSNGLGGFPPLNSVSPSPLMLLHPPPQLSPF
```

```
LQPHGQQVPYYLENEPSGYTVREAGPPAFYRPNSDNRRQGGRERLASTNDKGSMAMESAK
ETRYCAVCNDYASGYHYGVWSCEGCKAFFKRSIQGHNDYMCPATNQCTIDKNRRKSCQAC
RLRKCYEVGMMKGGIRKDRRGGRMLKHKRQRDDGEGRGEVGSAGDMRAANLWPSPLMIKR
SKKNSLALSLTADQMVSALLDAEPPILYSEYDPTRPFSEASMMGLLTNLADRELVHMINW
AKRVPGFVDLTLHDQVHLLECAWLEILMIGLVWRSMEHPGKLLFAPNLLLDRNQGKCVEG
MVEIFDMLLATSSRFRMMNLQGEEFVCLKSIILLNSGVYTFLSSTLKSLEEKDHIHRVLD
KITDTLIHLMAKAGLTLQQQHQRLAQLLLILSHIRHMSNKGMEHLYSMKCKNVVPLYDLL
LEMLDAHRLHAPTSRGGASVEETDQSHLATAGSTSSHSLQKYYITGEAEGFPATV
>sp|P62333|PRS10_HUMAN 26S protease regulatory subunit
10B OS = Homo sapiens GN = PSMC6 PE = 1 SV = 1
MADPRDKALQDYRKKLLEHKEIDGRLKELREQLKELTKQYEKSENDLKALQSVGQIVGEV
LKQLTEEKFIVKATNGPRYVVGCRRQLDKSKLKPGTRVALDMTTLTIMRYLPREVDPLVY
NMSHEDPGNVSYSEIGGLSEQIRELREVIELPLTNPELFQRVGIIPPKGCLLYGPPGTGK
TLLARAVASQLDCNFLKVVSSSIVDKYIGESARLIREMFNYARDHQPCIIFMDEIDAIGG
RRFSEGTSADREIQRTLMELLNQMDGFDTLHRVKMIMATNRPDTLDPALLRPGRLDRKIH
IDLPNEQARLDILKIHAGPITKHGEIDYEAIVKLSDGFNGADLRNVCTEAGMFAIRADHD
FVVQEDFMKAVRKVADSKKLESKLDYKPV
>sp|P62509|ERR3_MOUSE Estrogen-related receptor gamma OS = Mus
     musculus GN = Esrrg PE = 1 SV = 1
MDSVELCLPESFSLHYEEELLCRMSNKDRHIDSSCSSFIKTEPSSPASLTDSVNHHSPGG
SSDASGSYSSTMNGHQNGLDSPPLYPSAPILGGSGPVRKLYDDCSSTIVEDPQTKCEYML
NSMPKRLCLVCGDIASGYHYGVASCEACKAFFKRTIQGNIEYSCPATNECEITKRRRKSC
QACRFMKCLKVGMLKEGVRLDRVRGGRQKYKRRIDAENSPYLNPQLVQPAKKPYNKIVSH
LLVAEPEKIYAMPDPTVPDSDIKALTTLCDLADRELVVIIGWAKHIPGFSTLSLADQMSL
LQSAWMEILILGVVYRSLSFEDELVYADDYIMDEDQSKLAGLLDLNNAILQLVKKYKSMK
LEKEEFVTLKAIALANSDSMHIEDVEAVQKLQDVLHEALQDYEAGQHMEDPRRAGKMLMT
LPLLRQTSTKAVQHFYNIKLEGKVPMHKLFLEMLEAKV
```

C.5　GenBank 数据条目

```
LOCUS       AY810830                705 bp    mRNA    linear   HTC 22-JUN-2006
DEFINITION  Schistosoma japonicum SJCHGC07869 protein mRNA, partial cds.
ACCESSION   AY810830
VERSION     AY810830.1  GI:60600350
KEYWORDS    HTC.
SOURCE      Schistosoma japonicum
  ORGANISM  Schistosoma japonicum
            Eukaryota; Metazoa; Platyhelminthes; Trematoda; Digenea;
            Strigeidida; Schistosomatoidea; Schistosomatidae; Schistosoma.
REFERENCE   1  (bases 1 to 705)
  AUTHORS   Liu,F., Lu,J., Hu,W., Wang,S.Y., Cui,S.J., Chi,M., Yan,Q.,
            Wang,X.R., Song,H.D., Xu,X.N., Wang,J.J., Zhang,X.L., Zhang,X.,
            Wang,Z.Q., Xue,C.L., Brindley,P.J., McManus,D.P., Yang,P.Y.,
            Feng,Z., Chen,Z. and Han,Z.G.
  TITLE     New perspectives on host-parasite interplay by comparative
            transcriptomic and proteomic analyses of Schistosoma japonicum
  JOURNAL   PLoS Pathog. 2 (4), E29 (2006)
   PUBMED   16617374
REFERENCE   2  (bases 1 to 705)
  AUTHORS   Liu,F., Lu,J., Hu,W., Wang,S.-Y., Cui,S.-J., Chi,M., Yan,Q.,
            Wang,X.-R., Song,H.-D., Xu,X.-N., Wang,J.-J., Zhang,X.-L.,
            Wang,Z.-Q., Xue,C.-L., Brindley,P.J., McManus,D.P., Yang,P.-Y.,
            Feng,Z., Chen,Z. and Han,Z.-G.
  TITLE     Direct Submission
  JOURNAL   Submitted (07-MAR-2005) Chinese National Human Genome Center at
            Shanghai, 351 Guo Shoujing Road, Shanghai 201203, China
FEATURES             Location/Qualifiers
     source          1..705
                     /organism="Schistosoma japonicum"
                     /mol_type="mRNA"
                     /db_xref="taxon:6182"
                     /clone="SJCHGC07869"
     CDS             <1..545
                     /note="similar to insulin receptor precursor"
                     /codon_start=3
                     /product="SJCHGC07869 protein"
```

```
            /protein_id="AAX26719.2"
            /db_xref="GI:76155430"
            /translation="HVESDKVPVASIHATLNGPGSIRITWSNPVKPNGLIIHYLLRYR
            PRNHDQSYTDSNHSSSDVSLPWLTKCISMSHWSADHSEHALTSSSYIAINQKEVSRSK
            RGYNANSSTTDGGISIKDLSPGSYEFQILAVSLAGNGEWSPTVIFNIPFYTDHNGTIN
            RMFIELLLFTVCVPCMPHHV"
    ORIGIN
        1 ctcatgttga atctgataaa gttcctgtag catctattca tgcaacattg aatggtccgg
       61 gaagtatccg tattacgtgg tctaatccag tcaaacctaa tggtttaatt atacattatt
      121 tattgcggta tagaccaagg aatcatgatc agagttatac agatagtaac cattcgtctt
      181 cagatgtgtc gctgccatgg ttgacaaaat gtatttcgat gagtcattgg tcggctgacc
      241 attctgaaca cgcattgact tcaagttcat atatagctat taatcaaaaa gaagtatcac
      301 gaagtaaacg tggttataat gctaatagta gtactactga tggcggaatc tcaattaaag
      361 atttatcacc aggtagctat gaatttcaaa ttttagccgt ttctcttgct ggtaacggag
      421 aatggagtcc aaccgtaata ttcaatattc cattctatac agaccataat ggcacaataa
      481 accgtatgtt tatagaactc ttattattta cagtttgtgt cccatgtatg ccgcatcacg
      541 tgtaatgttt tgattaagga gattcaaatt ttatacgttc tctcataagt gatctttact
      601 tttaattgtg tgctctaaga atatacgcat tttcggttca atagattcta aaacaatgca
      661 attatgagtt agatttcatt aatgcatatg taagctaatt ttcta
```

C.6　PDB 文件头的示例（部分）

```
HEADER    ADENYLATE KINASE                         28-JUL-95   3AKY
TITLE     STABILITY, ACTIVITY AND STRUCTURE OF ADENYLATE KINASE
TITLE     2 MUTANTS
COMPND    MOL_ID: 1;
COMPND    2 MOLECULE: ADENYLATE KINASE;
COMPND    3 CHAIN: A;
COMPND    4 SYNONYM: ATP\:AMP PHOSPHOTRANSFERASE, MYOKINASE;
COMPND    5 EC: 2.7.4.3;
COMPND    6 ENGINEERED: YES;
COMPND    7 MUTATION: YES
SOURCE    MOL_ID: 1;
SOURCE    2 ORGANISM_SCIENTIFIC: SACCHAROMYCES CEREVISIAE;
SOURCE    3 ORGANISM_COMMON: BAKER'S YEAST;
SOURCE    4 ORGANISM_TAXID: 4932;
SOURCE    5 EXPRESSION_SYSTEM: ESCHERICHIA COLI;
SOURCE    6 EXPRESSION_SYSTEM_TAXID: 562;
SOURCE    7 EXPRESSION_SYSTEM_PLASMID: PUAKY
KEYWDS    ATP:AMP PHOSPHOTRANSFERASE, MYOKINASE, ADENYLATE KINASE
EXPDTA    X-RAY DIFFRACTION
AUTHOR    U.ABELE,G.E.SCHULZ
REVDAT    2   24-FEB-09 3AKY      1       VERSN
REVDAT    1   14-NOV-95 3AKY      0
JRNL        AUTH   P.SPUERGIN,U.ABELE,G.E.SCHULZ
JRNL        TITL   STABILITY, ACTIVITY AND STRUCTURE OF ADENYLATE
JRNL        TITL 2 KINASE MUTANTS.
JRNL        REF    EUR.J.BIOCHEM.            V. 231   405 1995
JRNL        REFN                   ISSN 0014-2956
JRNL        PMID   7635152
JRNL        DOI    10.1111/J.1432-1033.1995.TB20713.X
REMARK   1
REMARK   1 REFERENCE 1
REMARK   1 AUTH   U.ABELE,G.E.SCHULZ
REMARK   1 TITL   HIGH-RESOLUTION STRUCTURES OF ADENYLATE KINASE
REMARK   1 TITL 2 FROM YEAST LIGATED WITH INHIBITOR AP5A, SHOWING
REMARK   1 TITL 3 THE PATHWAY OF PHOSPHORYL TRANSFER
REMARK   1 REF    PROTEIN SCI.              V.   4  1262 1995
REMARK   1 REFN                   ISSN 0961-8368
```

C.7　PDB 文件原子坐标行的示例（部分）

```
ATOM      1  N   GLU A   3      14.566  13.214  -5.148  1.00124.25           N
ATOM      2  CA  GLU A   3      14.723  13.413  -3.720  1.00104.91           C
ATOM      3  C   GLU A   3      15.364  14.778  -3.535  1.00 90.84           C
ATOM      4  O   GLU A   3      16.534  14.887  -3.163  1.00 89.79           O
ATOM      5  CB  GLU A   3      15.618  12.318  -3.132  1.00110.77           C
```

```
ATOM      6  CG  GLU A   3      15.697  11.047  -3.981  1.00106.03           C
ATOM      7  CD  GLU A   3      14.442  10.186  -3.891  1.00 98.15           C
ATOM      8  OE1 GLU A   3      13.330  10.748  -3.800  1.00102.08           O
ATOM      9  OE2 GLU A   3      14.568   8.944  -3.933  1.00 89.07           O
ATOM     10  H   GLU A   3      15.307  12.837  -5.660  1.00  0.00           H
ATOM     11  N   SER A   4      14.641  15.804  -3.965  1.00 75.08           N
ATOM     12  CA  SER A   4      15.109  17.173  -3.848  1.00 62.63           C
ATOM     13  C   SER A   4      13.930  18.076  -3.553  1.00 54.45           C
ATOM     14  O   SER A   4      12.858  17.909  -4.136  1.00 57.43           O
ATOM     15  CB  SER A   4      15.780  17.610  -5.145  1.00 68.59           C
ATOM     16  OG  SER A   4      16.975  16.884  -5.352  1.00 81.78           O
ATOM     17  H   SER A   4      13.751  15.640  -4.335  1.00  0.00           H
ATOM     18  HG  SER A   4      16.747  15.954  -5.444  1.00  0.00           H
ATOM     19  N   ILE A   5      14.130  19.027  -2.645  1.00 40.73           N
ATOM     20  CA  ILE A   5      13.056  19.926  -2.242  1.00 29.28           C
ATOM     21  C   ILE A   5      13.594  21.322  -1.912  1.00 22.93           C
ATOM     22  O   ILE A   5      14.740  21.479  -1.485  1.00 19.39           O
ATOM     23  CB  ILE A   5      12.288  19.365  -1.004  1.00 25.75           C
ATOM     24  CG1 ILE A   5      11.029  20.188  -0.731  1.00 40.48           C
ATOM     25  CG2 ILE A   5      13.186  19.406   0.225  1.00 19.34           C
ATOM     26  CD1 ILE A   5       9.779  19.701  -1.453  1.00 43.17           C
ATOM     27  H   ILE A   5      15.021  19.138  -2.251  1.00  0.00           H
ATOM     28  N   ARG A   6      12.811  22.334  -2.260  1.00 16.17           N
ATOM     29  CA  ARG A   6      13.027  23.673  -1.755  1.00 17.99           C
ATOM     30  C   ARG A   6      11.709  24.062  -1.136  1.00 18.10           C
ATOM     31  O   ARG A   6      10.677  24.081  -1.809  1.00 16.57           O
ATOM     32  CB  ARG A   6      13.388  24.629  -2.895  1.00 19.64           C
ATOM     33  CG  ARG A   6      14.657  24.227  -3.637  1.00 18.34           C
ATOM     34  CD  ARG A   6      15.031  25.230  -4.717  1.00 37.27           C
ATOM     35  NE  ARG A   6      13.950  25.410  -5.682  1.00 59.35           N
ATOM     36  CZ  ARG A   6      13.635  24.529  -6.626  1.00 61.85           C
```

C.8　PDB 文件 SEQRES 行的示例(部分)

```
SEQRES 1 A 223 ILE VAL GLY GLY TYR THR CYS GLY ALA ASN THR VAL PRO
SEQRES 2 A 223 TYR GLN VAL SER LEU ASN SER GLY TYR HIS PHE CYS GLY
SEQRES 3 A 223 GLY SER LEU ILE ASN SER GLN TRP VAL VAL SER ALA ALA
SEQRES 4 A 223 HIS CYS TYR LYS SER GLY ILE GLN VAL ARG LEU GLY GLU
SEQRES 5 A 223 ASP ASN ILE ASN VAL VAL GLU GLY ASN GLU GLN PHE ILE
SEQRES 6 A 223 SER ALA SER LYS SER ILE VAL HIS PRO SER TYR ASN SER
SEQRES 7 A 223 ASN THR LEU ASN ASN ASP ILE MET LEU ILE LYS LEU LYS
SEQRES 8 A 223 SER ALA ALA SER LEU ASN SER ARG VAL ALA SER ILE SER
SEQRES 9 A 223 LEU PRO THR SER CYS ALA SER ALA GLY THR GLN CYS LEU
SEQRES 10 A 223 ILE SER GLY TRP GLY ASN THR LYS SER SER GLY THR SER
SEQRES 11 A 223 TYR PRO ASP VAL LEU LYS CYS LEU LYS ALA PRO ILE LEU
SEQRES 12 A 223 SER ASP SER SER CYS LYS SER ALA TYR PRO GLY GLN ILE
SEQRES 13 A 223 THR SER ASN MET PHE CYS ALA GLY TYR LEU GLU GLY GLY
SEQRES 14 A 223 LYS ASP SER CYS GLN GLY ASP SER GLY GLY PRO VAL VAL
SEQRES 15 A 223 CYS SER GLY LYS LEU GLN GLY ILE VAL SER TRP GLY SER
SEQRES 16 A 223 GLY CYS ALA GLN LYS ASN LYS PRO GLY VAL TYR THR LYS
SEQRES 17 A 223 VAL CYS ASN TYR VAL SER TRP ILE LYS GLN THR ILE ALA
SEQRES 18 A 223 SER ASN
```

C.9　三个样本 q1, q2 和 q3 的 Cuffcompare 输出的示例

因为一行长度有限,每一个新行的第一个字段是粗体的,折行缩进。

```
Medullo-Diff_00000001 XLOC_000001 Lypla1|uc007afh.1
    q1:NSC.P419.228|uc007afh.1 |100|35.109496|34.188903
    |36.030089|397.404732|2433 q2:NSC.
    P429.18|uc007afh.1|100 |15.885823|15.240240
    |16.531407|171.011325 |2433 q3:NSC.
    P437.15|uc007afh.1|100 |18.338541|17.704857|18.9722
    4|181.643949|2433
```

```
Medullo-Diff_00000002 XLOC_000002 Tcea1|uc007afi.2
   q1:NSC.P419.228|uc007afi.2|
   18|1.653393|1.409591|1.897195 |18.587029|2671
   - q3:NSC.P437.108|uc007afi.2|100 |4.624079|4.258801|4
   .989356|45.379750|2671
Medullo-Diff_00000003 XLOC_000002 Tcea1|uc011wht.1
   q1:NSC.P419.228|uc011wht.1|100 |9.011253|8.560848
   |9.461657|101.302266|2668 q2:NSC.
   P429.116|uc011wht.1|100 |6.889020|6.503460|7.27458
   0|73.238938 |2668q3:NSC.P437.108 |uc011wht.1|90
   |4.170527 |3.817430|4.523625|40.928694|2668
Medullo-Diff_00000004 XLOC_000003 Tcea1|uc007afi.2
   q1:NSC.P419.231|NSC.P419.231.1
   |100|31.891396|30.892103 |32.890690|379.023601
   |1568q2:NSC.P429.121|NSC.P429.121.1 |100|27.991543
   |27.007869|28.975218 |313.481210|1532   -
Medullo-Diff_00000005 XLOC_000002 Tcea1|uc007afi.2
   q1:NSC.P419.236 |NSC.P419.236.1
   |100|1.164739|0.868895 |1.460583|13.879881|- -  -
Medullo-Diff_00000006 XLOC_000004 Atp6v1h|uc007afn.1
   q1:NSC.P419.55|uc007afn.1 |100|39.526818 |38.58510
   2|40.468533|455.599775|1976 q2:NSC.
   P429.43|uc007afn.1 |100|25.034945 |24.182398|25.887
   493|271.738343|1976 q3:NSC.P437.37|uc007afn.1
   |100|20.848047 |20.043989|21.652104|205.866771|1976
```

C.10　已知蛋白质结构中的氨基酸溶剂可及性

数据来源于 Domenico Bordo and Patrick Argos，"Suggestions for 'Safe' Residue Substitutions in Site-Directed Mutagenesis," Journal of Molecular Biology 217(1991)：721-729，并转换成相对值。这个表中的数据用 PDB 数据库中的 55 个蛋白质(5624 个残基)计算得到。

Amino Acid			Solvent Exposed Are		
Name	3-letter	1-letter	> 30 Å² (exposed)	< 10 Å² (buried)	10–30 Å²
Alanine	Ala	A	48%	35%	17%
Arginine	Arg	R	84%	5%	11%
Aspartic Acid	Asp	D	81%	9%	10%
Asparagine	Asn	N	82%	10%	8%
Cysteine	Cys	C	32%	54%	14%
Glutamic Acid	Glu	E .	93%	4%	3%
Glutamine	Gln	Q	81%	10%	9%
Glycine	Gly	G	51%	36%	13%
Histidine	His	H	66%	19%	15%
Isoleucine	Ile	I	39%	47%	14%
Leucine	Leu	L	41%	49%	10%
Lysine	Lys	K	93%	2%	5%
Methionine	Met	M	44%	20%	36%
Phenylalanine	Phe	F	42%	42%	16%
Proline	Pro	P	78%	13%	9%
Serine	Ser	S	70%	20%	10%
Threonine	Thr	T	71%	16%	13%
Tryptophan	Trp	W	49%	44%	7%
Tyrosine	Try	Y	67%	20%	13%
Valine	Val	V	40%	50%	10%

附录 D　处理目录和用 UNIX 编程

> **学习目标**：可以操纵目录和用 UNIX shell 运行程序。

D.1　本附录知识点

- 什么是计算机"shell"
- 如何使用 UNIX/Linux shell 命令
- 如何设置 UNIX/Linux 环境变量
- 如何从命令行运行程序

D.2　事例：UNIX 命令 shell：与计算机交流的一种方式

要直接和计算机的操作系统（OS）交流，用户可以使用一种称为 shell 的东西。shell 是一个提供和 OS 接口的程序，由此它提供了比图形桌面更基础水平的能访问计算机的能力。更特别的是，通过 shell 编程语言，用户可以发送命令给计算机，执行操作系统的程序。shell 有诸如显示目录内容或所运行程序的状态的能力，但是它的主要目标是调用（发起）其他程序。操作系统 shell 一般的来说有两类：文本的或图形的。一个命令行 shell 提供了到操作系统的文本接口，相对的，一个图像化 shell（或图形桌面）为用户提供图形接口，后者可以允许用户用图形而不是命令与计算机交互。在图形化界面中，用户可以操控目录（用文件浏览器），检查在计算机上发生了什么（用不同的对话框），以及启动程序（点击图标）。重要的是应知道，图形桌面不是万能的，而是大量启动其他程序的代理者。在一个智能手机上，用户可以安装自己的应用，这个概念更加鲜明。在命令行 shell（或简单 shell），是通过输入命令而不是点击图标来做同样的事。专题 D.1 中提供了操作系统和用户界面的简单历史背景。

专题 D.1　历史简要回顾

不同的操作系统支持不同的 shell 类型和界面。现在，主要的两类操作系统是 UNIX 和 Windows。Linux 和 Mac OS X 是类 UNIX 系统，也就是说操作系统基于 UNIX，UNIX 是 Bell 实验室在 20 世纪 60 年代开发的。Linux 是 UNIX 的一个开源版本，特别针对微型计算机（即家用电脑和笔记本）。Mac OS X 用的是 Darwin，一个基于 BSD（Berkeley Software Distribution）的操作系统，是在 20 世纪 70 到 80 年代加州大学 Berkeley 分校开发的 UNIX 版本。

文本 shell 和图形界面的相对优势经常被讨论。某些操作在 shell 中比在图形界面中能更快地完成，但是后者在许多方面使用起来更简单。最好的选择取决于用户使用计算机的方式。UNIX/Linux 命令行在本书的许多部分都提及，特别是安装程序和第 14 章中。这个附录描述了 Linux 或 Mac OS X 上的 UNIX shell 的非常基本的知识。

D.2.1 问题描述：管理序列文件

序列和相关的标注经常被记录在文本文件中(见专题 D.2 文本文件的定义和文本编辑器的选择)。文本文件存储在计算机的目录(文件夹)中。要管理一系列序列数据，用户经常需要在文件系统中重新组织和排序文件。如果读者需要知道哪里有什么样的文件，想要创建和删除文件夹，复制和重命名文件，或移动它们，该怎么做呢？

可以通过在计算机的命令行 shell 中输入特定的指令(UNIX 命令)，以控制此类操作。这个附录将讨论如何使用 UNIX 命令来处理序列数据的文件和目录。相同的命令也可以帮助读者在没有图形界面下使用程序，没有 .exe 文件可用时仍能安装程序，编译 C 程序，登录远程计算机，更多地控制系统，完成经常重复的操作，更好地了解计算机的工作等等。

专题 D.2 文本文件和文本编辑器

文本文件是一种包含纯文本的文件，也就是说，它不包含格式(例如斜体)，没有元数据(例如页面布局)。文本文件是文本行的一个序列的结构，与平台无关，这意味着它可以在 UNIX，Windows，Macintosh 等平台上读取，没有格式差别。特别是，它们可以被计算机程序读取，是用来书写编程源代码的文件类型。要创建、读取和写入文本文件，读者可以用一种称为"文本编辑器"的程序，它通常由操作系统提供，当然也可以从互联网上下载。有一些使用方式非常简单(例如 pico，nano，gedit)，另一些则较复杂(emac，vi)。文本编辑器通常通过一个简单的可视化帮助列出了可用的命令(通过文本或图标的形式)，包括保存文件和退出。读者可以选择适合自己喜好的文本编辑器。在本书中推荐用 gedit(http://projects.gnome.org/gedit)。一个 gedit 图形化用户界面的截图见图 D.1。它显示了 P62805.seq 文件的内容(也就是 FASTA 格式下的 UniProt 序列 P62805，可以从 http://www.uniprot.org/uniprot/P62805.fasta 检索到)，在本章后面会提及。

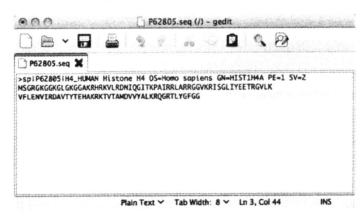

图 D.1 gedit 图形用户界面。注意：gedit 界面显示了 FASTA 格式下的
UniProt序列P62805的内容(www.uniprot.org/uniprot/P62805.fasta)

D.2.2　UNIX 会话示例

```
mkdir sequences
cp P62805.seq sequences/P62805-b.seq
rm P62805.seq
cd sequences
ls
P62805-b.seq
```

D.3　命令的含义

P62805.seq 文件可以从 http://www.uniprot.org/uniprot/P62805.fasta 检索到，并存储在你的 home 目录中。

在 D.2.2 节中，示例显示的命令必须在终端的提示符下输入。要做到这一点，首先必须启动一个终端对话。

问答: 到底什么是提示符?

在键盘上输入的东西将显现的地方称为提示符(prompt)，它总是有光标(一个细的_或|符号，有时会闪烁)标记。UNIX 的提示符通常会是如下符号如%(Mac OS)，$ 或>(Linux)，有时提示符在此之前还包含用户的名称和当前目录。在 Python shell(见第 1 章)中也有提示符是>>> 。

D.3.1　启动命令行

要使用命令行 shell，首先需要在屏幕上打开一个终端窗口，显示一个提示符，用户可以在此输入命令(见图 D.2)。这个终端窗口又称文本控制台，shell 终端，shell 控制台，文本终端，文本窗口等等。在本书中称之为终端，有时简单地称 shell。启动终端的过程在不同系统中是不一样的。在 Linux 中，通常从 Applications>Accessories 菜单上点击"Terminal"光标，或者按 Ctrl-T。在 Mac OS X 中，点击从 Application> Utilities 目录下点击"Terminal"光标。在 Windows 中，可以在 Start(开始)→Excecute(运行)→cmd 打开终端。但是，Windows 下的命令语法大部分和 UNIX/Linux 不同，将不在这里介绍，可以参考 http://ss64.com/nt/，包括 Windows 的 CMD 命令的完整列表。

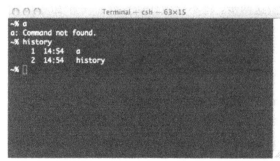

图 D.2　文本控制台。注意: 这个文本控制台显示了输入一
个不存在的命令(a)和一个存在的命令(history)

D.3.2　使用命令行 shell

现在，计算机屏幕上已经有了一个终端，在左上角显示了一个提示符（见图 D.2），读者可能想知道为了给计算机发送一条命令需要做什么。为回答这个问题，你需要知道如下一些更多的信息。

- 正如一个图形文件浏览器，一个命令 shell 也总是位于一个特定的目录中。计算机中的所有文件都存储在一个目录结构中；也就是说，文件系统类似系统发生树的层次结构（见图 D.3）。层次顶端的目录称为 root 目录。任何新的终端都在 home 目录启动。这意味着当用户启动一个终端时，要完成的操作就是在提示符下输入命令，对 home 目录下的文件和子目录产生效果，除非移动到一个不同的目录，或者明确地指定一个命令作用于其他地方的文件或目录。在输入命令时，终端所在的目录称为当前工作目录。

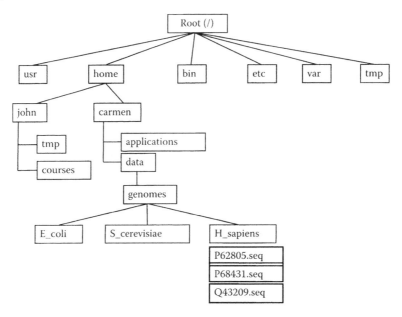

图 D.3　目录的层次结构

- 要发送一个命令给计算机，首先必须在紧跟提示符后书写一个 UNIX 命令，然后按下回车键。如果不做这两步，将不会做任何操作。一个命令包含命令名（要写在紧跟提示符后的第一个位置），没有或有更多以空白符分隔的参数。进一步说，命令可以有"开关"（或者"选项"），可以改变命令的行为。它们必须在命令名后，通常要用"-"开头（也见专题 D.3）。

专题 D.3　UNIX shell 中的历史记录和自动完成

用向上和向下键可以显示最近在控制台中使用过的命令。在 UNIX shell 中，[Tab]键可以用来自动完成程序和文件的名称。换句话说，输入命令名、文件名或者目录名的开头然后按下[Tab]键，名称的其他部分会自动补充完成。如果 shell 找到多于一个以输入字母开头的名称，将响铃，提示在再次按下[Tab]键前输入更多的字母。在有些版

本或设置里，以输入的字母开头的可用名称的列表会出现在屏幕上。打开计算机的终端，输入

```
his[Tab]
```

看看会发生什么。

如果输入

```
ls -l
```

然后按回车键，用户在屏幕上会看到一个长的（详细的）内容的当前目录列表（文件和子目录的项）。再试试

```
ls
```

区别是什么？

另一方面，如果输入“a”，然后按回车键，会看到一个错误信息说 command not found（见图 D.2）。让我们一步步分析这些事件。

- 输入“ls -l”，“ls”或者“a”之前，每次在提示符后面都有一个空行，终端准备好来接受输入。
- 输入“ls -l”，“ls”或者“a”，没有得到计算机的任何响应；在把它们真正提交给计算机之前，可以输入想要的任意多的字符。
- 按下回车键，就会收到计算机的反馈。按下回车键导致这些输入命令的字符被提交给系统。
- 反馈包括了文件名和/或目录名，或者是如 a:command not found 的错误信息。后者意味着系统不能将“a”识别为命令名。这暗示着读者应该知道命令名。例如，现在你知道了 ls 是一个命令名，而-1 是一个可能的命令选项（“开关”）。

当用户在终端窗口输入一个存在的命令名如 ls 并按下回车键后，后面发生了什么呢？在计算机上开始执行了一个程序。这个程序的输出将是你期望计算机命令执行的结果。

D.3.3　常用 UNIX 命令

在 D2.2 节的 UNIX 会话中，有最常用的 UNIX 命令。下面一行行解释它们的目的。

```
mkdir sequences
```

创建一个名为 sequence 的目录。mkdir 是 UNIX 命令；sequence 是它的参数。

```
cp P62805.seq sequences/P62805-b.seq
```

复制文件 P62805.seq，该文件是从 http://www.uniprot.org/uniprot/P62805.fasta 下载到当前目录中的，用一个不同的名称（P62805-b.seq）复制到一个名为 sequences 的子目录中。cp 命令需要两个参数：第一个是要复制的文件，第二个目录或文件是复制到的地方。

```
rm P62805.seq
```

从当前工作目录删除文件 P62805.seq。在 UNIX 中没有复原功能，所以这个文件将被永远丢弃！

```
cd sequences
```

将终端移动到 sequences 子目录(cd 代表 change directory)。

```
ls
```

显示 sequences 目录的内容。

问答：当启动一个新终端，我在哪个目录中？

第一次登录或者启动一个新终端时，你的当前工作目录就是你的 home 目录。你的 home 目录具有和你用户名一样的名称，例如 john，这是个人文件和子目录存储的地方。

问答：哪里能找到命令及其选项的描述？

有一个命令手册，在这里可以找到每个命令和特定相关选项的描述。对于<command name> 手册页的可以通过输入如下命令访问：

```
man <command name> [Enter]
```

手册页可以输入 q 退出。

命令

```
whatis <command name> [Enter]
```

返回 <command name> 的简短描述。

你也可以在互联网上找到 UNIX/Linux 命令和选项的更详细的描述。最常见的命令在附录 A"命令概览"中列出。

问答：如果输入命令时，出现录入错误怎么办？

如果你已经意识到有一个录入错误，可以用 Ctrl-U 取消该一整行。也可以简单地用键盘上的 Delete 键来删除所有字符。有时可以按回车键，然而这样有一些风险，你可能无意识地执行了另一个命令。记住，永远不要在命令为 rm 时按回车键，这样会删除文件的。

问答：我需要知道多少命令？

UNIX 命令有成百种。例如，Siever 和同事[1]报告了 687 个 Linux 命令。注意，即使是在相同的操作系统下，取决于你使用的不同发行版和安装的软件包，命令的数目和类型也不一样。幸运的是，最常用的命令(例如列目录内容或者删除文件)在不同发行版是保持不变的。

当你了解了 10 到 20 个命令时，就可以快捷地操纵系统：从一个目录移动到另一个；列出目录的内容；确定你的位置；创建、删除、复制和重命名文件和目录；当然也可以启动程序。用另外 20 个命令，你就能控制(非常直接地控制)在计算机上发生的事情：安装程序，添加用户账号，监视和中断运行着的程序。当你可以熟练地应用 100 个或者更多的命令时，就可以算是一个有经验的系统管理员了。

D.3.4　更多的 UNIX 命令

删除文件

```
rm P62805.seq
```

---

[1]　E. Siever, A. Weber, S. Figgins, R. Love, and A. Robbins, *Linux in a Nutshell*, 5th ed. (Sebastopol, CA: O' Reilly Media, 2005).

该命令永久地删除 P62805.seq 文件。在 rm P62805.seq 进程结束运行后，shell 将返回 UNIX 提示符（$，%，> 等），提示等待输入进一步的命令。

列文件和目录

```
ls
```

该命令用于列出存储于用户输入命令的目录中的文件和子目录。假设你是 Carmen（见图 D.3），那么

```
ls
applications data
```

目录树中的一个文件或者目录可以被它的路径唯一地识别，路径是文件或者目录的一种唯一的"地址"。因此，在图 D.3 中 H_sapiens 目录的完整路径是

```
/home/carmen/data/genomes/H_sapiens/
```

如果 Carmen 想列出这个目录的内容，则可以输入：

```
ls /home/carmen/data/genomes/H_sapiens/
```

但是，如果命令是在她的 home 目录下输入的（/home/Carmen/），也能直接地列出目录如下：

```
ls data/genomes/H_sapiens/
```

下面是代表目录的快捷字符：

- /：根目录（层次顶端）
- .：当前目录
- ..：上级目录
- ~ ：home 目录

尝试在终端中用下列命令，看看会发生什么？

```
ls /
ls .
ls ..
ls ~
```

问答： 我发现写这些长的目录名称很烦人，它真的是必需的吗？

不是。UNIX 终端可以为你自动补全名称。试着书写目录的第一个字符，并按下 [Tab] 键。终端会试图猜测文件名并补全它。仅当有多个选择的时候，你将看不到任何东西。这时，你需要提供更多的字符，然后再按下 [Tab] 键，或是按下两次 [Tab] 键看看一个可供选择的清单。

改变目录

可以从一个目录移动到另一个目录，使用 cd（change directory）命令，后面紧跟用户需要移动到的目录的路径名。尝试下列的命令（把 /home/carmen 改成你的 home 目录的路径）：

```
cd ..
ls
cd /
ls
cd /home/carmen/
ls
```

从任何目录中，如果输入

```
cd
```

或者

```
cd ~
```

将移到你的 home 目录。

注意，如果在 Carmen 的 home 目录，需要移动到 John 的，则或者指定整个的路径名

```
cd /home/john/
```

或者先移到上级目录(../)然后再下降到 john，也就是：

```
cd ../john
```

如果你需要上升两级目录，则输入

```
cd ../../
```

等等。

复制文件

```
cp file1 file2
```

将 file1 复制并命名为 file2。得到两个相同内容的文件。

移动(或重命名)文件和目录

```
mv file1 file2
```

将文件从一个位置移动到另一个位置。这将移动(而不是复制)这个文件，只得到一个文件而不是两个。它也可以用来给一个文件重命名：将一个文件移动到相同的目录但给它起不同的名称。移动也可以应用于整个目录。

创建目录

```
mkdir <directory name>
```

在当前工作目录下创建一个子目录。

删除目录

```
rmdir <directory name>
```

删除一个目录。在删除前，必须先清空这个目录。

显示当前目录的路径

```
pwd
```

可以找到这个目录相对于根目录的关系。

用关键词查找文件

```
grep <keyword> myfile.txt
```

用一个特定的关键词或模式来搜索文件。它的输出打印在屏幕上,显示了这个 myfile.txt 中包含<keyword>的一系列行。注意,除非指定-i 选项,否则 grep 命令是区分大小写的。换句话说,"Science"和"science"被看成不同的关键词。

显示命令的历史列表

如果输入

```
history
```

将得到最后输入命令的一个列表,每一个都伴随着发送这个命令的时间的一些附加信息。这意味着用户输入到终端的任何东西都将被终端记录(但是该信息是保密的)。history 命令访问命令历史,而后打印到屏幕上。

重定向一个命令的输出

用 > 符号可以重定向一个命令的输出。例如,

```
grep HUMAN filename.txt > output.txt
```

将 filename.txt 文件中包含 HUMAN 关键词的一些行写入 output.txt 文件中。

更多的 UNIX/Linux 命令和用法详见附录 A。

D.3.5　UNIX 变量

　　一个 UNIX 变量是一个符号名,系统把它关联到一些信息中,它代表了变量的"值"。变量名可以在用户需要每次召回变量值时使用。它们的工作方式类似于 Python 中的字符串。变量的例子(名/值对)是 USER(你的登录名),OSTYPE(你用的操作系统的类型),HOST(你用的计算机的名称),HOME(你的 home 目录的路径),PRINTER(发送打印任务的默认打印机),以及 PATH(shell 搜索的目录来寻找一个命令)。UNIX 变量的值可以用特定的命令和过程设置,将在下面描述。

　　UNIX 变量可以有两种类型:环境变量和 shell 变量。后者只应用于当前的 shell 终端实例。

　　shell 变量的一个实例是 history 变量,它的值对应可存储在历史列表中的 shell 命令的数目(就是在提示符下输入 history 所显示的信息)。这个变量的默认值是 100。如果输入

```
history
```

最后的 100 个命令会出现在屏幕上(除非用户当前输入了更少的命令)。如果你为给定的终端设置 history 变量为 200,那么这个值将在不同的终端中保持默认值(100)。

　　环境变量,不同于 shell 变量,应用于所有活跃的终端。也可以改变它们,所有在此之后打开的新的终端对话中,将激活新的值。因此,当改变了环境变量,它们在旧的终端窗口没有生效。环境变量被指定为大写的名称,shell 变量被指定为小写名称。

　　为什么 UNIX 变量有用呢? 他们基本上用于配置程序。例如,如果读者需要运行一个本地 BLAST 搜索,则可以输入(如果已经下载和安装了 BLAST 包,见编程秘笈 11)

```
blastp -query input_file -db database -out output_file
```

shell 在哪里寻找 blastp 程序呢？一种耗时的方法是，shell 搜寻计算机的每个目录。另一个选择是在程序名前面写上它的目录的完整路径，或者当需要运行它时就移动到程序所在的目录（例如，/Applications/blast/blastp）。这需要用户了解每个运行程序的位置（包括 UNIX 命令）。一个更好的方式是让 shell 知道去哪里寻找程序，shell 访问一个称为 PATH 的变量，它包含了可以找到的程序所有目录的一个列表。如果用户需要运行一个程序，而它不在这个 PATH 列表中，就必须修改这 PATH 变量，加入所缺失的路径。当系统返回一个信息 "command：Command not found"，就指示了或者这个命令根本不存在，或者只是简单地位于 PATH 变量没有记录的路径中。这就是在安装 BLAST 时需要把 blastp 程序的位置添加到 PATH 环境变量中的原因。

问答： 程序和命令在 UNIX 中有什么不同？

没有不同。对 UNIX shell 的每个命令，都在某个地方有一个程序，当你输入它的名称时执行。Shell 自己不知道任何命令，但是每次你输入什么，它就看能否找到程序来匹配你的输入，而后执行它。

显示、设置和释放 UNIX 变量

shell 命令显示环境变量时用 printenv，或者使用更简单的 env。打开终端输入

```
printenv
```

shell 变量可以都用 set 命令来设置和显示，可以用 unset 命令来取消设置。例如，要修改历史列表中存储的 shell 命令的数目，可以输入

```
set history = 200
```

注意，设置的 history 变量只在当前终端会话的生命空间中适用。

如果需要显示和环境或 shell 变量联系的值，就必须用命令 echo 后面跟 $ < variable name>。例如，如果需要显示 home 目录的路径，则应输入

```
echo $HOME
```

注意，许多环境变量是系统设置的。设置和取消设置一个环境变量的命令分别是 setenv 和 unsetenv，后面跟两个参数<variable name> 和<new value>，用空格分隔。例如，如果使用 tcshell（这是一个特定种类的 shell），而想转移到 bash 的 shell（这是另一种 shell），则可以输入

```
setenv SHELL /bin/bash
```

那么需要永久变量值要怎么办呢？这可以通过在特定文件中设置变量的值的方法，这些文件称为启动文件。当你登录到 UNIX/Linux 主机上，操作系统总是读取在你的 home 目录下存在的启动文件，这些文件具有特定的名称，包含建立工作环境的指令。C shell 和 tcshell 启动文件是.login 和.cshrc，bash shell 的启动文件是.bash_login 和.bashrc。注意，所有这些文件名都以一个点开头。在登录时，shell 自动首先读取.cshrc（或.bashrc），然后读取.login（或者.bash_login）。

但是，.login（.bash_login）只是在登录时读取，而.cshrc（.bashrc）在每次启动一个 shell 终端时读取。一个好的习惯是在.login（.bash_login）文件中设置环境变量，而在 .cshrc（.bashrc）文件中设置 shell 变量。设置指令的语法取决于你使用的 shell。

举个例子，我们展示如何在.cshrc 文件中设置 history 变量。首先必须用文本编辑器（见专题 D.2）打开这个文件。gedit（http://projects.gnome.org/gedit）是一个易用的用户友好的文本编辑器。

```
gedit ~/.cshrc
```

在文件中加入下列行：

```
set history = 200
```

保存这个文件并退出。如果读者想让 shell 读取这个.cshrc 文件，则要么启动一个新的终端，要么强制 shell 在当前终端下重新读取该文件。这可以用 source 命令得到：

```
source .cshrc
```

如果读者要显示新的 history 值，则可以输入

```
echo $history
```

D.4 　示例

例 D.1 　寻找所有 chicken 蛋白质

作为 BLAST 的结果，有一个 2000 条蛋白质序列的集合，放在从 GenBank/UniProt 下载的一个大的 FASTA 文件（sequences.fasta）中。它们包含很多种有机体，但是你只对 chicken 蛋白质感兴趣。因此，需要准备这些序列的集合以便后续研究，还应知道所有的蛋白质都包含一个拉丁的物种名。

```
> gi 1234567 | gallus gallus | lysozyme
THISISAPROTEINSEKWENCE...
```

解：

```
grep -A 2 gallus sequences.fasta > chicken.fasta
```

这个命令是做什么的？grep 在文件中搜索关键词。它是区分大小写的，因此搜索"gallus"或"GALLUS"是不同的。－A 2 开关不仅收集具有关键词的那行，还包括紧跟它的第二行（这行包括了序列）。最后，符号 > 把输出存储在 chicken.fasta 文件中。也见专题 9.2 中，第 9 章有更多关于 grep 命令的细节。

例 D.2 　从命令行运行 BLAST

可以从互联网或本地运行 BLAST（见编程秘笈 11）。本地运行 BLAST 具有很多优点。例如，可以在自己的蛋白质或是基因数据库中匹配一个查询序列，或者可以多次匹配成对的序列，直到有条件满足时。为了做到这些，必须首先下载 BLAST+ 包，安装它，从 shell 命令行运行它，并指定特定选项和参数。要完成这样的任务，可以参考 NCBI 提供的文档"Introduction to BLAST" www.ncbi.nlm.nih.gov/books/NBK1762/。

D.5 　自测题

D.1 　使用 cd 和 ls 命令

打开一个控制台，进入 Desktop 文件，看看那里有什么文件。然后回到你的 home 目录。

D.2　输出重定向

创建一个文本文件，包含在 Desktop 下的所有文件的文件名，用一个终端给出单一命令。

D.3　使用 grep

找出在/etc/文件夹下包含读者账户名的任何文件。

D.4　更多的高级操作

在 home 目录下创建一个工作目录，如 Exercises。从互联网下载十个读者感兴趣的基因或蛋白质序列，用 FASTA 格式，一个紧跟一个将它们复制到一个 Exercises 目录下的文本文件 my_sequences.fasta 中。用 grep 和输出重定向，只把这些序列的文件头放入另一个文件。

D.5　运行 BLAST

从 my_sequences.fasta(见自测题 D.4)将一个单序列记录(头＋序列)复制到一个不同文件 query_sequence.seq。格式化 my_sequences.fasta 以使它能够用作 BLAST 数据库。用 BLAST 将 query_sequence.seq 比对格式化的 my_sequences.fasta 文件。

提示：见编程秘笈 11。